水利水电工程施工技术与管理丛书

# 土石方工程施工

无锡国富通科技集团有限公司　组编

中国水利水电出版社
www.waterpub.com.cn
·北京·

## 内 容 提 要

本书主要介绍土石方工程施工方法，包括土石的性质及分类、土方工程施工技术、爆破施工技术、岩石基础开挖、砌筑工程、疏浚与吹填工程施工等。

本书具有较强的针对性、实用性和通用性，可供水利工程施工技术人员、管理人员使用，也可供大专院校相关专业师生参考。

图书在版编目（CIP）数据

土石方工程施工 / 无锡国富通科技集团有限公司组编. -- 北京：中国水利水电出版社，2025.5. -- （水利水电工程施工技术与管理丛书）. -- ISBN 978-7-5226-3394-7

Ⅰ. TU751

中国国家版本馆CIP数据核字第2025Q0Q034号

| 书　　名 | 水利水电工程施工技术与管理丛书<br>**土石方工程施工**<br>TUSHIFANG GONGCHENG SHIGONG |
|---|---|
| 作　　者 | 无锡国富通科技集团有限公司　组编 |
| 出版发行 | 中国水利水电出版社<br>（北京市海淀区玉渊潭南路1号D座　100038）<br>网址：www.waterpub.com.cn<br>E-mail：sales@mwr.gov.cn<br>电话：（010）68545888（营销中心） |
| 经　　售 | 北京科水图书销售有限公司<br>电话：（010）68545874、63202643<br>全国各地新华书店和相关出版物销售网点 |
| 排　　版 | 中国水利水电出版社微机排版中心 |
| 印　　刷 | 天津嘉恒印务有限公司 |
| 规　　格 | 184mm×260mm　16开本　13.25印张　322千字 |
| 版　　次 | 2025年5月第1版　2025年5月第1次印刷 |
| 印　　数 | 0001—1500册 |
| 定　　价 | **48.00元** |

凡购买我社图书，如有缺页、倒页、脱页的，本社营销中心负责调换

**版权所有·侵权必究**

# 本书编委会

**主　任**　刘　权　　无锡国富通科技集团有限公司
**委　员**　于淳蛟　　湖北卓越工程管理有限责任公司
　　　　　　陈　娜　　无锡国富通科技集团有限公司
　　　　　　李　梅　　无锡国富通科技集团有限公司
　　　　　　刘　威　　无锡国富通科技集团有限公司
　　　　　　邓　文　　无锡国富通科技集团有限公司
　　　　　　凌　江　　无锡国富通科技集团有限公司
　　　　　　陈　洋　　无锡国富安全技术咨询服务有限公司
**主　编**　杨仕华　　云南建投第一水利水电建设有限公司
　　　　　　陈思宇　　铁门关市卓达建设工程有限公司
　　　　　　孙方军　　凤台县水利建筑安装工程有限公司
　　　　　　舍丽婷　　新疆恩泽建设有限公司
　　　　　　杨国勇　　新疆泽信工程管理有限公司
**参　编**　刘家海　　安徽秉墨建筑工程有限公司
　　　　　　卢景镇　　福建欣洮建设有限公司
　　　　　　叶建平　　桐庐鸿瑞建设工程有限公司
　　　　　　张小健　　黄山徽建工程有限公司
　　　　　　高　群　　五莲润兴建设工程有限公司
　　　　　　李姣娜　　宁夏江洲建筑工程有限公司
　　　　　　孙海龙　　新疆长顺达建设工程有限公司
　　　　　　史文彬　　湖南金地标工程项目管理有限公司
　　　　　　张冰魁　　重庆乾和建筑工程有限公司
　　　　　　曹春丽　　贺兰县兴盛水利工程有限责任公司
　　　　　　赵思明　　新疆科新工程管理咨询有限公司
　　　　　　丁建红　　宁夏棽旺建设工程有限公司
　　　　　　安　峰　　新疆福利建筑有限公司
　　　　　　张　驰　　宁波晟景生态建设有限公司
　　　　　　高　敏　　新疆君帝建设有限公司
　　　　　　张亚春　　河南美肯建设工程有限公司

| | |
|---|---|
| 锁晓梅 | 宁夏宜源建设工程有限公司 |
| 秦玉民 | 枣阳市水利水电工程公司 |
| 韩发强 | 贵州建天下建筑工程有限公司 |
| 张迅振 | 西藏亿扬建设有限公司 |
| 白生贵 | 吐鲁番市清源水利水电勘测设计院有限公司 |
| 楼　毅 | 宁波泰智生态工程有限公司 |
| 任树强 | 新疆环宇建设工程（集团）有限责任公司 |
| 乔滨贤 | 山东世鑫建设工程有限公司 |
| 王雁宾 | 新疆中安投建设工程有限公司 |
| 江　涛 | 金华市广缘建设工程有限公司 |
| 韩新安 | 山东中泽水利建筑工程有限公司 |
| 蔡宜宴 | 菏泽市胜达水利工程有限公司 |
| 刘晓飞 | 中原永泰建设工程有限公司 |
| 潘月强 | 天津市大港水利工程有限公司 |
| 靳　龙 | 伊犁众景工程建设有限责任公司 |
| 黄冠军 | 慈溪市易龙建设有限公司 |
| 郑鑫伟 | 青田荣斌建筑工程有限公司 |
| 陈雅丽 | 河南金财建筑工程有限公司 |
| 赵丽霞 | 四川亮晖建设工程有限公司 |
| 王小龙 | 河南城洲建设工程有限公司 |
| 冯国权 | 涡阳县水利工程处 |
| 华德宝 | 安徽尚泰建筑工程有限公司 |
| 周　杨 | 湖北阳禾建设工程有限公司 |
| 何　刚 | 宁夏筑厦建设工程有限公司 |
| 汪元亮 | 铜陵中磊建筑工程有限责任公司 |
| 卢　熙 | 浙江金灏建设有限公司 |
| 陈兴政 | 新疆金烨工程项目管理咨询有限公司 |
| 刘学刚 | 银川第一市政工程有限责任公司 |
| 李东升 | 新疆润丰建设工程有限责任公司 |
| 杨　洋 | 湖北路源水利水电建筑工程有限公司 |
| 马雪梅 | 宁夏翔实建设工程有限公司 |

# 前 言

土石方工程施工工艺、操作方法随着施工条件、对象和使用的原材料的不同而经常变化，施工工艺和机具也日新月异，本书着重介绍目前施工中采用过而又比较有成效和典型意义的施工方法，以及近几年来出现的新技术、新工艺、新材料、新机具等，希望为项目现场施工人员提供一份实用的参考资料。本书在编写上尽量做到简明扼要，采取文字与图表相结合的方式，以便使用、查找。

本书由无锡国富通科技集团有限公司组编，由湖北水利水电职业技术学院钟汉华教授主审。本书参考和引用了有关专业文献和资料，未在书中一一注明出处，在此对有关文献的作者表示感谢。

由于编者水平有限，积累资料不全，书中难免存在不足之处，诚恳地希望读者与同行批评指正。

编者
2025 年 4 月

# 目录

前言

## 第一章 土石的性质及分类 ... 1
第一节 土的分类及工程性质 ... 1
第二节 岩石的分类及工程性质 ... 19

## 第二章 土方工程施工技术 ... 26
第一节 施工准备 ... 26
第二节 土方开挖 ... 37
第三节 填筑与压实 ... 44
第四节 冬期和雨期施工 ... 52

## 第三章 爆破施工技术 ... 55
第一节 岩石爆破理论 ... 55
第二节 爆破材料 ... 60
第三节 爆破方法 ... 62
第四节 爆破设计 ... 67
第五节 爆破作业 ... 69
第六节 爆破施工安全知识 ... 73

## 第四章 岩石基础开挖 ... 77
第一节 岩石基础开挖技术要求 ... 77
第二节 基础开挖 ... 86
第三节 边坡开挖 ... 91

## 第五章 砌筑工程 ... 97
第一节 砌筑材料 ... 97
第二节 砌体施工工艺 ... 99
第三节 砌体结构施工 ... 103
第四节 砌石坝施工 ... 114
第五节 防冲体及沉排施工 ... 119

## 第六章 疏浚与吹填工程施工 ... 127
第一节 概述 ... 127
第二节 疏浚与吹填设备 ... 129
第三节 施工准备 ... 134

| 第四节 | 辅助工程施工 | 139 |
| --- | --- | --- |
| 第五节 | 疏浚工程施工 | 148 |
| 第六节 | 吹填工程施工 | 162 |

**第七章 土石方工程单元工程施工质量验收** 170
  第一节  基本规定 170
  第二节  明挖工程 177
  第三节  洞室开挖工程 182
  第四节  土石方填筑工程 187
  第五节  砌体工程 195
  第六节  土工合成材料排水与防渗工程 200

参考文献 204

# 第一章

# 土石的性质及分类

## 第一节 土的分类及工程性质

### 一、土的成因

地球最外层的坚硬固体物质称为地壳，其厚度一般为 30～60km，人类生存与活动的范围仅限于地壳表层。在漫长的地质年代中，由于内动力地质作用和外动力地质作用，地壳表层的岩石经历风化、剥蚀、搬运、沉积等过程后，形成了各种疏松沉积物，在土木工程领域统称为"土"。土与岩石互相转化关系如图 1-1 所示，这比农业上所关心的土壤（地表的有机土层）的范畴要广得多。这是土的狭义的概念，广义的概念是将整个岩石也包括在内。但一般都使用土的狭义概念。

从地质年代来讲，目前所见到的土大都是第四纪沉积层，一般都呈松散状态。第四纪是约 250 万年至今的相当长的时期。一般沉积年代越长，上覆土层质量越大，土压得越密实，由孔隙水中析出的化学胶结物也越多。因此，老土层比新土层的强度、变形模量要高，甚至由散粒体经过成岩作用又变成整体岩石，如砂土成为砂岩、黏土变成页岩等。第四纪早期沉积的和近期沉积的土，在工程性质上就有着相当大的区别，黏土尤为明显。

根据岩屑搬运和沉积的情况不同，沉积层分为残积层、坡积层、洪积层、冲积层、海相沉积层和湖沼沉积层等。

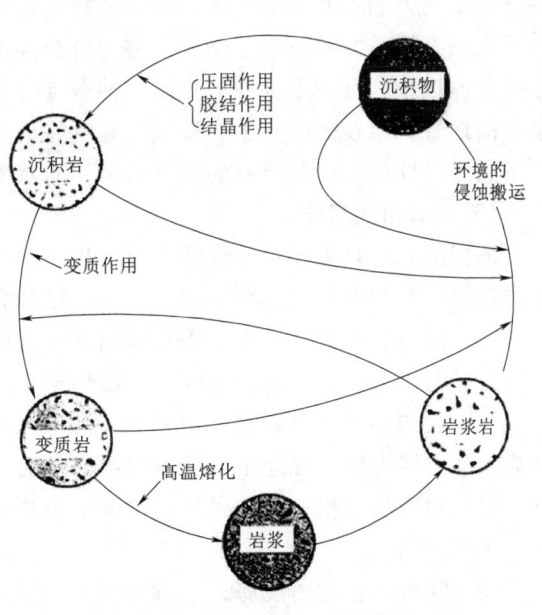

图 1-1 土与岩石相互转化的关系

#### （一）残积层

母岩经风化、剥蚀，未被搬运，残留在原地的岩石碎屑，称为残积层。其中较细碎屑已被风或雨水带走。残积层主要分布在岩石出露的地表，经受强烈风化作用的山区、丘陵地带与剥蚀平原。

残积层的组成物质，为棱角状的碎石、角砾、砂粒和黏性土。残积层的裂隙多，无层次，平面分布和厚度不均匀。如以此作为建筑物地基，应当注意不均匀沉降和土坡稳定性问题。

**（二）坡积层**

坡积土是残积土经水流搬运，顺坡移动堆积而成的土。其成分与坡上的残积土基本一致。由于地形的不同，其厚度变化大，新近堆积的坡积土，土质疏松，压缩性较高，如作为建筑物地基，应注意不均匀沉降和地基稳定性。

**（三）洪积层**

洪积土是山洪带来的碎屑物质，在山沟的出口处堆积而成的土。山洪流出沟谷后，由于流速骤减，被搬运的粗碎屑物质首先大量堆积下来，离山渐远，洪积物的颗粒随之变细，其分布范围也逐渐扩大。其地貌特征，靠山近处窄而陡，离山较远宽而缓，形如锥体，故称为洪积扇。山洪是周期性发生的，每次的大小不尽相同，堆积下来的物质也不一样，因此，洪积土常呈现不规则交错的层理。由于靠近山地的洪积土的颗粒较粗，地下水位埋藏较深，土的承载力一般较高，常为良好地基；离山较远地段较细的洪积土，土质软弱而承载力较低。另外，洪积层中往往存在黏性土夹层、局部尖灭和透镜体等产状。若以此作为建筑地基，应注意土层的尖灭和透镜体引起的不均匀沉降。为此，需要精心进行工程地质勘察，并针对具体情况妥善处理。

**（四）冲积层**

冲积层是由于河流的流水作用，将碎屑物质搬运堆积在它流经的区域内，随着从上游到下游水动力的不断减弱，搬运物质从粗到细逐渐沉积下来，一般在河流的上游以及出山口，沉积有粗粒的碎石土、砂土，在中游丘陵地带沉积有中粗粒的砂土和粉土，在下游平原三角洲地带，沉积了最细的黏土。冲积土分布广泛，特别是冲积平原是城市发达、人口集中的地带。粗粒的碎石土、砂土，是良好的天然地基，但如果作为水工建筑物的地基，由于其透水性好会引起严重的坝下渗漏；而对于压缩性高的黏土，一般都需要处理地基。

**（五）海相沉积层**

海相沉积层是由水流挟带到大海沉积起来的堆积物，其颗粒细，表层土质松软，工程性质较差。海相沉积层按分布地带不同，可分为以下几种。

（1）滨海沉积物。海水高潮与低潮之间的地区，称为滨海地区。此地区的沉积物主要为卵石、圆砾和砂土，有的地区存在黏性土夹层。

（2）大陆架浅海沉积物。海水的深度从 0m 到 200m 左右，平均宽度 75km 的地区，称为大陆架浅海区。此地区的沉积物主要是细砂、黏性土、淤泥和生物沉积物。离海岸越近，沉积的颗粒越粗；离海岸越远，沉积物的颗粒越细。此种沉积物具有层理构造，密度小，压缩性高。

（3）陆坡沉积物。浅海区与深海区的过渡带，称为陆坡地区或次深海区，水深可达 3000m。此地区的沉积物主要是有机质软泥。

（4）深海沉积物。海水深度超过 3000m 的地区，称为深海区。此地区的沉积物为有机质软泥。

**（六）湖沼沉积层**

（1）湖相沉积层。湖泊沉积物称为湖相沉积层。湖相沉积层由两部分组成。

1）湖边沉积层：以粗颗粒土为主。

2）湖心沉积层：为细颗粒土，包括黏土和淤泥，有时夹粉细砂薄层的带状黏土。通常湖心沉积层的强度低、压缩性高。

（2）沼泽沉积层。湖泊逐渐淤塞和陆地沼泽化，演变成沼泽。沼泽沉积物即沼泽土，主要由半腐烂的植物残余物一年年积累起来形成的泥炭组成。泥炭的含水率极高，透水性很小，压缩性很大，不宜作为永久建筑物的地基。

## 二、土的组成

土是一种松散的颗粒堆积物。它由固体颗粒、液体和气体三部分组成。土的固体颗粒一般由矿物质组成，有时含有胶结物和有机物，该部分构成土的骨架。土的液体部分是指水和溶解于水中的矿物质。空气和其他气体构成土的气体部分。土骨架间的孔隙连通，被液体和气体充满。土的三相组成决定了土的物理力学性质。

### （一）土的固体颗粒

土骨架对土的物理力学性质起决定性的作用。分析研究土的状态，就要研究固体颗粒的状态指标，即粒径的大小及其级配、固体颗粒的矿物成分、固体颗粒的形状。

#### 1. 固体颗粒的大小与粒径级配

土中固体颗粒的大小及其含量，决定了土的物理力学性质。颗粒的大小通常用粒径表示。实际工程中常按粒径大小分组。粒径在某一范围之内的分为一组，称为粒组。粒组不同，其性质也不同。常用的粒组有砾石粒、砂粒、粉粒、黏粒。以砾石和砂粒为主要组成成分的土称为粗粒土。以粉粒、黏粒为主的土，称为细粒土。各粒组的具体划分和粒径范围见表1-1。

表1-1　　　　　　土的粒组划分方法和各粒组土的特性

| 粒组统称 | 粒组划分 || 粒径 $d$/mm | 主 要 特 性 |
|---|---|---|---|---|
| 巨粒组 | 漂石（块石） || $d>200$ | 透水性大，无黏性，无毛细水，不易压缩 |
|  | 卵石（碎石） || $200\geqslant d>60$ | 透水性大，无黏性，无毛细水，不易压缩 |
| 粗粒组 | 砾粒 | 粗砾 | $60\geqslant d>20$ | 透水性大，无黏性，不能保持水分，毛细水上升高度很小，压缩性较小 |
|  |  | 中砾 | $20\geqslant d>5$ |  |
|  |  | 细砾 | $5\geqslant d>2$ |  |
|  | 砂粒 | 粗砂 | $2\geqslant d>0.5$ | 易透水，无黏性，毛细水上升高度不大，饱和松细砂在振动荷载作用下会产生液化，一般压缩性较小，随颗粒减小，压缩性增大 |
|  |  | 中砂 | $0.5\geqslant d>0.25$ |  |
|  |  | 细砂 | $0.25\geqslant d>0.075$ |  |
| 细粒组 | 粉粒 || $0.075\geqslant d>0.005$ | 透水性小，湿时有微黏性，毛细管上升高度较大，有冻胀现象，饱和并很松时在振动荷载作用下会产生液化 |
|  | 黏粒 || $d\leqslant 0.005$ | 透水性差，湿时有黏性和可塑性，遇水膨胀，失水收缩，性质受含水量的影响较大，毛细水上升高度大 |

土中各粒组的相对含量称土的粒径级配。土粒含量的具体含义是指一个粒组中的土粒质量与干土总质量之比，一般用百分比表示。土的粒径级配直接影响土的性质，如土的密实度、土的透水性、土的强度、土的压缩性等。要确定各粒组的相对含量，需要将各粒组

分离开,再分别称重。这就是工程中常用的颗粒分析方法,实验室常用的有筛分法和密度计法。

筛分法适用粒径大于 0.075mm 的土。利用一套孔径大小不同的标准筛子,将称过质量的干土过筛,充分筛选,将留在各级筛上的土粒分别称重,然后计算小于某粒径的土粒含量。

密度计法适用于粒径小于 0.075mm 的土。其基本原理是颗粒在水中下沉速度与粒径的平方成正比,粗颗粒下沉速度快,细颗粒下沉速度慢。根据下沉速度就可以将颗粒按粒径大小分组。

当土中含有颗粒粒径大于 0.075mm 和小于 0.075mm 的土粒时,可以联合使用密度计法和筛分法。

工程中常用粒径级配曲线(图 1-2)直接了解土的级配情况。曲线的横坐标为土颗粒粒径的对数,单位为 mm;纵坐标为小于某粒径土颗粒的累积含量,用百分比(%)表示。

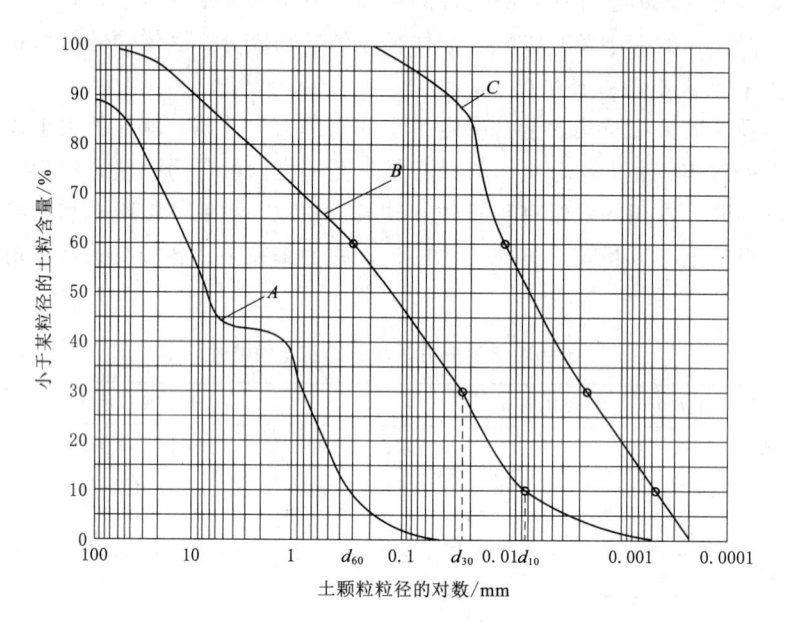

图 1-2 土的颗粒级配曲线

注:A、B、C 代表不同土样的级配曲线。

颗粒级配曲线在土木、水利水电等工程中经常用到。从曲线中可直接求得各粒组的颗粒含量及粒径分布的均匀程度,进而估测土的工程性质。其中一些特征粒径,可作为选择建筑材料的依据,并评价土的级配优劣。特征粒径有:

$d_{10}$——土中小于此粒径的土的质量占总土质量的 10%,也称有效粒径;

$d_{30}$——土中小于此粒径的土的质量占总土质量的 30%;

$d_{50}$——土中小于此粒径的土的质量和大于此粒径的土的质量各占 50%,也称平均粒径,用来表示土的粗细;

$d_{60}$——土中此粒径土的质量占总土质量的 60%,也称限制粒径。

粒径分布的均匀程度由不均匀系数 $C_u$ 表示：

$$C_u = d_{60}/d_{10} \tag{1-1}$$

$C_u$ 越大，土越不均匀，也即土中粗、细颗粒的大小相差越悬殊。

若土的颗粒级配曲线是连续的，$C_u$ 越大，$d_{60}$ 与 $d_{10}$ 相距越远，则曲线越平缓，表示土中的粒组变化范围宽，土粒不均匀；相反，$C_u$ 越小，$d_{60}$ 与 $d_{10}$ 相距越近，曲线越陡，表示土中的粒组变化范围窄，土粒均匀。工程中，把 $C_u>5$ 的土称为不均匀土，$C_u \leqslant 5$ 的土称为均匀土。

若土的颗粒级配曲线不连续，在该曲线上出现水平段，水平段粒组范围不包含该粒组颗粒。这种土缺少中间某些粒径，粒径级配曲线呈台阶状，土的组成特征是颗粒粗的较粗，细的较细，在同样的压实条件下，密实度不如级配连续的土高，其他工程性质也较差。

土的粒径级配曲线的形状，尤其是确定其是否连续，可用曲率系数 $C_c$ 反映：

$$C_c = \frac{d_{30}^2}{d_{60} \times d_{10}} \tag{1-2}$$

若曲率系数过大，表示粒径分布曲线的台阶出现在 $d_{10}$ 和 $d_{30}$ 范围内。相反，若曲率系数过小，表示台阶出现在 $d_{30}$ 和 $d_{60}$ 范围内。经验表明，当级配连续时，$C_c$ 的范围大约在 1～3。因此，当 $C_c<1$ 或 $C_c>3$ 时，均表示级配曲线不连续。

由上可知，土的级配优劣可由土中土粒的不均匀系数和粒径分布曲线的形状曲率系数衡量。我国《土的工程分类标准》(GB/T 50145—2007) 规定：对于纯净的砂、砾石，当实际工程中，$C_u$ 大于或等于 5，且 $C_c$ 等于 1～3 时，它的级配是良好的；不能同时满足上述条件时，它的级配是不良的。

2. 固体颗粒的成分

土中固体颗粒的成分绝大多数是矿物质，或有少量有机物。颗粒的矿物成分一般有两大类：一类是原生矿物，另一类是次生矿物。

3. 固体颗粒的形状

原生矿物的颗粒一般较粗，多呈粒状；次生矿物的颗粒一般较细，多呈片状或针状。土的颗粒越细，形状越扁平，其表面积与质量之比越大。

对于粗颗粒，比表面积没有很大意义。对于细颗粒，尤其是黏性土颗粒，比表面积的大小直接反映土颗粒与四周介质的相互作用，是反映黏性土性质特征的一个重要指标。

(二) 土的液体部分

如前所述，土中液体含量不同，土的性质就不同。土中的液体一部分以结晶水的形式存在于固体颗粒的内部，形成结合水；另一部分存在于土颗粒的孔隙中，形成自由水。

1. 结合水

在电场作用力范围内，水中的阳离子和极性分子被吸引在土颗粒周围，距离土颗粒越近，作用力越大；距离越远，作用力越小，直至不受电场力作用。通常称这一部分水为结合水。其特点是包围在土颗粒四周，不传递静水压力，不能任意流动。由于土颗粒的电场有一定的作用范围，因此结合水有一定的厚度，其厚度首先与颗粒的黏土矿物成分有关。在三种黏土矿物中，由蒙脱石组成的土颗粒，尽管其单位质量的负电荷最多，但其比表面积较大，因而单位面积上的负电荷反而较少，结合水层较薄；而高岭石则相反，结合水层较厚。伊利石介于二者之间。其次，结合水的厚度还取决于水中阳离子的浓度和化学性质，如水中阳离子浓度越高，则靠近土颗粒表面的阳离子也越多，极性分子越少，结合水也就越薄。

2. 自由水

不受电场引力作用的水称为自由水。自由水又可分为毛细水和重力水。

毛细水分布在土颗粒间连通的弯曲孔道。由于水分子与土颗粒之间的附着力和水、气界面上的表面张力，地下水将沿着这些孔道被吸引上来，而在地下水位以上形成一定高度的毛细管水带。它与土中孔隙的大小、形状、土颗粒的矿物成分以及水的性质有关。

在潮湿的粉、细砂中，由于孔隙中的气体与大气相通，孔隙水中的压力也小于大气压力，此时孔隙水仅存于土颗粒接触点周围。

在重力本身作用下的水称重力水。重力水能在土体中自由流动，具有溶解能力，能传递水压力。

水是土的重要成分之一。一般认为水不能承受剪力，但能承受压力和一定的吸力；一般情况下，水的压缩量很小，可以忽略不计。

(三) 土的气体部分

在非饱和土中，土颗粒间的孔隙由液体和气体充满。土中气体一般以下面两种形式存在于土中：一种是四周被颗粒和水封闭的封闭气体，另一种是与大气相通的自由气体。

当土的饱和度较低，土中气体与大气相通时，土体在外力作用下，气体很快从孔隙中排出，则土的强度和稳定性提高。当土的饱和度较高、土中出现封闭气体时，土体在外力作用下，则体积缩小；外力减小，则体积增大。因此，土中封闭气体增强了土的弹性。同时，土中封闭气体的存在还能阻塞土中的渗流通道，减小土的渗透性。

三、土的构造

(一) 土的结构

土的结构主要是指土体中土粒的排列与连接。土的结构有单粒结构、蜂窝结构和絮状结构 (图1-3)，蜂窝结构和絮状结构又称海绵结构。

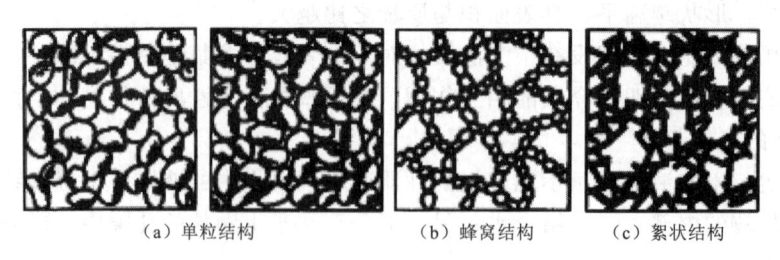

(a) 单粒结构　　(b) 蜂窝结构　　(c) 絮状结构

图1-3 土的结构类型

1. 单粒结构

单粒结构是无黏性土的基本组成形式，由较粗土粒砾石、砂粒在重力作用下沉积而成 [图1-3 (a)]。土粒排列成密实状态时，称为紧密的单粒结构，这种结构土的强度大、压缩性小，是良好的天然地基。相反，当土粒排列疏松时，称为疏松的单粒结构，因其土的孔隙大，土粒骨架不稳定，未经处理，不宜做建筑物地基。因此，以单粒结构为基本结构特征的无黏性土的工程性质主要取决于土体的密实程度。

2. 蜂窝结构

蜂窝结构主要是由较细的土粒（粉粒）组成的结构形式。其形成机理为：当粉粒在水中下沉碰到已经沉积的土粒时，由于粒间引力大于其重力，而停留在接触面上不再下沉，逐渐形成链环状单元。很多这样的链环联结起来，便形成孔隙较大的蜂窝结构，如图1-3（b）所示。

3. 絮状结构

絮状结构是由黏粒集合体组成的结构形式。其形成机理为：黏粒能够在水中长期悬浮，不因重力而下沉，当悬浮液介质发生变化（如黏粒被带到电解质浓度较大的海水中），土粒表面的弱结合水厚度减薄，黏粒相互接近便凝聚成类似海绵絮状的集合体而下沉，并和已沉积的絮状集合体接触，形成孔隙较大的絮状结构，如图1-3（c）所示。絮状结构是黏性土的主要结构形式。

**（二）土的结构强度**

蜂窝结构和絮状结构的土中存在大量孔隙，压缩性高，抗剪强度低，但土粒间的联结强度会由于压密和胶结作用而逐渐得到加强，称为结构强度。天然条件下，任何一种土类的结构都不是单一的，往往呈现以某种结构为主、混杂各种结构的复合形式。此外，当土的结构受到破坏和扰动时，在改变了土粒排列的同时，也不同程度地破坏了土粒间的联结，从而影响土的工程性质，对于蜂窝结构和絮状结构的土，往往会大大降低其结构强度。其结构强度降低越显著，称之为结构性越强。一般采用灵敏度 $S_t$ 来表征其结构性强弱，土的灵敏度越高，其结构性越强，受扰动后土的强度降低就越明显。

$$S_t = \frac{q_u}{q_0} \tag{1-3}$$

式中　$q_u$——原状土的无侧限抗压强度，即单轴受压的抗压强度，MPa；

　　　$q_0$——具有与原状土相同的密度和含水量并彻底破坏其结构的重塑土的无侧限抗压强度，MPa。

按灵敏度的大小，黏性土可分为：低灵敏土，$S_t = 1 \sim 2$；中灵敏土，$S_t = 2 \sim 4$；高灵敏土，$S_t > 4$。软黏土在重塑后甚至不能维持自己的形状，无侧限抗压强度几乎等于零，灵敏度很大。对于灵敏度大的土，在基坑开挖时须特别注意保护基槽，使其结构不受扰动。

**（三）土的构造特征**

土的构造是指在同一土层剖面中，颗粒或颗粒集合体相互间的特征。其最大特征就是成层性，即具有层理构造。这是由于不同阶段沉积土的物质成分、颗粒大小和颜色的不同，而使竖向呈现成层的性状。常见有水平层理和交错层理构造，带有夹层、尖灭和透镜体等（图1-4）。土的构造的另一特征是土的裂隙性，即裂隙构造。土中裂隙的存在会大大

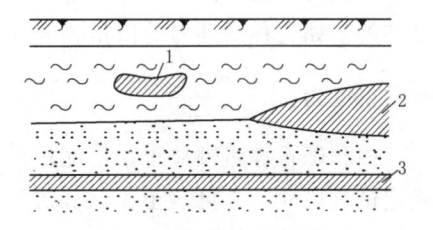

图1-4　土的层理构造
1—淤泥夹黏土透镜体；2—黏土尖灭层；
3—砂土夹黏土层

降低土体的强度和稳定性，对工程不利。此外，也应注意到土中有无腐殖质、贝壳、结核体等包裹物以及天然或人为的孔洞的存在。这些构造特征都会造成土的不均匀性，从而影响土的工程性质。

### 四、土的物理性质指标

如前所述，土是三相体，是由土的固体颗粒、液体部分和气体部分组成。随着土中三相之间的质量与体积的比例关系的变化，土的疏密性、软硬性、干湿性等物理性质发生变化。为了定量了解土的这些物理性质，就需要研究土的三相比例指标。土的物理性质指标就是表示土中三相比例关系的一些物理量。图1-5为土的三相简图。

图1-5中符号的意义如下：

$m_s$——土粒质量；

$m_w$——土中水质量；

$m_a$——土中气体质量（$m_a \approx 0$）；

$m$——土的总质量，$m = m_s + m_w + m_a$；

$V_s$——土粒体积；

$V_w$——土中水体积；

$V_a$——土中气体体积；

$V_v$——土中孔隙体积，$V_v = V_a + V_w$；

$V$——土的总体积，$V = V_a + V_w + V_s$。

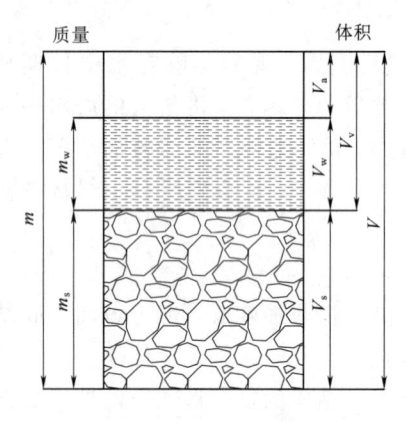

图1-5 土的三相简图

#### (一) 土的三相基本指标

土的物理性质指标中土的天然密度、含水量和土粒的相对密度三相指标，是由实验室直接测定的，称为三相基本指标。其他物理性质指标可由这三项指标推算得到。

1. 土的天然密度 $\rho$ 和天然重度 $\gamma$

单位体积天然土的质量，称为土的天然密度，简称土的密度，记为 $\rho$，单位为 g/cm³。

天然密度表达式：

$$\rho = \frac{m}{V} \tag{1-4}$$

在计算土体自重时，常用到天然重度的概念，即 $\gamma = \rho g$，单位为 kN/m³。

密度的测定方法：黏性土用环刀法，环刀内径和高度为已知数，因此，土样的体积是已知的。如先称空环刀的质量为 $m_1$，试样加环刀的质量为 $m_2$，则土的质量 $m = m_2 - m_1$，土的密度为：$\rho = \dfrac{m_2 - m_1}{V} = \dfrac{m}{V}$。

砂和砾石等粗颗粒土，不能用环刀法，可采用灌水法或灌砂法，根据试样的最大粒径确定试坑尺寸，参见《土工试验方法标准》（GB/T 50123—2019），称出从试坑中挖出的试样的质量 $m$，在试坑中铺上塑料薄膜，灌水或砂测量试坑的体积 $V$。得到土的密度为：$\rho = \dfrac{m}{V}$。

天然状态下的土的密度变化范围较大,黏性土和粉土为 1.8～2.0g/cm³,砂性土为 1.6～2.0g/cm³。

2. 土颗粒的相对密度 $d_s$($G_s$)

土颗粒的密度与4℃纯水的密度之比,称为土颗粒的相对密度,记为 $d_s$ 或 $G_s$,是无量纲数值。

$$d_s = \frac{m_s/V_s}{\rho_w} = \frac{\rho_s}{\rho_w} \tag{1-5}$$

式中　$\rho_w$——4℃纯水的密度,$\rho_w$=g/cm³。

4℃纯水的密度为已知条件,故测定土颗粒的相对密度,实质就是测定土颗粒的密度。粒径小于 5.0mm 的土常用比重瓶法测定。粒径大于 5.0mm 的土,其中粒径大于 20mm 的颗粒含量小于 10% 时,采用浮称法;粒径大于 20mm 的颗粒含量大于等于 10% 时,采用虹吸筒法。其具体方法可参见《土工试验方法标准》(GB/T 50123—2019)。

同一种土,其土粒相对密度变化范围很小,砂土为 2.65～2.69,粉土为 2.70～2.71,黏性土为 2.72～2.75。当无条件进行实验时,可参考同一地区、同一种土的多年实测积累的经验数据。

3. 土的含水量 $w$

土中水的质量和土颗粒质量的比值称为含水量,也称含水率,用百分数表示,记为 $w$。

$$w = \frac{m_w}{m} \times 100\% \tag{1-6}$$

含水量的试验方法通常用烘干法,用天平称湿土 $m$ 克,放入烘干箱内,控制温度为 105～110℃,恒温 8 小时左右,称干土质量为 $m_s$ 克,计算土的含水量。

$$w = \frac{m - m_s}{m_s} \times 100\% \tag{1-7}$$

在野外没有烘干箱或需要快速测定含水量时,可用酒精燃烧法或红外线烘干法。

天然土层的含水量变化范围很大,与土的种类、埋藏条件及所处的自然地理环境有关。一般砂土的含水量为 0～40%,黏性土大些,为 20%～60%,淤泥土含水量更大。黏性土的工程性质很大程度上由其含水量决定,并随含水量的大小发生状态变化,含水量越大的土压缩性越大、强度越低。

(二) 导出指标

测出上述三个基本试验指标后,就可根据三相图,计算出三相组成各自的体积和质量上的含量,根据其他相应指标的定义便可以导出其他物理性质指标,即导出指标。

1. 反映土的松密程度的指标

(1) 孔隙比 $e$。土中孔隙体积与固体土颗粒体积之比,以小数表示,记为 $e$。

$$e = \frac{V_v}{V_s} \tag{1-8}$$

孔隙比是评价土的密实程度的重要物理性质指标。

一般砂土的孔隙比为 0.5～1.0,黏性土和粉土为 0.5～1.2,淤泥土≥1.5。$e$<0.6

的砂土为密实状态，是良好的地基；$1.0<e<1.5$ 的黏性土为软弱淤泥质地基。

（2）孔隙率 $n$。土中孔隙体积与总体积之比，即单位土体中孔隙所占的体积，用百分数表示，记为 $n$。

$$n=\frac{V_\text{v}}{V}\times100\% \tag{1-9}$$

孔隙率也可用来表示同一种土的松、密程度，其值随土形成过程中所受的压力、粒径级配和颗粒排列的状况而变化。一般粗粒土的孔隙率小，细粒土孔隙率大。例如，砂类土的孔隙率一般是 28%～35%；黏性土的孔隙率有时可高达 60%～70%。

**2. 反映土中含水程度的指标**

饱和度 $S_\text{r}$ 为土中水的体积与孔隙总体积之比，记为 $S_\text{r}$，以百分数表示。

$$S_\text{r}=\frac{V_\text{w}}{V_\text{v}}\times100\% \tag{1-10}$$

饱和度表示土孔隙内充水的程度，反映土的潮湿程度，$S_\text{r}=0$ 时，土是完全干的；$S_\text{r}=100\%$ 时，土是完全饱和的。

砂土与粉土以饱和度作为湿度划分的标准，分为稍湿、很湿与饱和三种湿度状态，即

$S_\text{r}\leqslant 50\%$，稍湿。

$50\%<S_\text{r}\leqslant 80\%$，很湿。

$S_\text{r}>80\%$，饱和。

而对于天然黏性土，一般将 $S_\text{r}>95\%$ 才视为完全饱和土。

**3. 几种特定状态下的密度和重度**

（1）干密度 $\rho_\text{d}$ 和干重度 $\gamma_\text{d}$。

单位体积土中固体颗粒的质量，记为 $\rho_\text{d}$，单位为 $\text{g/cm}^3$。

$$\rho_\text{d}=\frac{m_\text{s}}{V} \tag{1-11}$$

单位体积土中固体颗粒的重力，称为土的干重度，记为 $\gamma_\text{d}$，单位为 $\text{kN/m}^3$。

$$\gamma_\text{d}=\frac{m_\text{s}g}{V}=\rho_\text{d}g \tag{1-12}$$

干密度反映了土的密实程度，工程上常用来作为填方工程中土体压实质量的检查标准。干密度越大，土体越密实，工程质量越好。

（2）饱和密度 $\rho_\text{sat}$ 和饱和重度 $\gamma_\text{sat}$。

土的孔隙中充满水时的单位体积质量，即土的饱和密度，记为 $\rho_\text{sat}$，单位为 $\text{g/cm}^3$。

$$\rho_\text{sat}=\frac{m_\text{s}+V_\text{v}\rho_\text{w}}{V} \tag{1-13}$$

一般土的饱和密度的范围为 $1.8\sim2.3\text{g/cm}^3$。

土中孔隙完全被水充满时，单位体积土所受的重力即为土的饱和重度，记为 $\gamma_\text{sat}$。

$$\gamma_\text{sat}=\frac{m_\text{s}g+V_\text{v}\rho_\text{w}g}{V}=\rho_\text{sat}g \tag{1-14}$$

(3) 有效重度（浮重度）$\gamma'$。地下水位以下的土，扣除水浮力后单位体积土所受的重力称为土的有效重度（浮重度），记为 $\gamma'$，单位为 $kN/m^3$。

$$\gamma' = \frac{m_s g - V_s \rho_w g}{V} = \frac{m_s g - (V - V_v)\rho_w g}{V} = \gamma_{sat} - \gamma_w \tag{1-15}$$

式中 $\gamma_w$——水的重度，$\gamma_w = 10 kN/m^3$。

### （三）三相指标的换算

上面仅给出了导出指标的定义式，实际上都可以依据三个基本试验指标（土的密度 $\rho$、土粒相对密度 $d_s$、含水量 $w$）推导得出。

推导时，通常假定土体中土颗粒的体积 $V_s = 1$（也可假定其他两相体积为1），根据各指标的定义可得到 $V_v = e$，$V = 1+e$，$m_w = \rho_s$，$m_s = w\rho_s$，$m = (1+w)\rho_s$，如图1-6所示。具体的换算公式可查阅表1-2。

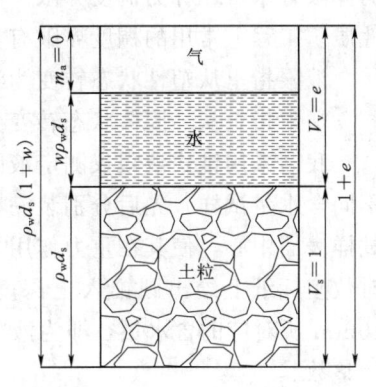

图1-6 三相比例指标换算图

表1-2　　　　土的三相比例指标常用换算公式

| 导出指标 | 符号 | 表达式 | 与试验指标的换算公式 |
|---|---|---|---|
| 干重度 | $\gamma_d$ | $\gamma_d = \dfrac{m_s g}{V} = \rho_d g$ | $\gamma_d = \dfrac{\gamma}{1+w}$ |
| 饱和重度 | $\gamma_{sat}$ | $\gamma_{sat} = \dfrac{m_s g + V_v \rho_w g}{V} = \rho_{sat} g$ | $\gamma_{sat} = \dfrac{\gamma(\rho_s g - \gamma_w)}{\gamma_s(1+w)} + \gamma_w$ |
| 有效重度 | $\gamma'$ | $\gamma' = \dfrac{m_s g - V_s \rho_w g}{V} = \gamma_{sat} - \gamma_w$ | $\gamma' = \dfrac{\gamma_w(d_s-1)\gamma}{\rho_s(1+w)g}$ |
| 孔隙比 | $e$ | $e = \dfrac{V_v}{V_s}$ | $e = \dfrac{\gamma_w d_s(1+w)}{\gamma} - 1$ |
| 孔隙率 | $n$ | $n = \dfrac{V_v}{V} \times 100\%$ | $n = 1 - \dfrac{\gamma}{\rho_s g(1+w)}$ |
| 饱和度 | $S_r$ | $S_r = \dfrac{V_w}{V_v} \times 100\%$ | $S_r = \dfrac{\gamma \rho_s g w}{\gamma_w[\rho_s g(1+w) - \gamma]}$ |

注　$g$ 为重力加速度，$g \approx 10 m/s^2$。

### 五、土的物理状态指标

**（一）黏性土（细粒土）的物理状态指标**

1. 界限含水量

黏性土最主要的特征是它的稠度，稠度是指黏性土在某一含水量下的软硬程度和土体对外力引起的变形或破坏的抵抗能力。当土中含水量很低时，水被土颗粒表面的电荷吸着于颗粒表面，土中水为强结合水，土呈现固态或半固态。当土中含水量增加，吸附在颗粒周围的水膜加厚，土粒周围除强结合水外还有弱结合水。弱结合水不能自由流动，但受力时可以变形，此时土体受外力作用可以被捏成任意形状，外力取消后仍保持改变后的形状，这种状态称为塑态。当土中含水量继续增加，土中除结合水外已有相当数量的水处于电场引力范围外，这时，土体不能承受剪应力，呈现流动状态。实质上，土的稠度就是反映土体的含水量。而黏性土的含水量又决定其工程性质。土从一种状态转变成另一种状态的界限含水量，称为稠度界限。因此，根据含水量和该土的稠度界限可以定性判断其工程性质。工程上常用的稠度界限有液限和塑限。

液限指土从塑性状态转变为液性状态时的界限含水量，用 $w_L$ 表示。

塑限指土从半固体状态转变为塑性状态时的界限含水量，用 $w_P$ 表示。

我国采用锥式液限仪测定液限和塑限。测定时，将调成不同含水量的试样（制成3个不同含水量试样）先后分别装满盛样杯，刮平杯口表面，将76g重圆锥（锥角30°）放在试样表面中心，使其在重力作用下徐徐沉入试样，测定圆锥仪在5s时的入土深度。在双对数坐标纸上绘出圆锥入土深度和含水量的关系直线，在直线上查得圆锥入土深度为10mm所对应的含水量，即为液限。入土深度为2mm所对应的含水量，即为塑限。取值为整数。

2. 塑性指数

液限与塑限的差值称为塑性指数，即

$$I_P = w_L - w_P \tag{1-16}$$

式中 $w_L$ 和 $w_P$ 用百分数表示，计算所得的塑性指数也应用百分数表示，但是习惯 $I_P$ 不带百分号。如 $w_L=35\%$、$w_P=23\%$，$I_P=35-23=12$。液限与塑限之差越大，说明土体处于可塑状态的含水量变化范围越大。也就是说，塑性指数的大小与土中结合水的含水量有直接关系。从土的颗粒大小来看，土粒越细，黏粒含量越高，其比表面积越大，则结合水越多，塑性指数也越大；从土的矿物成分讲，土中含蒙脱类越多，塑性指数也越大；此外，塑性指数还与水中离子浓度和成分有关。

表 1-3  黏性土按塑性指数分类

| 土的名称 | 塑性指数 |
| --- | --- |
| 黏土 | $I_P > 17$ |
| 粉质黏土 | $10 < I_P \leqslant 17$ |

可塑性是黏性土区别于砂性土的重要特征。由于塑性指数反映了土的塑性大小和影响黏性土特征的各种重要因素，因此，常用 $I_P$ 作为黏性土的分类标准，见表 1-3。

3. 液性指数

土的天然含水量与塑限之差再与塑性指数之比，称为土的液性指数，即

$$I_L = \frac{w - w_P}{I_P} = \frac{w - w_P}{w_L - w_P} \tag{1-17}$$

由式（1-16）可知，当天然含水量小于 $w_P$ 时，$I_L<0$，土体处于固体或半固体状态；当 $w$ 大于 $w_L$ 时，$I_L>1$，天然土体处于流动状态；当 $w$ 在 $w_P$ 和 $w_L$ 之间时，$I_L$ 在 0~1 之间，天然土体处于可塑状态。因此，可以利用液性指数 $I_L$ 表示黏性土所处的天然状态。$I_L$ 值越大，土体越软；$I_L$ 值越小，土体越坚硬。

《建筑地基基础设计规范》（GB 50007—2011）（以下简称《地基规范》）按土的液性指数的大小将黏性土划分为坚硬、硬塑、可塑、软塑和流塑五种软硬状态，见表 1-4。

表 1-4　　　　　　　　　　　黏性土软硬状态

| 液性指数 | $I_L \leq 0$ | $0 < I_L \leq 0.25$ | $0.25 < I_L \leq 0.75$ | $0.75 < I_L \leq 1$ | $I_L > 1$ |
|---|---|---|---|---|---|
| 状态 | 坚硬 | 硬塑 | 可塑 | 软塑 | 流塑 |

### (二) 无黏性土（粗粒土）的物理状态指标

砂土、碎石土统称为无黏性土，无黏性土的密实程度是影响其工程性质的重要指标。当其处于密实状态时，结构较稳定，压缩性小，强度较大，可作为建筑物的良好地基；而处于疏松状态时（特别是对细、粉砂来说），稳定性差，压缩性大，强度偏低，属于软弱土。如它位于地下水位以下，在动荷载作用下还可能由于超静孔隙水压力的产生而发生砂土液化。例如，我国辽宁海城 1975 年 7.3 级地震，震中以西 25～60km 的下辽河平原，发生强烈砂土液化，大面积喷砂冒水，许多道路、桥梁、工业设施、民用建筑遭受破坏。2008 年四川汶川 8 级地震同样在德阳等地出现大量严重的砂土液化现象，液化震害对农田、公路、桥梁、建筑物及工厂、学校等造成较大影响。因此，弄清无黏性土的密实程度是评价其工程性质的前提。

**1. 砂土的密实度**

砂土的密实度可用天然孔隙比衡量，当 $e < 0.6$ 时，属密实砂土，强度高，压缩性小。当 $e > 0.95$ 时，属松散状态，强度低，压缩性大。这种测定方法简单，但没有考虑土颗粒级配的影响。例如：同样孔隙比的砂土，当颗粒不均匀时较密实（级配良好），当颗粒均匀时较疏松（级配不良）。换言之，孔隙比用于同一级配的砂土密实度的判断，不适合用于不同级配砂土之间的密实度比较。

考虑土颗粒级配影响，通常采用砂土的相对密度 $D_r$ 来划分砂土的密实度。

$$D_r = \frac{e_{max} - e}{e_{max} - e_{min}} \tag{1-18}$$

式中　$D_r$——砂土的相对密度；

　　　$e_{max}$——砂土的最大孔隙比，即最疏松状态的孔隙比，其测定方法是将疏松的风干土样，通过长颈漏斗轻轻倒入容器，求其最小重度，进而换算得到最大孔隙比；

　　　$e_{min}$——砂土的最小孔隙比，即最密实状态的孔隙比，其测定方法是将疏松的风干土样分几次装入金属容器，并加以振动和锤击，直到密度不变，求其最大重度，进而换算得到最小孔隙比；

　　　$e$——砂土在天然状态下的孔隙比。

从式（1-18）可知，若砂土的天然孔隙比 $e$ 接近于 $e_{min}$，$D_r$ 接近 1，土呈密实状态；当 $e$ 接近 $e_{max}$ 时，$D_r$ 接近 0，土呈疏松状态。按照 $D_r$ 的大小将砂土分成下列三种状态。

密实：$1 \geq D_r > 0.67$。

中密：$0.67 \geq D_r > 0.33$。

松散：$0.33 \geq D_r > 0$。

相对密实度从理论上说是砂土的一种比较完善的密实度指标，反映了粒径级配、颗粒形状等因素，但由于测定 $e_{max}$ 和 $e_{min}$ 时，平行试验反映出误差大，因此，在实际应用中有一定困难。此外，上述两种方法均需测得原状砂土的 $e$ 值，但由于原状砂样难以取得（特别是地下水位以下的砂），这就一定程度上限制了上述两种方法的应用。

因此，《地基规范》和《岩土工程勘察规范》（GB 50021—2001）（以下简称《勘察规范》）用标准贯入试验锤击数来划分砂土的密实度，见表 1-5。标准贯入试验是将质量为 63.5kg 的重锤，从 76cm 高处自由落下，测得将贯入器击入土中 30cm 所需的锤击数来衡量砂土的密实度。

表 1-5　　　　　　　　　　　砂 土 的 密 实 度

| 标准贯入试验锤击数 $N$ | 密实度 | 标准贯入试验锤击数 $N$ | 密实度 |
| --- | --- | --- | --- |
| $N \leqslant 10$ | 松散 | $15 < N \leqslant 30$ | 中密 |
| $10 < N \leqslant 15$ | 稍密 | $N > 30$ | 密实 |

**2. 碎石土的密实度**

碎石土既不易获得原状土样，也难于将贯入器击入土中。对这类土可根据《地基规范》和《勘察规范》的要求，用重型动力触探击数来划分碎石土的密实度，见表 1-6。

表 1-6　　　　　　　　　　　碎 石 土 的 密 实 度

| 重型圆锥动力触探锤击数 $N_{63.5}$ | 密实度 | 重型圆锥动力触探锤击数 $N_{63.5}$ | 密实度 |
| --- | --- | --- | --- |
| $N_{63.5} \leqslant 5$ | 松散 | $10 < N_{63.5} \leqslant 20$ | 中密 |
| $5 < N_{63.5} \leqslant 10$ | 稍密 | $N_{63.5} > 20$ | 密实 |

注　本表适用于平均粒径等于或小于 50mm，且最大粒径小于 100mm 的碎石土。对于平均粒径大于 50mm，或最大粒径大于 100mm 的碎石土，可用超重型动力触探或用野外观察鉴别。

### 六、土的渗透性

#### （一）达西定律

土的渗透性（透水性）是指水流通过土中孔隙的难易程度。地下水的补给（流入）与排泄（流出）条件以及土中水的渗透速度都与土的渗透性有关。在考虑地基土的沉降速率和地下水的涌水量时都需要了解土的渗透性指标。

为了说明水在土中渗流时的一个重要规律，可进行如图 1-7 所示的砂土渗透试验。试验时将土样装在长度为 $l$ 的圆柱形容器中，水从土样上端注入并保持水头不变。由于土样两端存在着水头差 $h$，故水在土样中产生渗流。试验证明，水在土中的渗透速度与水头差 $h$ 成正比，而与水流过土样的距离 $l$ 成反比，即

$$v = k \frac{h}{l} = ki \qquad (1-19)$$

式中　$v$——水在土中的渗透速度，mm/s，它不是地下水在孔隙中流动的实际速度，而是在单位时间（s）内流过土的单位截面积（$mm^2$）的水量（$mm^3$）；

$i$——水力梯度，或称水力坡降，$i = h/l$，即土中两点的水头差 $h$ 与水流过的距离 $l$ 的比值；

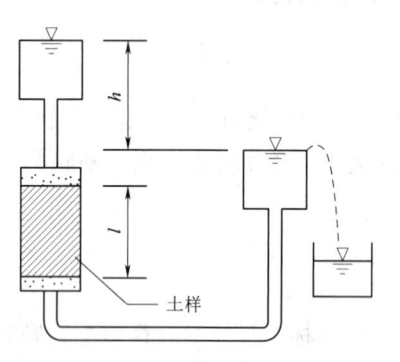

图 1-7　砂土渗透试验示意图

$k$——土的渗透系数，mm/s，表示土的透水性质的常数。

在式（1-19）中，当$i=1$时，$k=v$，即土的渗透系数的数值等于水力梯度为1时的地下水的渗透速度。$k$值的大小反映了土透水性的强弱。

式（1-18）是亨利·达西（Henry Darcy）根据砂土的渗透试验得出的，故称为达西定律，或称为直线渗透定律。土的渗透系数可以通过室内渗透试验或现场抽水试验来测定。各种土的渗透系数参考值参见表1-7。

表1-7　　　　　　　　　各种土的渗透系数参考值

| 土的名称 | 渗透系数/(cm·s$^{-1}$) | 土的名称 | 渗透系数/(cm·s$^{-1}$) |
| --- | --- | --- | --- |
| 致密黏土 | $<10^{-7}$ | 粉砂、细砂 | $10^{-4} \sim 10^{-2}$ |
| 粉质黏土 | $10^{-7} \sim 10^{-6}$ | 中砂 | $10^{-2} \sim 10^{-1}$ |
| 粉土、裂隙黏土 | $10^{-6} \sim 10^{-4}$ | 粗砂、砾石 | $10^{-1} \sim 10^{2}$ |

**（二）动水力及渗流破坏**

地下水的渗流对土单位体积内的骨架所产生的力称为动水力，或称为渗透力。它是一种体积力，单位为kN/m³。动水力可按式（1-20）计算：

$$j = \gamma_w i \tag{1-20}$$

式中　$j$——动水力，kN/m³；
　　　$\gamma_w$——水的重度；
　　　$i$——水力梯度。

当渗透水流自下而上运动时，动水力方向与重力方向相反，土粒间的压力将减小。当动水力等于或大于土的有效重度$\gamma'$时，土粒间的压力被抵消，于是土粒处于悬浮状态，土粒随水流动，这种现象称为流土。

动水力等于土的有效重度时的水力梯度称为临界水力梯度$i_{cr}$，$i_{cr}=\gamma'/\gamma_w$。土的有效重度$\gamma'$一般在$8\sim12$kN/m³之间，因此$i_{cr}$可近似地取1。

在地下水位以下开挖基坑时，如从基坑中直接抽水，将导致地下水从下向上流动而产生向上的动水力。当水力梯度大于临界值时，就会出现流土现象。这种现象在细砂、粉砂、粉土中较常发生，给施工带来很大的困难，严重的还将影响邻近建筑物地基的稳定。如果水自上而下渗流，动水力使土粒间应力即有效应力增强，从而使土密实。

防治流土的原则及措施如下。

（1）沿基坑四周设置连续的截水帷幕，阻止地下水流入基坑内。

（2）减小或平衡动水力，例如将板桩打入坑底一定深度，增加地下水从坑外流入坑内的渗流路线，减小水力梯度，从而减小动水力。也可采取人工降低地下水位。还可采用水下开挖的方法。

（3）使动水力方向向下，例如采用井点降低地下水位时，地下水向下渗流，使动水力方向向下，增大了土粒间的压力，从而有效地制止流土现象的发生。

（4）冻结法：对重要工程，若流土较严重，可考虑采用冷冻方法使地下水结冰，然后开挖。

当土中渗流的水力梯度小于临界水力梯度时，虽不致诱发流土现象，但土中细小颗粒仍有可能穿过粗颗粒之间的孔隙被渗流挟带而去，时间长了，在土层中将形成管状空洞。这种现象称为管涌或潜蚀。流土和管涌是土的两种主要的渗透破坏形式。其中流土的渗流方向是向上的，而管涌是沿着渗流方向发生的，不一定向上；流土一般发生在地表，也可能发生在两层土之间，而管涌可以发生在渗流逸出处，也可能发生在土体内部；不管黏性土还是粗粒土都可能发生流土，而管涌不会发生在黏性土中。我国工程界常将砂土的流土称为流沙，而将黏土的流土称为突涌。准确地讲，流沙的内涵更广一些，不限于流土。

### 七、土的工程分类

地基土的合理分类具有重要的工程实际意义。自然界土的成分、结构及性质千变万化，表现的工程性质也各不相同。如果能把工程性质接近的一些土归在同一类，那么就可以大致判断这类土的工程特性，评价这类土作为建筑物地基或建筑材料的适用性及结合其他物理性质指标确定该地基的承载力。对于无黏性土，同等密实度条件下，颗粒级配对其工程性质起着决定性的作用，因此颗粒级配是无黏性土工程分类的依据和标准；而对于黏性土，由于它与水作用十分明显，土粒的比表面积和矿物成分在很大程度上决定这种土的工程性质，而体现土的比表面积和矿物成分的指标主要有液限和塑性指数，所以液限和塑性指数是对黏性土进行分类的主要依据。

《地基规范》中关于土的分类原则，对粗颗粒土，考虑了其结构和颗粒级配；对细颗粒土，考虑了土的塑性和成因，并且给出了岩石的分类标准。它将天然土分为岩石、碎石土、砂类土、粉土、黏性土和人工填土六大类。

#### （一）岩石

岩石是颗粒间牢固联结，呈整体或具有节理裂隙的岩体。它作为建筑场地和建筑地基可按下列原则分类。

（1）按成因不同可分为岩浆岩、沉积岩、变质岩。

（2）按岩石的坚硬程度即岩块的饱和单轴抗压强度 $f_{rk}$ 可分为坚硬岩、较硬岩、较软岩、软岩和极软岩五类，见表1-8。

（3）按岩土完整程度可划分为完整、较完整、较破碎、破碎和极破碎五类，见表1-9。

表1-8　　　　　　　　岩石坚硬程度的划分

| 坚硬程度类别 | 坚硬岩 | 较硬岩 | 较软岩 | 软岩 | 极软岩 |
| --- | --- | --- | --- | --- | --- |
| 饱和单轴抗压强度标准值 $f_{rk}$/MPa | $f_{rk} \geq 60$ | $60 \geq f_{rk} > 30$ | $30 \geq f_{rk} > 15$ | $15 \geq f_{rk} > 5$ | $f_{rk} \leq 5$ |

表1-9　　　　　　　　岩体完整程度划分

| 完整程度等级 | 完整 | 较完整 | 较破碎 | 破碎 | 极破碎 |
| --- | --- | --- | --- | --- | --- |
| 完整性指数 | >0.75 | 0.75～0.55 | 0.55～0.35 | 0.35～0.15 | <0.15 |

注　完整性指数为岩体纵波波速与岩块纵波波速之比的平方。选定岩体、岩块测定波速时应有代表性。

（4）按风化程度可分为未风化、微风化、中风化、强风化和全风化五种。其中，微风化或未风化的坚硬岩石为最优良地基。强风化或全风化的软岩石，为不良地基。

### (二) 碎石土

粒径大于 2mm 的颗粒含量超过全重 50% 的土称为碎石土。

根据颗粒形状和粒组含量，碎石土又可细分为漂石、块石、卵石、碎石、圆砾和角砾六种，详见表 1-10。

表 1-10　　　　　　　　　　碎 石 土 分 类

| 土的名称 | 颗粒形状 | 粒 组 含 量 |
|---|---|---|
| 漂石 | 圆形及亚圆形为主 | 粒径大于 200mm 的颗粒含量超过全重 50% |
| 块石 | 棱角形为主 | |
| 卵石 | 圆形及亚圆形为主 | 粒径大于 20mm 的颗粒含量超过全重 50% |
| 碎石 | 棱角形为主 | |
| 圆砾 | 圆形及亚圆形为主 | 粒径大于 2mm 的颗粒含量超过全重 50% |
| 角砾 | 棱角形为主 | |

注　分类时应根据粒组含量栏从上到下以优先符合者确定。

常见的碎石类土，强度高、压缩性低、透水性好，为优良地基。

### (三) 砂类土

粒径大于 2mm 的颗粒含量不超过全部质量的 50%，且粒径大于 0.075mm 的颗粒含量超过全部质量 50% 的土，称为砂类土。砂类土根据粒组含量的不同又细分为砾砂、粗砂、中砂、细砂和粉砂五种，详见表 1-11。

表 1-11　　　　　　　　　　砂 土 的 分 类

| 土的名称 | 粒 组 含 量 | 土的名称 | 粒 组 含 量 |
|---|---|---|---|
| 砾砂 | 粒径大于 2mm 的颗粒含量占全重 25%~50% | 细砂 | 粒径大于 0.075mm 的颗粒含量超过全重 85% |
| 粗砂 | 粒径大于 0.5mm 的颗粒含量超过全重 50% | 粉砂 | 粒径大于 0.075mm 的颗粒含量超过全重 50% |
| 中砂 | 粒径大于 0.25mm 的颗粒含量超过全重 50% | | |

注　分类时应根据粒组含量栏从上到下以最先符合者确定。

砂土的密实度标准详见表 1-5。其中，密实与中密状态的砾砂、粗砂、中砂为优良地基；稍密状态的砾砂、粗砂、中砂为良好地基；密实状态的细砂、粉砂为良好地基；饱和疏松状态的细砂、粉砂为不良地基。

### (四) 粉土

粒径大于 0.075mm 的颗粒含量不超过全部质量的 50%，且塑性指数 $I_P \leqslant 10$ 的土，称为粉土。粉土的性质介于砂类土和黏性土之间，粉土的密实度一般用天然孔隙比来衡量，参考表 1-12。其中，密实的粉土为良好地基；饱和稍密的粉土在振动荷载作用下，易产生液化，为不良地基。

表 1-12　　　　　　　　　　粉土的密实度标准

| 天然孔隙比 e | $e \geqslant 0.90$ | $0.75 \leqslant e < 0.90$ | $e < 0.75$ |
|---|---|---|---|
| 密实度 | 稍密 | 中密 | 密实 |

### （五）黏性土

塑性指数 $I_P>10$，且粒径大于 0.075mm 的颗粒含量不超过全部质量 50%的土，称为黏性土。黏性土又可细分为黏土和粉质黏土（亚黏土）两种，详见表 1-13。

表 1-13 黏性土的分类标准

| 塑性指数 $I_P$ | 土的名称 |
|---|---|
| $I_P>17$ | 黏土 |
| $10<I_P\leqslant 17$ | 粉质黏土 |

注 塑性指数由相应于 76g 圆锥体沉入土样中深度为 10mm 时测定的液限计算而得。

黏性土的工程性质与其密实度和含水量的大小密切相关。密实硬塑的黏性土为优良地基；疏松流塑状态的黏性土为软弱地基。

### （六）人工填土

由人类活动堆填形成的各类堆积物，称为人工填土。人工填土依据其组成物质可细分为四种，详见表 1-14。

表 1-14 人工填土按组成物质分类

| 组成物质 | 土的名称 | 组成物质 | 土的名称 |
|---|---|---|---|
| 碎石土、砂土、粉土、黏性土等 | 素填土 | 水力冲刷泥沙的形成物 | 冲填土 |
| 建筑垃圾、工业废料、生活垃圾等 | 杂填土 | 经过压实或夯填的素填土 | 压实填土 |

通常人工填土的工程性质不良，强度低，压缩性大且不均匀。压实填土相对较好，杂填土工程性质最差。

### （七）其他类

除了上述六大类岩土，自然界中还分布着许多具有特殊性质的土，如淤泥、淤泥质土、红黏土、湿陷性黄土、膨胀土、冻土等。它们的性质与上述六大类岩土不同，需要区别对待。

(1) 淤泥和淤泥质土。这类土在静水或缓慢的流水环境中沉积，并经生物化学作用形成。其中，天然含水量大于液限、天然孔隙比大于或等于 1.5 的黏性土称为淤泥；天然含水量大于液限，而天然孔隙比小于 1.5 但大于 1.0 的黏性土或粉土，称为淤泥质土。

这类土，压缩性高，强度低，透水性差，是不良地基。

(2) 膨胀土。黏粒成分主要由亲水矿物组成，同时具有显著的吸水膨胀和失水收缩变形特性，自由膨胀率大于或等于 40%的黏性土，称为膨胀土。

这类土虽然强度高，压缩性低，但遇水膨胀隆起，失水收缩下沉，会引起地基的不均匀沉降，对建筑物危害极大。

(3) 红黏土和次生红黏土。红黏土为碳酸盐岩系的岩石经红土化作用形成的高塑性黏土，其液限一般大于 50%。红黏土经再搬运后仍保留其基本特征，但液限大于 45%的土为次生红黏土。

以上三类特殊土均属于黏性土的范畴。

在土方工程施工中，常根据土体开挖的难易程度将土划分为松软土、普通土、坚土、砂砾坚土、软石、次坚石、坚石、特坚石八类，见表 1-15。

表 1-15　　　　　　　　土的工程分类与现场鉴别方法

| 土的分类 | 土 的 名 称 | 可松性系数 $k_s$ | 可松性系数 $k_s'$ | 现场鉴别方法 |
|---|---|---|---|---|
| 一类土（松软土） | 砂土，粉土，冲积砂土层，种植土，泥炭（淤泥） | 1.08～1.17 | 1.01～1.03 | 能用锹、锄头挖掘 |
| 二类土（普通土） | 粉质黏土，潮湿的黄土，夹有碎石、卵石的砂，种植土，填筑土及粉土混卵（碎）石 | 1.14～1.28 | 1.02～1.05 | 用锹、锄头挖掘，少许用镐翻松 |
| 三类土（坚土） | 中等密实黏土，重粉质黏土，粗砾石，干黄土及含碎石、卵石的黄土、粉质黏土，压实的填筑土 | 1.24～1.30 | 1.04～1.07 | 用镐，少许用锹、锄头挖掘，部分用撬棍 |
| 四类土（砂砾坚土） | 坚硬密实的黏土及含碎石、卵石的黏土，粗卵石，密实的黄土，天然级配砂石，软泥灰岩及蛋白石 | 1.26～1.32 | 1.06～1.09 | 整个用镐、撬棍，然后用锹挖掘，部分用楔子及大锤 |
| 五类土（软石） | 硬质黏土，中等密实的页岩、泥灰岩、白垩土，胶结不紧的砾岩，软的石灰岩 | 1.30～1.45 | 1.10～1.20 | 用镐或撬棍、大锤挖掘，部分使用爆破方法 |
| 六类土（次坚石） | 泥岩，砂岩，砾岩，坚实的页岩，泥灰岩，密实的石灰岩，风化花岗岩，片麻岩 | 1.30～1.45 | 1.10～1.20 | 用爆破方法开挖，部分用风镐开挖 |
| 七类土（坚石） | 大理岩，辉绿岩，玢岩，粗、中粒花岗岩，坚实的白云岩，砂岩，砾岩，片麻岩，石灰岩，微风化的安山岩、玄武岩 | 1.30～1.45 | 1.10～1.20 | 用爆破方法开挖 |
| 八类土（特坚石） | 安山岩，玄武岩，花岗片麻岩、坚实的细粒花岗岩、闪长岩、石英岩、辉长岩、辉绿岩、玢岩 | 1.45～1.50 | 1.20～1.30 | 用爆破方法开挖 |

## 第二节　岩石的分类及工程性质

### 一、岩石主要物理性质

岩石由固体、液体和气体三相组成。其物理性质是指岩石三相组成部分的相对比例关系不同所表现的物理状态。与工程密切相关的物理性质有密度和孔隙性、吸水性、软化性和抗冻性。

#### （一）密度

岩石密度是指单位体积内岩石的质量。它是建筑材料选择、岩石风化研究及岩体稳定性和围岩压力预测等的重要参数。岩石密度又分为颗粒密度和块体密度，各类常见岩石的密度值列于表 1-16。

表 1-16　　　　　　　　常见岩石的物理性质指标值

| 岩石类型 | 颗粒密度 $\rho_0/(\text{g}\cdot\text{cm}^{-3})$ | 块体密度 $\rho/(\text{g}\cdot\text{cm}^{-3})$ | 空隙率 $n/\%$ | 吸水率/% | 软化系数 $k_软$ |
|---|---|---|---|---|---|
| 花岗岩 | 2.50～2.84 | 2.30～2.80 | 0.4～0.5 | 0.1～4.0 | 0.72～0.97 |
| 闪长岩 | 2.60～3.10 | 2.52～2.96 | 0.2～0.5 | 0.3～5.0 | 0.6～0.80 |

续表

| 岩石类型 | 颗粒密度 $\rho_0$/(g·cm$^{-3}$) | 块体密度 $\rho$/(g·cm$^{-3}$) | 空隙率 $n$/% | 吸水率/% | 软化系数 $k_\text{软}$ |
|---|---|---|---|---|---|
| 辉绿岩 | 2.60~3.10 | 2.53~2.97 | 0.3~5.0 | 0.8~5.0 | 0.33~0.90 |
| 辉长岩 | 2.70~3.20 | 2.55~2.98 | 0.3~4.0 | 0.5~4.0 | |
| 安山岩 | 2.40~2.80 | 2.30~2.70 | 1.10~4.5 | 0.3~4.5 | 0.81~0.91 |
| 玢岩 | 2.60~2.84 | 2.40~2.80 | 2.1~5.0 | 0.4~1.7 | 0.78~0.81 |
| 玄武岩 | 2.60~3.30 | 2.50~3.10 | 0.5~7.2 | 0.3~2.8 | 0.3~0.95 |
| 凝灰岩 | 2.56~2.78 | 2.29~2.50 | 1.5~7.5 | 0.5~7.5 | 0.52~0.88 |
| 砾岩 | 2.67~2.71 | 2.40~2.66 | 0.8~10.0 | 0.3~2.4 | 0.50~0.96 |
| 砂岩 | 2.60~2.75 | 2.20~2.71 | 1.6~28.0 | 0.2~9.0 | 0.55~0.97 |
| 页岩 | 2.57~2.77 | 2.30~2.62 | 0.4~10.0 | 0.5~3.2 | 0.24~0.74 |
| 石灰岩 | 2.48~2.85 | 2.30~2.77 | 0.5~27.0 | 0.1~4.5 | 0.70~0.94 |
| 泥灰岩 | 2.70~2.80 | 2.10~2.70 | 1.0~10.0 | | 0.44~0.54 |
| 白云岩 | 2.60~2.90 | 2.10~2.70 | 0.3~25.0 | 0.1~3.0 | |
| 片麻岩 | 2.63~3.01 | 2.30~3.00 | 0.7~2.2 | 0.1~0.7 | 0.75~0.97 |
| 石英片岩 | 2.60~2.80 | 2.10~2.70 | 0.7~3.0 | 0.1~0.3 | 0.44~0.84 |
| 绿泥石片岩 | 2.80~2.90 | 2.10~2.85 | 0.8~2.1 | 0.1~0.6 | 0.53~0.69 |
| 千枚岩 | 2.81~2.96 | 2.71~2.86 | 0.4~3.6 | 0.5~1.8 | 0.67~0.96 |
| 泥质板岩 | 2.70~2.85 | 2.30~2.80 | 0.1~0.5 | 0.1~0.3 | 0.39~0.52 |
| 大理岩 | 2.80~2.85 | 2.60~2.70 | 0.1~6.0 | 0.1~1.0 | |
| 石英岩 | 2.53~2.84 | 2.40~2.80 | 0.1~8.7 | 0.1~1.5 | 0.94~0.96 |

**（二）孔隙性**

孔隙的发育程度，用孔隙度来表示（孔隙的总体积与岩石的总体积之比）。其大小决定于结构和构造。

**（三）吸水性**

吸水性反映岩石在一定条件下的吸水能力，用吸水率表示（数值上等于岩石的吸水质量与同体积干燥岩石质量的比），见表 1-17。其大小与岩石孔隙度的大小、孔隙的张开程度有关。

表 1-17　　　　　　　　　　几种岩石吸水性指标值

| 岩石名称 | 吸水率/% | 饱和吸水率/% | 饱水系数 |
|---|---|---|---|
| 花岗岩 | 0.46 | 0.84 | 0.55 |
| 石英闪长岩 | 0.32 | 0.54 | 0.59 |
| 玄武岩 | 0.27 | 0.39 | 0.69 |
| 基性斑岩 | 0.35 | 0.42 | 0.83 |
| 云母片岩 | 0.13 | 1.31 | 0.10 |
| 砂岩 | 7.01 | 11.99 | 0.60 |
| 石灰岩 | 0.09 | 0.25 | 0.36 |
| 白云质灰岩 | 0.74 | 0.92 | 0.80 |

## （四）软化性

软化性是指岩石遇水后，它的强度和稳定性发生变化的性质，用软化系数表示，其大小决定于矿物成分、结构和构造。

## （五）抗冻性

岩石抗冻性即岩石抵抗冻融破坏的性能。岩石抗冻性常用抗冻系数作为直接定量指标。冻融试验后岩样的抗压强度与未经冻融试验的干燥岩样抗压强度之百分比，为抗冻系数。使岩土产生冻胀的最低含水量，称为起始抗胀含水率。岩石抗冻性也可用冻胀率表示，即岩土冻结后的体积增量与冻结前体积的百分比。

## 二、岩石主要力学性质

### （一）岩石的变形

岩石的变形用弹性模量（应力与应变之比）和泊松比［横向应变与纵向应变之比（0.2～0.4）］两个指标表示。

### （二）岩石的强度

岩石的强度指岩石抵抗外力破坏的能力，用岩石在达到破坏前所能承受的最大应力来表示。岩石的主要破坏形式有压碎、拉断和剪断。常用的对应的强度指标是抗压强度、抗剪强度、抗拉强度。

抗压强度：岩石在单向压力作用下抵抗压碎破坏的能力。

抗剪强度：抵抗剪切破坏的能力为抗压的10%～40%。

抗拉强度：数值上等于岩石单向拉伸时，拉断破坏时的最大张应力，为抗压强度的2%～16%。

## 三、岩石的分级

### （一）钻孔岩石分类

钻孔岩石分类见表1-18。

表1-18　　　　　钻孔岩石分类表

| 岩石级别 | 实体岩石自然湿度平均容重/(kg·m$^{-3}$) | 时间/(min·m$^{-1}$) 用直径30mm合金钻头，凿岩机打眼（工作气压4.5气压） | 用直径30mm淬火钻头，凿岩机打眼（工作气压4.5气压） | 用直径25mm钻杆，人工单人打眼 | 极限抗压强度/(kg·cm$^{-2}$) | 岩石名称 |
|---|---|---|---|---|---|---|
| Ⅴ | 1500<br>1950<br>1900～2200<br>2000 | ≤3.5 | ≤30 | ≤200 | | 1. 砂藻土及软的白垩岩<br>2. 硬的石炭纪的黏土<br>3. 胶结不紧砾岩<br>4. 不坚实的页岩 |
| Ⅵ | 2200<br>2600<br>2700<br>2300 | 3.5～4.5 | 30～60 | | 200～400 | 1. 软的有孔隙的节理多的石灰岩及贝壳石灰岩<br>2. 密实的白垩岩<br>3. 中等坚实的页岩<br>4. 中等坚实的泥灰岩 |

续表

| 岩石级别 | 实体岩石自然湿度平均容重/(kg·m$^{-3}$) | 时间/(min·m$^{-1}$) 用直径30mm合金钻头，凿岩机打眼（工作气压4.5气压） | 用直径30mm淬火钻头，凿岩机打眼（工作气压4.5气压） | 用直径25mm钻杆，人工单人打眼 | 极限抗压强度/(kg·cm$^{-2}$) | 岩 石 名 称 |
|---|---|---|---|---|---|---|
| VII | 2200 | | 4.5～7 | 61～95 | 400～600 | 1. 水成岩卵石经石灰质胶结而成的砾石 |
| | 2200 | | | | | 2. 风化的节理多的黏土质砂岩 |
| | 2800 | | | | | 3. 坚硬的泥质页岩 |
| | 2500 | | | | | 4. 坚实的泥灰岩 |
| VIII | 2300 | 5.7～7.7 | 7.1～10 | 96～135 | 600～800 | 1. 角砾状花岗岩 |
| | 2300 | | | | | 2. 泥灰质石灰岩 |
| | 2200 | | | | | 3. 黏土质砂岩 |
| | 2300 | | | | | 4. 云母页岩及砂质页岩 |
| | 2900 | | | | | 5. 硬石膏 |
| IX | 2500 | 7.8～9.2 | 10.1～13 | 136～175 | 800～1000 | 1. 软的风化较甚的花岗岩、片麻岩及正常岩 |
| | 2400 | | | | | 2. 滑石质蛇纹岩 |
| | 2500 | | | | | 3. 密实石灰岩 |
| | 2500 | | | | | 4. 水成岩卵石经硅质胶结的砾岩 |
| | 2500 | | | | | 5. 砂岩 |
| | 2500 | | | | | 6. 砂质石灰岩的页岩 |
| X | 2700 | 9.3～10.8 | 13.1～17 | 176～215 | 1000～1200 | 1. 白云岩 |
| | 2700 | | | | | 2. 坚实的石灰岩 |
| | 2700 | | | | | 3. 大理石 |
| | 2600 | | | | | 4. 石灰质胶结的致密砂岩 |
| | 2600 | | | | | 5. 坚硬砂质页岩 |
| XI | 2800 | 10.9～11.5 | 17.1～20 | 216～260 | 1200～1400 | 1. 粗粒花岗岩 |
| | 2900 | | | | | 2. 特别坚实的白云岩 |
| | 2600 | | | | | 3. 蛇纹岩 |
| | 2800 | | | | | 4. 火成岩卵石经石灰质胶结的砾岩 |
| | 2700 | | | | | 5. 石灰质胶结的坚实砂岩 |
| | 2700 | | | | | 6. 粗粒正长岩 |
| XII | 2700 | 11.6～13.3 | 20.1～25 | 261～320 | 1400～1600 | 1. 有风化痕迹的安山岩及玄武岩 |
| | 2600 | | | | | 2. 片麻岩、粗面岩 |
| | 2900 | | | | | 3. 特别坚实的石灰岩 |
| | 2600 | | | | | 4. 火成岩卵石经硅质胶结的砾岩 |

续表

| 岩石级别 | 实体岩石自然湿度平均容重/(kg·m⁻³) | 时间/(min·m⁻¹) 用直径30mm合金钻头，凿岩机打眼（工作气压4.5气压） | 用直径30mm淬火钻头，凿岩机打眼（工作气压4.5气压） | 用直径25mm钻杆，人工单人打眼 | 极限抗压强度/(kg·cm⁻²) | 岩石名称 |
|---|---|---|---|---|---|---|
| XIII | 3100<br>2800<br>2700<br>2500<br>2800<br>2800 | 13.4～14.8 | 25.1～30 | 321～400 | 1600～1800 | 1. 中粒花岗岩<br>2. 坚实的片麻岩<br>3. 辉绿岩<br>4. 玢岩<br>5. 坚实的粗面岩<br>6. 中粒正常岩 |
| XIV | 3300<br>2900<br>2900<br>3100<br>2700 | 14.9～18.2 | 30.1～40 | | 1800～2000 | 1. 特别坚实的细粒花岗岩<br>2. 花岗片麻岩<br>3. 闪长岩<br>4. 最坚实的石灰岩<br>5. 坚实的玢岩 |
| XV | 3100<br>2900<br>2800 | 18.3～24 | 40.1～60 | | 2000～2500 | 1. 安山岩、玄武岩、坚实的角闪岩<br>2. 最坚实的辉绿岩及闪长岩<br>3. 坚实的辉长岩及石英岩 |
| XVI | 3300<br>3000 | >24 | >60 | | >2500 | 1. 钙钠长石质橄榄石质玄武岩<br>2. 特别坚实的辉长岩、辉绿岩、石英岩及玢岩 |

**（二）岩石可钻性分级**

岩石的可钻性，是指钻进时岩石抵抗压力和破碎的能力；也表示进尺效率的高低。因此，岩石的可钻性是岩石各种特性的综合，是衡量岩石钻进难易程度的主要指标。一般用单位时间的进尺数来表示可钻性的高低。按照这个分级方法，常把岩石的可钻性划分为12个等级。

由于各种岩石具有不同的物理力学性质，对钻进速度有不同的影响。在实际钻进过程中，在一定的技术条件下，测定出的各种岩石的钻进速度，通称为岩石的可钻性，也就是岩石被钻头破碎的难易程度。岩心钻探时岩石的可钻性分级如下。

一级：松散土。

松软疏散的——代表性岩石为：次生黄土、次生红土、松软不含碎石及角砾的砂土、硅藻土、不含植物根的泥炭质腐殖层（可钻性：7.50m/h，一次提钻长度：2.80m/次）。

二级：较软松散岩。

较松软疏散的——代表性岩石为：黄土层、红土层、松软的泥炭层、含10%～20%砾石、碎石的黏土质和砂土质、松软的高岭土类、含植物根的腐殖层（可钻性：4.00m/h，一次提钻长度：2.40m/次）。

三级：软岩。

软的——代表性岩石为：强风化页岩、板岩、千枚岩和片岩，轻微胶结的砂层，含20%砾石、碎石的砂土，含20%礓结石的黄土层，石膏质土层，泥灰岩，滑石片岩、贝壳石灰岩、褐煤、烟煤（可钻性：2.45m/h，一次提钻长度：2.00m/次）。

四级：稍软岩。

稍软的——代表性岩石为：页岩、砂质页岩、油页岩、炭质页岩、钙质页岩、砂页岩互层，较致密的泥灰岩、泥质砂岩、块状石灰岩、白云岩、强风化的橄榄岩、纯橄榄岩、蛇纹岩和磷灰岩、中等硬度煤层、岩盐、结晶石膏、高岭土层、火山泥灰岩、冻结的含水砂层（可钻性：1.60m/h，一次提钻长度：1.70m/次）。

五级：稍硬岩。

稍硬的——代表性岩石为：卵石、碎石及砾石层、崩级层、泥质板岩，绢云母绿泥石板岩、千枚岩和片岩、细粒结晶灰岩、大理石、较松软的砂岩、蛇纹岩、纯橄榄岩、风化的角闪石斑岩和粗面岩、硬烟煤、无烟煤、冻结的粗粒砂、砾层、冻土层（可钻性：1.15m/h，一次提钻长度：1.50m/次）。

六级～七级：中硬岩。

中等硬度的——代表性岩石为：绿泥石、云母、绢云母板岩、千枚岩、片岩、轻微硅化的灰岩、方解石、绿帘石、钙质胶结的砾岩，长石砂岩、石英砂岩、石英粗面岩、角闪石斑岩。透辉石岩、辉长岩、冻结的砾石层（可钻性：0.82m/h，一次提钻长度：1.30m/次）。

石英、角闪石、云母、赤铁矿化板岩、千枚岩、片岩，微硅化的板岩、千枚岩、片岩、长石石英砂岩、石英二长岩，微片岩化的钠长石斑岩，粗面岩，角闪石斑岩，砾石、碎石层，微风化的粗粒花岗岩、正长岩、斑岩、辉长岩及其他火成岩，硅质灰岩，燧石灰岩等（可钻性：0.57m/h，一次提钻长度：1.10m/次）。

八级～九级：硬岩。

硬岩——代表性岩石为：硅化绢云母板岩、千枚岩、片岩、片麻岩、绿帘石岩，含石英的碳酸岩石，含石英重晶石岩石，含磁铁矿和赤铁矿的石英岩，钙质胶结的砾岩，玄武岩、辉绿岩、安山岩、辉石岩、石英安山斑岩，中粒结晶的钠长斑岩和角闪石斑岩，细粒硅质胶结的石英砂岩和长石砂岩，含大块燧石灰岩，轻微风化的花岗岩、花岗片麻岩、伟晶岩、闪长岩、辉长岩等（可钻性：0.38m/h，一次提钻长度：0.85m/次）。

高硅化的板岩、千枚岩、灰岩、砂岩；粗粒的花岗岩、花岗闪长岩、花岗片麻岩、正长岩、辉长岩、粗面岩；微风化的：石英粗面岩、伟晶岩、灰岩、硅化的凝灰岩、角页岩化凝灰岩、细粒石英岩、石英质磷灰岩、伟晶岩（可钻性：0.25m/h，一次提钻长度：0.65m/次）。

十级～十一级：坚硬岩。

坚硬岩——代表性岩石为：细粒的花岗岩，花岗闪长岩，花岗片麻岩，流纹岩，微晶花岗岩，石英粗面岩，石英钠长斑岩，坚硬的石英伟晶岩，燧石岩（可钻性：0.15m/h，一次提钻长度：0.50m/次）。

刚玉岩，石英岩，碧玉岩，块状石英，最坚硬的铁质角页岩，碧玉质的硅化板岩，燧石岩（可钻性：0.09m/h，一次提钻长度：0.32m/次）。

十二级：最坚硬岩。

最坚硬岩——代表性岩石为：未风化极致密的石英岩、碧玉岩、角页岩、纯钠辉石刚玉岩，石英，燧石，碧玉（可钻性：0.045m/h，一次提钻长度：0.16m/次）。

# 第二章

# 土方工程施工技术

## 第一节 施工准备

施工准备工作包括审核图纸、清理场地、修筑临时设施与道路、土方边坡稳定、基坑（槽）支撑、降低地下水位。

### 一、审核图纸

施工单位在接到施工图纸后，应组织各专业主要人员对图纸进行学习和综合审查。核对平面尺寸及坑底标高，注意各专业图纸间有无矛盾和差错，熟悉地质水文勘查资料，了解基础形式、工程规模、结构形式、特点、工程量和质量要求，弄清地下管线、构筑物与地基的关系，进行图纸会审，对发现的问题逐条予以解决。

### 二、清理场地

清现场地包括拆除施工区域内的房屋、古墓，拆除或改建通信和电力设备、上下水道及其他建筑物，迁移树木，清除含有大量有机物的草皮、耕植土、河塘淤泥等。

### 三、修筑临时设施与道路

施工现场所需临时设施主要包括生产性临时设施和生活性临时设施。生产性临时设施主要包括混凝土搅拌站、各种作业棚、建筑材料堆场及仓库等；生活性临时设施主要包括宿舍、食堂、办公室、厕所等。开工前还应修筑好施工现场内的临时道路，同时做好现场供水、供电、供气等设施。

### 四、土方边坡稳定

土方边坡稳定，主要是由土体内摩阻力和黏结力保持平衡，一旦失去平衡，土壁就会塌方。

#### （一）土方边坡塌方的原因

根据工程实践调查分析，造成土壁塌方的主要原因有以下几点。

（1）边坡过陡，使土体本身稳定性不够，尤其是在土质差、开挖深度大的坑槽中，常引起塌方。

（2）雨水、地下水渗入基坑，使土体重力增大及抗剪能力降低，是造成塌方的主要原因。

（3）基坑（槽）边缘附近大量堆土，或停放机具、材料，或动荷载的作用，使土体产生的剪应力超过土体的抗剪强度。

## (二) 土方边坡的确定

土方边坡的坡度以挖方深度（或填方深度）$h$ 与底宽 $b$ 之比表示，如图 2-1 所示，即

$$\text{土方边坡坡度} = h/b = 1/(b/h) = 1:m \qquad (2-1)$$

式中，$m = b/h$ 称为边坡系数。

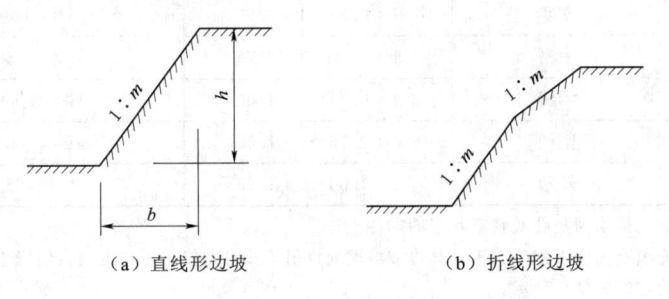

（a）直线形边坡　　　　（b）折线形边坡

图 2-1　土体边坡

土方边坡的大小，应根据土质条件、开挖深度、施工方法、边坡留置时间、地下水位及排水情况、边坡上部的各种荷载情况、相邻建筑物的情况等因素综合考虑。

(1) 当地质条件良好，土质均匀且地下水位低于基坑（槽）或管沟底面标高，敞露时间不长且挖方深度不超过表 2-1 规定时，挖方边坡可做成直壁不加支撑。

表 2-1　　　　直壁挖方的容许深度（不加支撑）

| 土 的 类 别 | 挖方深度/m | 土 的 类 别 | 挖方深度/m |
| --- | --- | --- | --- |
| 密实、中密的砂土和碎石类土（充填物为砂土） | 1.00 | 硬塑、可塑的黏土和碎石类土（充填物为黏性土） | 1.50 |
| 硬塑、可塑的粉土及粉质黏土 | 1.25 | 坚硬的黏土 | 2.00 |

(2) 对于超过表 2-2 中规定深度的基坑（槽）开挖，其临时性边坡坡度应符合表 2-2 所列规定。

表 2-2　　　　临时性挖方边坡坡度值（不加支撑）

| 土 的 类 别 | | 边坡坡度（高：宽） |
| --- | --- | --- |
| 砂土（不包括细砂、粉砂） | | 1:1.25～1:1.50 |
| 一般黏性土 | 坚硬 | 1:0.75～1:1.00 |
| | 硬塑 | 1:1.00～1:1.25 |
| | 软 | 1:1.50 或更缓 |
| 碎石类土 | 充填坚硬、硬塑黏性土 | 1:0.50～1:1.00 |
| | 充填砂土 | 1:1.00～1:1.50 |

注　1. 设计有要求时，应符合设计标准。
　　2. 如采用降水或其他加固措施，可不受本表限制，但应计算复核。
　　3. 开挖深度，对软土不应超过 4m，对硬土不应超过 8m。

(3) 对于使用时间较长，地质条件良好、土质较均匀，挖方深度在10m以内不加支撑的边坡坡度应符合表2-3所列的规定。若实际工程中出现岩石边坡，可按规范规定取值。

表2-3　　　　　　　　　土质边坡坡度允许值（不加支撑）

| 土的类别 | 密实度或状态 | 坡度允许值（高：宽） | |
|---|---|---|---|
| | | 坡高在5m以内 | 坡高为5～10m |
| 碎石土 | 密实 | 1：0.35～1：0.50 | 1：0.50～1：0.75 |
| | 中密 | 1：0.50～1：0.75 | 1：0.75～1：1.00 |
| | 稍密 | 1：0.75～1：1.00 | 1：1.00～1：1.25 |
| 黏性土 | 坚硬 | 1：0.75～1：1.00 | 1：1.00～1：1.25 |
| | 硬塑 | 1：1.00～1：1.25 | 1：1.25～1：1.50 |

注　1. 表中碎石土的充填物为坚硬或硬塑状态的黏性土。
　　2. 对于砂土或充填物为砂土的碎石土，其边坡坡度允许值均按自然修止角（土的自然修止角是指在某一状态下的土体可以稳定的坡度）确定。
　　3. 坡度大小视坡顶荷载情况取值：无荷载时取陡值；有动荷载时取缓值；有静荷载时取中等值。
　　4. 非黏性土坡顶不得有振动荷载。

(4) 永久性挖方边坡坡度应按设计要求放坡，如设计无规定，可按表2-4确定。

表2-4　　　　　　　　　永久性土工构筑物挖方的边坡坡度

| 挖方情况 | 边坡坡度（高：宽） |
|---|---|
| 在天然湿度及层理均匀、不易膨胀的黏土、粉质黏土和砂土（不包括细砂、粉砂）内挖方，深度不超过3m | 1：1.00～1：1.25 |
| 土质同上，深度为3～12m | 1：1.25～1：1.50 |
| 干燥地区内土质结构未经破坏的干燥黄土及类黄土，深度不超过12m | 1：0.10～1：1.25 |
| 在碎石土和泥灰岩土内的挖方，深度不超过12m，根据土的性质、层理特性和挖方深度确定 | 1：0.50～1：1.50 |
| 在风化岩内的挖土，根据岩石性质、风化程度、层理特性和挖方深度确定 | 1：0.20～1：1.50 |
| 在微风化岩石内的挖方，岩石无裂缝且无倾向挖方坡脚的岩层 | 1：0.10 |
| 在未风化的完整岩石内的挖方 | 直立的 |

### （三）防止边坡塌方的主要措施

防止边坡塌方的主要措施有如下几个。

(1) 严格按规范的要求正确留置边坡，放足边坡。土方开挖过程中，应随时观察边坡土体的变化情况，边挖边检查，每3m左右修坡一次；对于较深、较大的基坑开挖，应设置观察点，并对土体的平面位移和沉降变化做好记录，以便及时与设计单位联系，研究相应的补救措施，确保边坡的稳定。

(2) 基坑（槽）边缘堆置土方、建筑材料，以及有运输工具和机械行驶时，应与基坑（槽）边缘保持一定距离，一般距基坑（槽）上边缘不少于2m，堆置高度不应超过1.5m。在垂直的坑壁上，此安全距离还应适当加大。软土地区不宜在基坑边上堆置弃土。

(3) 做好基坑（槽）周围的地面排水和防水工作，严防雨水、施工用水等地面水浸入边坡土体。在雨季施工时，应更加注意检查边坡的稳定性，必要时可加设支撑。

(4) 基坑（槽）开挖后，可采用塑料薄膜覆盖、水泥砂浆抹面、挂网抹面、喷浆、砌石压坡等方法进行边坡坡面防护，防止边坡失稳。

**五、基坑（槽）支撑**

当基坑（槽）开挖较深，由于土质条件差、放坡后土方量过大，甚至影响周围建筑物、城市道路、地下管线，采用放坡开挖无法保证施工安全或由于施工场地狭小无放坡条件时，一般采用支护结构对土壁进行支撑，以保证基坑（槽）的土壁稳定。

基坑（槽）支护结构主要由围护结构和撑锚两部分组成。其主要作用是支撑土壁，同时还有不同程度的挡水作用。

基坑（槽）支护结构的类型较多。根据支护结构的受力状态不同可分为横撑式支撑、板桩支护结构（悬臂式、支撑式）、重力式支护结构；根据其工作机理和围护墙的形式可分为横撑式、水泥土挡墙式、排桩与板墙式等类型，如图2-2所示。

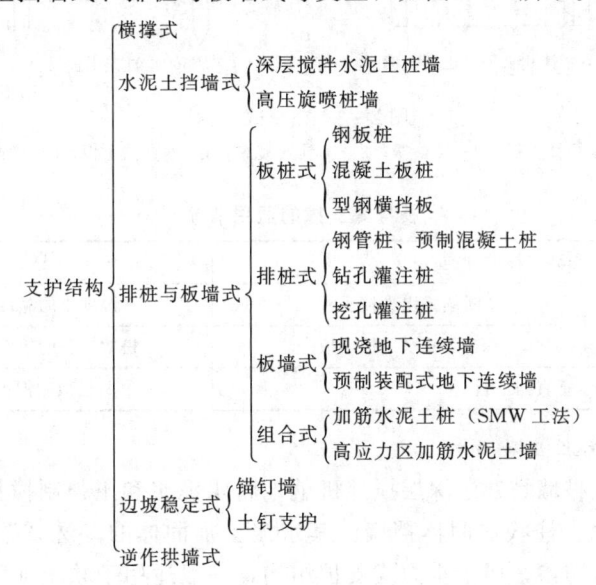

支护结构
├─横撑式
├─水泥土挡墙式 { 深层搅拌水泥土桩墙 / 高压旋喷桩墙 }
├─排桩与板墙式
│  ├─板桩式 { 钢板桩 / 混凝土板桩 / 型钢横挡板 }
│  ├─排桩式 { 钢管桩、预制混凝土桩 / 钻孔灌注桩 / 挖孔灌注桩 }
│  ├─板墙式 { 现浇地下连续墙 / 预制装配式地下连续墙 }
│  └─组合式 { 加筋水泥土桩（SMW工法）/ 高应力区加筋水泥土墙 }
├─边坡稳定式 { 锚钉墙 / 土钉支护 }
└─逆作拱墙式

图2-2 根据其工作机理和围护墙的形式基坑（槽）支护结构分类

水泥土挡墙式主要依靠其自重和刚度保护土壁，一般不设支撑，特殊情况下经采取措施后也可局部加设支撑；横撑、排桩与板墙式，通常由围护墙、支撑（或土层锚杆）及防渗帷幕等组成；土钉支护由密集的土钉群、被加固的原位土体、喷射的混凝土面层等组成。现结合实际工程中常用的几种支护结构类型介绍如下。

1. 横撑式支撑

横撑式支撑主要用于开挖较窄的沟槽，一般根据其挡土板的不同，分为水平挡土板和垂直挡土板两类，如图2-3所示，前者挡土板的布置又分为断续式和连续式两种。

横撑式支撑的适用情况见表2-5。

采用横撑式支撑时，应随挖随撑，支撑要牢固。施工中应经常检查，如有松动、变形等现象，应及时加固或更换。支撑的拆除应按回填顺序依次进行，多层支撑应自下而上逐层拆除，随拆随填。

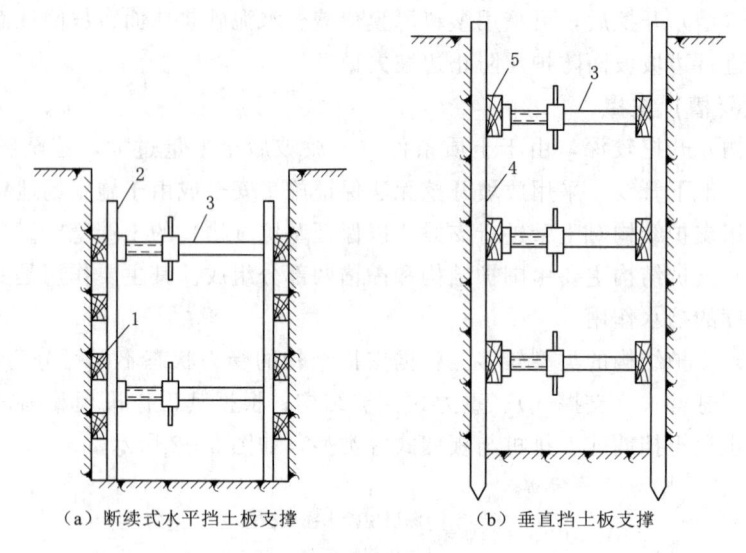

图 2-3 横撑式支撑

1—水平挡土板；2—竖横楞；3—工具式横撑；4—垂直挡土板；5—横楞木

表 2-5　　　　　　　　　　横撑式支撑的适用情况

| 横撑式支撑的种类 | | 适用范围 |
|---|---|---|
| 水平挡土板 | 断续式水平挡土板 | 湿度小的黏性土，挖深≤3m |
| | 连续式水平挡土板 | 松散、湿度较大土质，挖深≤5m |
| 垂直挡土板 | | 松散和湿度很大的土质 |

2. 深层搅拌水泥土桩墙

深层搅拌水泥土桩墙是通过深层搅拌机就地将水泥浆和土强制搅拌，制成水泥土桩，连续搭接形成的水泥土柱状加固体挡墙。其水泥土加固体的渗透系数不大于 $10^{-7}$ cm/s，既能挡土，又能止水防渗，属于重力式支护结构，一般适用于软土地区，深度≤7m 的基坑工程。

水泥土墙通常布置成格栅式，如图 2-4 所示，相邻桩搭接长宽不小于 200mm，截面置换率（加固土的面积：水泥土墙的总面积）为 0.6～0.8。墙体的宽度 $b$ 和插入深度 $h_d$，根据坑深、土层分布及其物理力学性能、周围环境情况、地面荷载等计算确定；当基坑开挖深度 $h$≤5m 时，可按经验取 $b=(0.6～0.8)h$，$h_d=(0.8～1.2)h$。

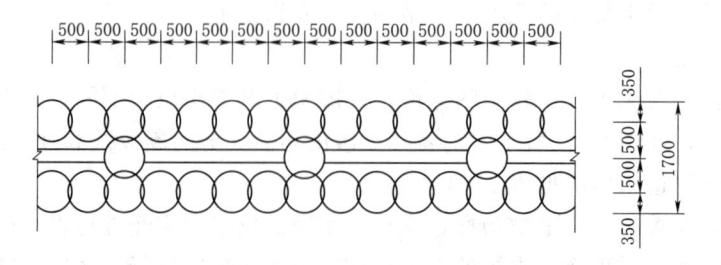

图 2-4　深层搅拌水泥土墙平面示意图（单位：mm）

支护结构的水泥土加固体多采用普通硅酸盐水泥，水泥掺量通常为12%～14%（水泥质量与加固土体质量的比值），水泥浆的水灰比≤0.45，水泥土围护墙的28天龄期强度应不低于0.8MPa，未达到设计强度前不得进行基坑开挖。

3. 土钉支护

土钉支护是用于土体开挖和边坡稳定的一种新技术，即基坑开挖时，逐层在坡面上采用较密排列的钻孔注浆钉或击入钉，与土体形成复合体，并在土钉坡面上设置钢筋网，喷射混凝土，使土体、土钉群与混凝土面板结合为一体，增强了土体破坏延性，提高了边坡整体稳定和承受坡顶超载能力，亦称为土钉墙，如图2-5所示。

土钉支护主要适用于地下水位以上或经降水后的杂填土、普通黏性土或非松散性的砂土，基坑侧壁安全等级为二、三级，基坑开挖深度≤12m的土壁支护。由于其经济、可靠、施工简便、快速，已在我国得到广泛使用。

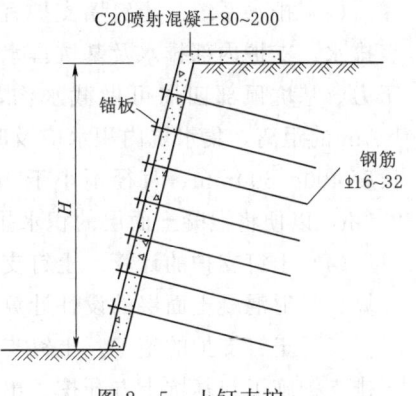

图2-5 土钉支护

除土体外，土钉支护通常由土钉、面层和排水系统三部分组成。土钉支护的构造与土体特性、支护面的坡角、支护的功能（如临时或永久使用），以及环境安全要求等因素有关。

（1）土钉。土钉的类型很多，一般有钻孔注浆钉、击入钉、注浆击入钉、高压喷射注浆击入钉、气动射入钉等。通常使用钻孔注浆钉，其主要参数如下。

1）土钉钢筋。一般采用直径为16～32mm钢筋。

2）土钉长度。一般为基坑开挖深度的0.5～1.2倍，顶部土钉长度应不小于0.8倍的基坑深度。

3）土钉间距。土钉的水平和竖向间距宜为1～2m，沿面层布置的土钉密度不应低于每6m²一根，土钉的竖向间距应与每步开挖深度相对应。

4）土钉倾角。土钉与水平面的向下夹角宜为0°～20°。当利用重力向孔中注浆时，倾角≥15°；当上层为软弱土层时，可适当加大倾角。

5）土钉孔径。土钉钻孔直径一般为70～120mm。

6）注浆材料。强度等级≥M10，宜采用强度≥20MPa的水泥浆或水泥砂浆。水泥宜采用32.5级的普通硅酸盐水泥，水泥浆的水灰比宜为0.5，水泥砂浆配合比宜为1:1～1:2（质量比），水灰比宜为0.38～0.45。

（2）面层。土钉支护面层主要由钢筋网和喷射混凝土组成，厚度宜为80～200mm，常用100mm。

1）钢筋网。一般采用直径为6～10mm的HPB300钢筋，间距150～300mm。当面层厚度大于120mm时，宜设置二层钢筋网，上下段钢筋网搭接长度应大于300mm。

2）混凝土。混凝土强度等级≥C20，3d龄期强度≥10MPa。其施工配合比应通过试验确定，水泥宜采用普通硅酸盐水泥，粗骨料最大粒径≤12mm，水灰比≤0.45。

3）土钉与混凝土面层的连接。宜将土钉做成螺纹端，通过螺母、垫板与面层连接。

也可采用短钢筋焊接固定。

4）土钉支护的混凝土面层通常应插入基坑底面以下300~400mm，在基坑顶部宜设置宽度1~2m的喷混凝土护顶。

（3）排水系统。土钉墙支护宜在排除地下水的条件下施工，应采取的排水措施包括地表排水、支护内部排水及基坑排水，以避免土体处于饱和状态并减轻作用于面层上的静水压力。基坑顶部四周可做截水沟，坑内应设置排水沟和集水坑，并与边壁保留0.5~1.0m的距离，集水坑内积水应及时抽出。如基坑侧壁水压较大，可在支护面层背部插入长度400~600mm、直径不小于40mm的水平导水管，外端伸出支护面层，间距1.5~2.0m，以便将混凝土面层的积水排出。

（4）土钉支护的计算。土钉支护的计算主要包括：土钉支护的整体稳定性验算；土钉计算、喷射混凝土面层的设计计算，以及土钉与面层的连接计算等。

（5）土钉支护的施工。土钉支护施工前，应制订完善的基坑支护施工组织设计，周密安排支护施工与基坑土方开挖、出土等工序关系，在施工场地外确定水准基点和变形观测点，做好地表和地下降排水措施等准备工作。土钉支护施工通常采用边开挖、边施工的方法，其每段主要施工工序为：基坑开挖、修坡→钻孔→插入土钉钢筋→注浆→绑扎钢筋网、喷射混凝土。

1）基坑开挖、修坡。基坑开挖应严格按照设计要求分层分段进行，在上一层作业面土钉与喷射混凝土面层达到设计强度的70%以前，不得进行下一层土层的开挖；每层开挖的水平分段长度取决于土壁自稳能力，且与支护施工流程相衔接，一般为10~20m。对土层地质条件较差的土壁边坡，清坡、休整后，应立即喷上一层薄的砂浆或混凝土，待凝结后再进行下一道工序施工。

2）钻孔。钻孔前，应根据设计要求定出土钉孔位并作出标记及编号。钻孔机具通常采用冲击钻机、螺旋钻机、回转钻机和洛阳铲等。成孔过程中应由专人做好记录，按土钉编号逐一记载取出的土体特征、成孔质量、事故处理等，若发现土体与设计认定的土质有较大偏差，应及时修改土钉的设计参数。土钉钻孔的质量应符合下列规定：孔距允许偏差：±100mm；孔径允许偏差：±5mm；孔深允许偏差：±30mm；倾角允许偏差：±1°。

成孔后要进行清孔检查，若孔中出现局部渗水、塌孔或掉落松土，应立即处理。

3）插入土钉钢筋。插入土钉钢筋前应对土钉钢筋进行调直、除锈、除油处理，并在钢筋上安装对中定位支架（金属或塑料件），其构造应不妨碍注浆时浆液的自由流动，支架沿钉长的间距可为2~3m，以保证钢筋处于孔位中心且注浆后其保护层厚度不小于25mm。

4）注浆。注浆前要验收土钉钢筋安设质量是否达到设计要求。一般可采用重力注浆、低压注浆（0.4~0.6MPa）或高压（1~2MPa）注浆，水平孔应采用压力注浆。

重力注浆和低压注浆宜采用底部注浆方式，注浆导管底端应插至距孔底250~500mm处；重力注浆以满孔为止，但在浆体初凝前应补浆1~2次；压力注浆应在孔口或规定位置设置止浆塞，注满后保持压力3~5min。同时，注浆时要设置排气措施，满足注浆的充盈系数>1。

5）绑扎钢筋网、喷射混凝土。绑扎、固定钢筋网应在喷射一层混凝土后铺设。钢筋网片可采用焊接或绑扎，牢固固定在边坡上，也可与插入土层中钢筋固定，满足网格尺寸偏差≤10mm，每边搭接长度≥200mm（或一个网格边长），如为搭接焊则不小于10倍的网筋直径，钢筋保护层厚度≥20mm。

喷射混凝土前，应对机械设备、风、水管路和电路进行全面检查及试运转。同时，在边坡上垂直打入短的钢筋作为标志，以控制喷射混凝土的厚度。

喷射混凝土应分段进行，同一段内喷射顺序应由下而上，喷头与受喷面保持垂直，距离控制在0.6～1.0m的范围内，一次喷射厚度不宜小于40mm；当面层厚度≥100mm时，应分两次喷射，每次喷射厚度宜为50～70mm。

面层喷射混凝土终凝后2h，可根据当地环境条件，采用喷水、洒水或喷涂养护剂等方法养护，养护时间宜为3～7天。

### 六、降低地下水位

在土方工程施工过程中，当开挖的基坑底面低于地下水位时，地下水会不断渗入坑内，如果没有及时采取降水措施，会恶化施工条件。为了保持基坑干燥，防止由于水的浸泡发生边坡塌方和地基承载力下降，必须做好基坑的排水、降水工作。降低地下水位的方法有集水井降水法和井点降水法。

1. 集水井降水法

集水井降水法是一种设备简单、应用普遍的人工降低地水位的方法。在开挖基坑或沟槽过程中，当基底挖至地下水位以下时，沿坑底周围开挖一定坡度的排水沟，设置集水井，使地下水经排水沟流入井内，然后用水泵抽出坑外，如图2-6所示。

集水井应设置在基础范围以外，地下水流的上游。根据地下水量的大小，基坑平面形状及水泵能力，集水井每隔20～40m设置一个。集水井的直径或宽度，一般为0.6～0.8m。其深度随

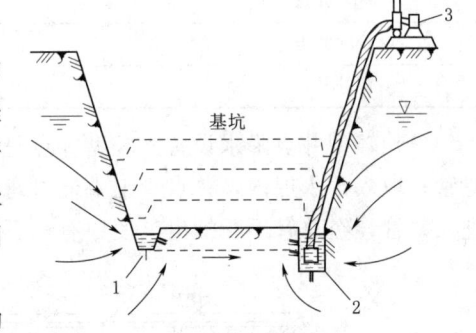

图2-6 集水井降水法
1—排水沟；2—集水井；3—水泵

着挖土深度的加深而加深，要经常保持低于挖土面0.7～1m。当基坑挖至设计标高后，集水井底应低于基坑底1～2m，并铺设碎石滤层，以免抽水时将泥浆抽走，并防止井底土被扰动。

集水井降水法适用于水流较大的粗粒土层的排水、降水，也可用于渗水量较小的黏性土层降水，但不适宜于细砂土和粉砂土层，因为地下水渗出会带走细粒而发生流砂现象。

当基坑开挖深度大、地下水位较高而土质为细砂或粉砂时，如果采用集水井法降水开挖，当挖至地下水位以下时，坑底下面的土会形成流动状态，随地下水一起流动涌入基坑，这种现象称为流砂。发生流砂现象时，土完全丧失承载力，引起基坑边坡塌方，如果附近有建筑物，就会引起地基被掏空而使建筑物下沉、倾斜，甚至倒塌。

如果土层中产生局部流砂现象，应采取减小动水压力的处理措施，使坑底土颗粒稳定，不受水压干扰。如果条件许可，尽量安排枯水期施工，使最高地下水位不高于坑底

0.5m；水中挖土时，不抽水或减少抽水，保持坑内水压与地下水压基本平衡；采用井点降水法、打板桩法、地下连续墙法，防止流砂产生。

2. 井点降水法

井点降水是在基坑开挖前，在基坑四周预先埋设一定数量的滤水管（井），在基坑开挖前和开挖过程中，利用抽水设备不断抽出地下水，使地下水位降到坑底以下，直至土方和基础工程施工结束。这样，可使基坑挖土始终保持干燥状态，从根本上消除了流砂现象。同时，土层水分排出，还能使土密实，增强地基承载力，土方边坡也可陡些，从而也减少了挖方量。

井点降水的方法有：轻型井点、喷射井点、电渗井点、管井井点及深井井点等。对不同类型的井点降水，可参考表2-6选用。

表2-6　　　　　　降水类型及适用条件

| 降水类型 | 土层渗透系数/(m·d$^{-1}$) | 降低水位深度/m |
| --- | --- | --- |
| 单层轻型井点 | 0.1~50 | 3~6 |
| 多层轻型井点 | 0.1~50 | 6~12 |
| 喷射井点 | 0.1~50 | 8~20 |
| 电渗井点 | <0.1 | 根据选用井点确定 |
| 管井井点 | 20~200 | 3~5 |
| 深井井点 | 10~250 | >15 |

（1）轻型井点降水设备。轻型井点是沿基坑四周或一侧以一定间距将井点管（下端为滤管）埋入蓄水层内，井点管上端通过弯联管与总管连接，利用抽水设备使地下水经滤管进入井管，经总管不断抽出，使原有地下水位降至坑底以下，如图2-7所示。

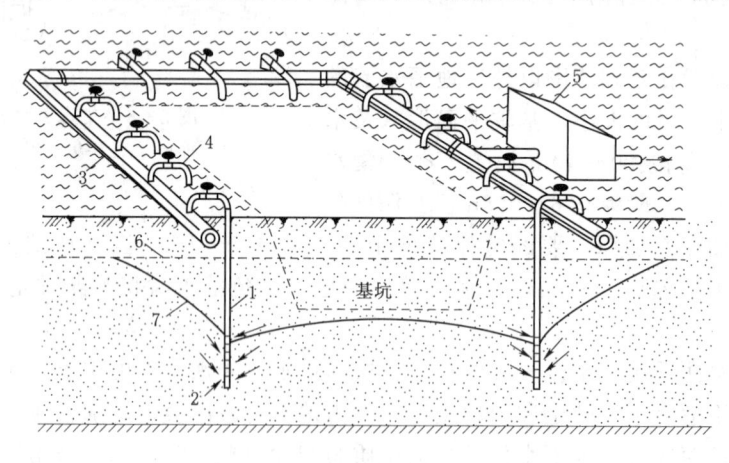

图2-7　轻型井点降水法示意图
1—井点管；2—滤管；3—总管；4—弯联管；5—水泵房；
6—原有地下水位线；7—降低后地下水位线

轻型井点设备由管路系统和抽水设备组成。管路系统包括滤管、井点管、弯联管及总管等。滤管为进水设备，如图2-8所示。其一般为长度1.0~1.5m、直径为38~55mm的无缝钢管,管壁钻有直径 12～18mm 的梅花形滤孔。管壁外包两层滤网,内层为细滤网,采用 3～5 孔/mm² 黄铜丝布或生丝布,外层为粗滤网,采用 0.8～1 孔/mm² 铁丝丝布或尼龙布。为使水流通畅,在管壁与滤网间用铁丝或塑料管隔开,滤网外面再绑一层粗铁丝保护网,滤管下面为一铸铁塞头,滤管上端与井点管用螺丝套头连接。井点管为直径 38～51mm、长 5～7m 的钢管。集水总管为直径 100～127mm 的钢管,每段长 4m,其上装有与井点管连接的端接头,间距 0.8m 或 1.2m。总管与井点管用 90°弯头连接,或用塑料管连接。抽水设备出真空泵、离心泵和集水箱等组成。

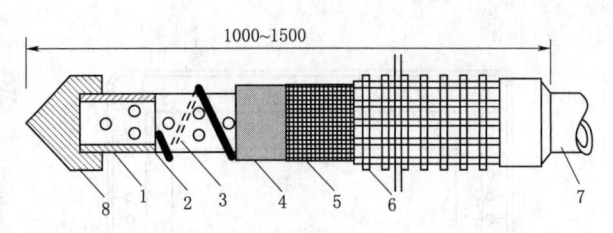

图 2-8 滤管构造(单位:mm)
1—钢管;2—管壁上小孔;3—塑料管;4—细滤网;5—粗滤网;
6—粗铁丝保护网;7—井点管;8—铸铁头

(2)轻型井点布置。轻型井点布置,根据基坑大小与深度、土质、地下水位高低与流向和降水深度要求等确定。

1)平面布置。当基坑或沟槽宽度小于 6m,且水位降低深度不超过 5m 时,可采用单排线状井点,布置在地下水流的上游一侧,其两端延伸长度一般以不小于基坑(槽)宽度为宜,如图 2-9 所示。如基坑宽度大于 6m 或土质不良,土的渗透系数较大,宜采用双排井点。基坑面积较大时,宜采用环状井点,如图 2-10 所示,为便于挖土机械和运输车辆出入基坑,可不封闭,布置为 U 形环状井点。井点管距离基坑壁一般不宜小于 0.7～1.0m,以防局部发生漏气,井点管间距应根据土质、降水深度、工程性质等决定,一般采用 0.8～1.6m。

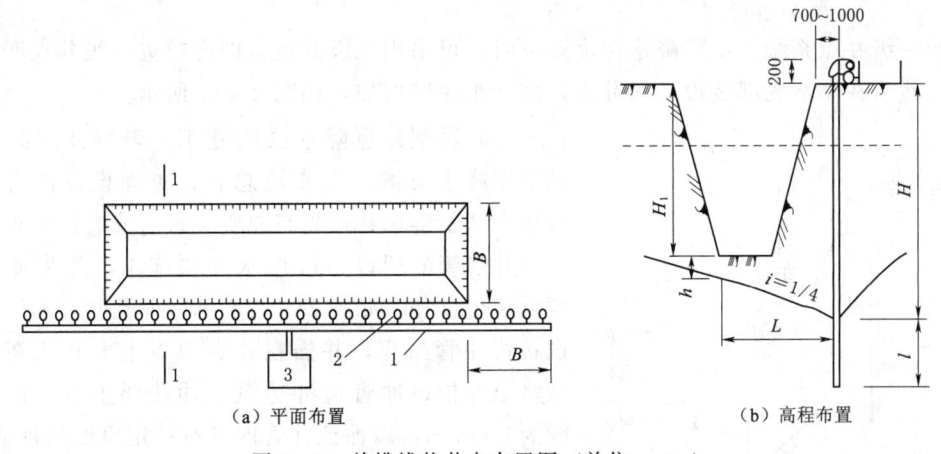

图 2-9 单排线状井点布置图(单位:mm)
1—总管;2—井点管;3—抽水设备

一套抽水设备能带动的总管长度,一般为 100～120m。采用多套抽水设备时,井点系统要分段,各段长度要大致相等。

2)高程布置。在考虑到抽水设备的水头损失以后,井点降水深度一般不超过 6m。

(a) 平面布置　　　　(b) 高程布置

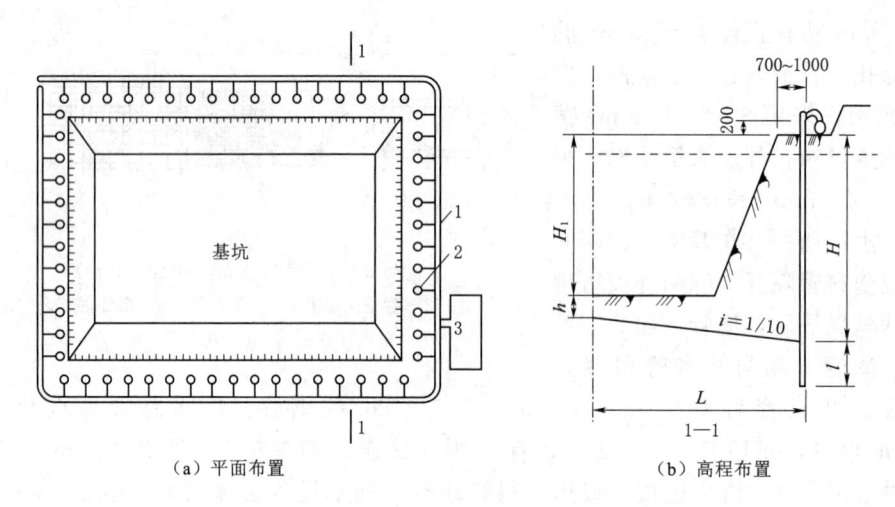

图 2-10　环形井点布置图（单位：mm）
1—总管；2—井点管；3—抽水设备

井点管的埋设深度 $H$（不包括滤管）按式（2-2）计算，如图 2-10（b）所示。

$$H = H_1 + h + iL \tag{2-2}$$

式中　$H_1$——井点管埋设面至基坑底的距离，m；

　　　$h$——基坑中心处坑底面（单排井点时，为远离井点一侧坑底边缘）至降低后地下水位的距离，m，一般为 0.5~1.0m；

　　　$i$——地下水降落坡度，环状井点为 1/10，单排线状井点为 1/4；

　　　$L$——井点管至基坑中心的水平距离（单排井点为井点管至基坑另一侧的水平距离），m。

当一级井点系统达不到降水深度要求时，可采用二级井点，即先挖去一级井点所疏干的土，然后在基坑底部装设二级井点，使降水深度增加，如图 2-11 所示。

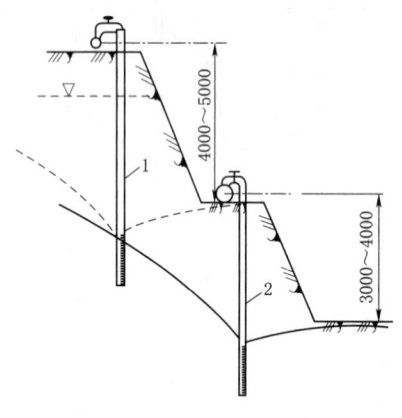

图 2-11　二级井点降水示意图
（单位：mm）
1——级井点降水；2—二级井点降水

(3) 轻型井点降水法的施工。轻型井点的安装是根据降水方案，先布设总管，再埋设井点管，然后用弯联管连接井点管与总管，最后安装抽水设备。

井点管的埋设一般用水冲法施工，分为冲孔和埋设两个过程，如图 2-12 所示。冲孔时，利用起重设备将冲管吊起，并插在井点位置上，开动高压水泵将土冲松，冲管边冲边沉。冲孔要垂直，直径一般为 300mm，以保证井管四壁有一定厚度的砂滤层，冲孔深度要比滤管底深 0.5m 左右，以防冲管拔出时部分土颗粒沉于底部而触及滤管。

井孔冲成后，随即拔出冲管，插入井点管。井点管与井壁应立即用粗砂灌实，距地面 1.0~1.5m 深处，用黏土填塞密实，防止漏气。

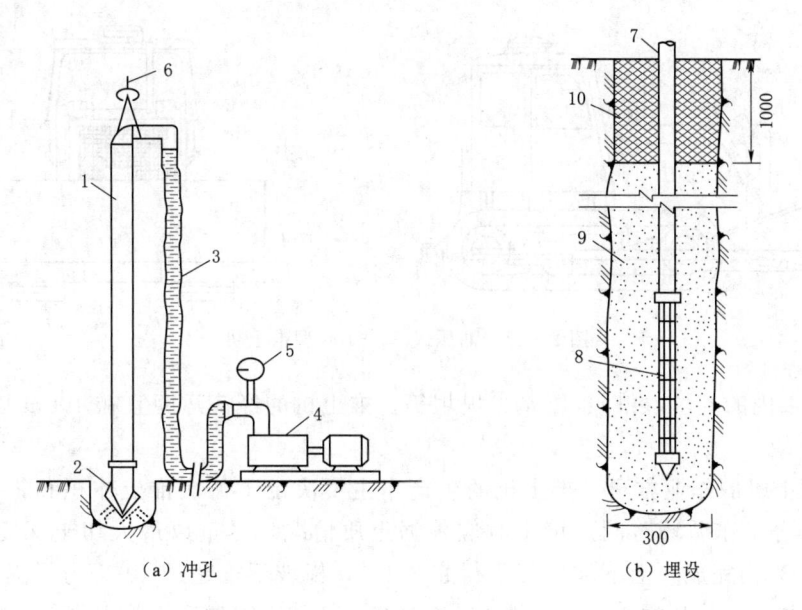

图 2-12　井点管的埋设（单位：mm）

1—冲管；2—冲嘴；3—胶管；4—高压水泵；5—压力表；6—起重机吊钩；
7—井点管；8—滤管；9—粗砂；10—黏土封口

（4）轻型井点使用。轻型井点运行后，应保证连续地抽水。如果井点淤塞，一般可以通过听管内水流声响、手摸管壁感到有振动、手触摸管壁有冬暖夏凉的感觉等简便方法检查，发现问题，及时排除隐患，确保施工正常进行。

轻型井点法适用于土壤的渗透系数为 0.1～50m/d 的土层降水，一级轻型井点水位降低深度 3～6m，二级井点可达 6～9m。

## 第二节　土　方　开　挖

土方工程的施工过程主要包括土方开挖、运输、填筑与压实等。在施工中，除不适宜采用机械施工或小型基坑（槽）土方工程以外，应尽量采用机械化施工，以减轻劳动强度，加快施工进度，缩短工期。常用的土方施工机械有推土机、铲运机、单斗挖土机、装载机及压实机械等。

**一、常用土方施工机械的性能**

**（一）推土机**

推土机是在拖拉机上安装铲刀等工作装置而成的机械。按照铲刀的操纵机构不同，其可分为索式和油压式两种。图 2-13 所示为油压式 $T_2-100$ 型推土机，油压式推土机除了可升降推土铲刀外，还可调整铲刀的角度，因此具有更大的灵活性。

（1）推土机的特点及适用范围。推土机能够独立完成推土、运土和卸土工作，具有操纵灵活、运转方便、所需工作面较小、行驶速度快、易于转移、能爬 30°左右的缓坡以及配合铲运机、挖土机工作等特点。能够推挖Ⅰ～Ⅳ类土，多用于场地清理与平整，开挖或

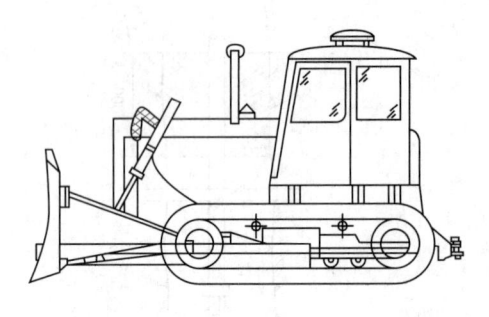

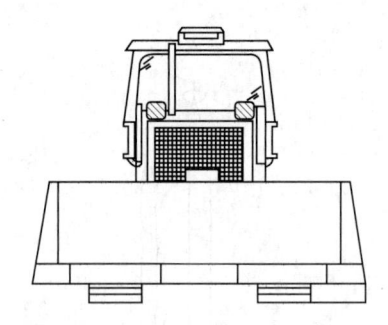

图 2-13　油压式 $T_2$-100 型推土机

堆筑 1.5m 以内的基坑（槽）、路基、堤坝等。推土机的经济运距宜在 100m 以内，效率最高为 60m。

(2) 推土机的作业方法。推土机的生产率主要决定于每次推土体积和铲土、运土、卸土和回转等工作循环时间。铲土时应根据土质情况，尽量以最大切土深度在最短距离（6～10m）内完成。上下坡坡度不得超过 35°，横坡不得超过 10°。为了提高生产率，可采用下坡推土、槽形推土、并列推土、多铲集运、铲刀附加侧板等方法。

**(二) 铲运机**

铲运机由牵引机械和铲斗组成。按行走方式，其可分为自行式和拖式两种，分别如图 2-14 和图 2-15 所示。

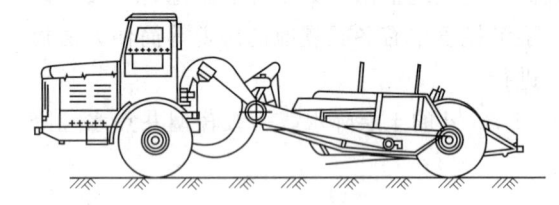

图 2-14　自行式铲运机　　　　图 2-15　拖式铲运机

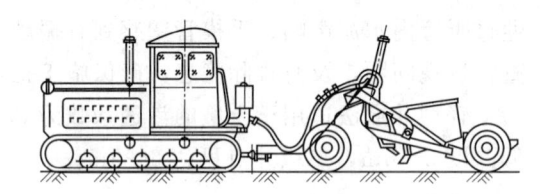

(1) 铲运机的特点及适用范围。铲运机是一种能够独立完成铲土、运土、卸土、填筑和整平的土方机械，具有操作灵活、行驶速度快、对道路要求低、生产率高等特点，适宜挖运含水量在 27% 以下的Ⅰ、Ⅱ类土，但不适于在砾石层、冻土地带及沼泽地区使用，当挖运三、四类较坚硬的土时，宜用推土机助铲或用松土机配合松土 0.2～0.4m 厚。其常用于坡度在 20°以内的大面积场地平整、大型基坑（槽）的开挖，以及路基、堤坝的填筑等。铲运机的适用运距为 800m 以内，且运距在 200～350m 时效率最高。

(2) 铲运机的作业方法。铲运机的基本作业是铲土、运土、卸土三个工作行程和一个回转行程。在施工中，选定铲斗容量后，应根据工程大小、运距长短、土的性质和地形条件等，选择合理的开行路线和施工方法，以提高其生产率。

铲运机的开行路线主要有三种：环形路线、大环形路线和"8"字形路线，如图 2-16 所示。

1) 环形路线 [图 2-16 (a)、(b)]：从挖方到填方按环形路线回转，每一循环完成一次铲土和卸土。其适用于 100m 以内，填土高 1.5m 内的路堤（堑）及基坑开挖、场地

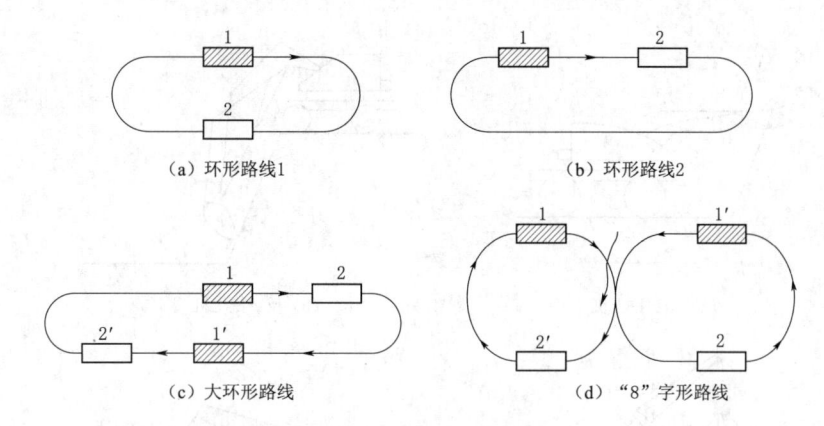

图 2-16 铲运机开行路线

平整等工程。

2) 大环形路线 [图 2-16 (c)]：当挖土和填土交替，挖填方工作面短，填方不高，且填土区在挖土区的两端时，采用此开行路线可在一个循环完成两次铲土和卸土。

3) "8"字形路线 [图 2-16 (d)]：当地段较长或地形起伏较大时，采用此开行路线可在一个循环完成两次铲土和卸土。此方法可减少转弯次数和空载行程，且在运行中转弯方向不同，可避免机械单侧磨损。

铲运机多用于开挖管沟、沟边卸土及取土较长（300～500m）的侧向取土、填筑路基、场地平整等工程。

为了提高铲运机的生产率，除了确定合理的开行路线，还应根据施工条件选择合理的施工方法。常用的施工方法有下坡铲土法、跨铲法、助铲法、交错铲土法等。

铲运机生产率可参照推土机生产率的方法计算。

**（三）单斗挖土机**

单斗挖土机是土方开挖中常用的一种机械。按行走装置不同，其可分为履带式和轮胎式两类；按动力装置不同，其可分为机械传动和液压传动两类；按工作装置不同，其可分为正铲、反铲、拉铲和抓铲四种，如图 2-17 所示。

(1) 正铲挖土机。正铲挖土机的工作特点是"前进向上，强制切土"。其挖土能力大，生产效率高，适用于开挖停机面以上的Ⅰ～Ⅳ类土（含水量≤27%），一般工作面高度应在 1.5m 以上，与运输汽车配合可开挖大型干燥基坑及土丘等。

根据挖土机的开挖路线与运输汽车的相对位置不同，其可分为正向开挖、侧向卸土和正向开挖、后方卸土两种作业方法。

1) 正向开挖，侧向卸土。此即挖土机沿前进方向挖土，运输汽车停在侧面装土，如图 2-18 (a) 所示。挖土机铲臂卸土回转角度最小（<90°），运输汽车行驶方便，生产效率高，应用广泛，多用于开挖工作面较大、深度不大的基坑或边坡。

2) 正向开挖，后方卸土。此即挖土机沿前进方向挖土，运输汽车停在挖土机后面装土，如图 2-18 (b) 所示。挖土机铲臂卸土回转角度较大（在 180°左右），生产率低，一般用于开挖工作面较小且较深的基坑。

(a) 正铲挖土机

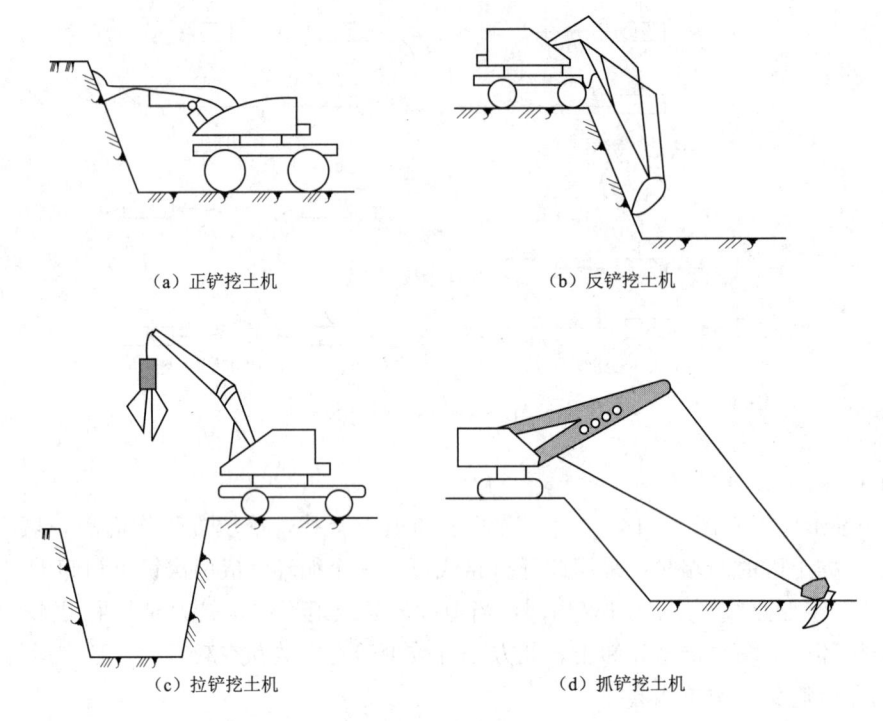

(b) 反铲挖土机

(c) 拉铲挖土机

(d) 抓铲挖土机

图 2-17 单斗挖土机

(2) 反铲挖土机。反铲挖土机的工作特点是"后退向下，强制切土"，见图 2-19 (b)。其挖土能力比正铲挖土机小，适用于开挖停机以下含水量较大的Ⅰ~Ⅲ类土，最大挖土深度为 4~6m（经济合理深度为 1.5~3m）的基坑和沟槽。反铲挖土机可与运输汽车配合施工，也可弃土于坑槽附近。

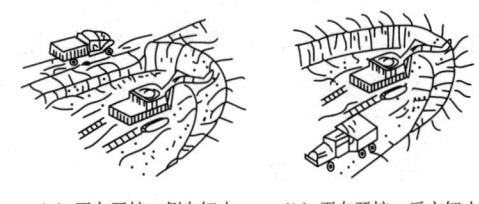

(a) 正向开挖，侧向卸土　(b) 正向开挖，后方卸土

图 2-18 正铲挖土机作业方法

反铲挖土机的作业方法有沟端开挖、沟侧开挖、沟角开挖和多层接力开挖等。一般多采用沟端开挖和沟侧开挖。

1) 沟端开挖：挖土机停在基坑（槽）的端部，后退挖土，向沟一侧弃土或装车运走，如图 2-19（a）所示。挖土宽度和深度较大，一般开挖工作面宽度为：单面装土时为 1.3R（R 为挖土机的回转半径），双面装土时为 1.7R。当基坑（槽）宽度超过 1.7R 时，可多次开行开挖或按 Z 字形路线开挖。

2) 沟侧开挖：挖土机停在基坑（槽）的一侧，沿坑槽边移动挖土，如图 2-19（b）所示。挖土宽度较小（一般为 0.8R），边坡不易控制，机身稳定性较差，能够弃土于距坑槽较远的地方。其多用于开挖土方不需外运的情况。

(3) 拉铲挖土机。拉铲挖土机的工作特点是："后退向下，自重切土"。其挖土半径和挖土深度较大，但操纵性较差，适用于开挖停机面以下的Ⅰ~Ⅲ类土，也可进行水下挖土。其常用于开挖大型基坑、沟槽，以及大型场地平整、填筑路基、堤坝等。其作业方法

(a) 沟端开挖　　　　　　　(b) 沟侧开挖

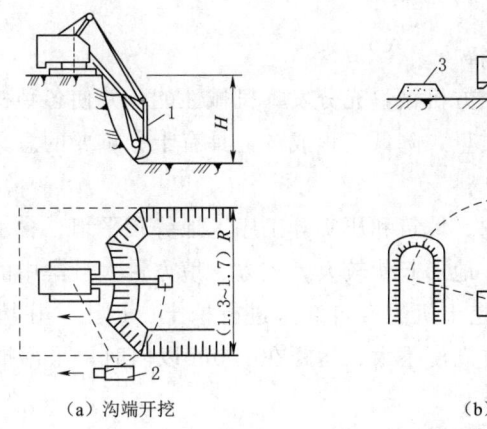

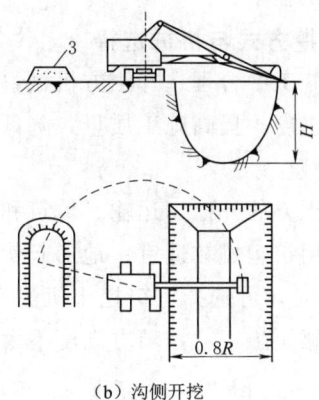

图 2-19　反铲挖土机作业方法
1—反铲挖土机；2—自卸汽车；3—弃土堆

与反铲挖土机相似，可沟端开挖或沟侧开挖。

(4) 抓铲挖土机。抓铲挖土机的工作特点是："直上直下，自重切土"。其挖土能力较小，操纵性较差，适用于开挖停机面以下的Ⅰ、Ⅱ类土，常用于开挖土质松软，作业面较窄的深基坑、沟槽、沉井等，特别适宜于水下开挖。

**(四) 装载机**

装载机按行走方式分为履带式和轮胎式两种，按工作方式分为单斗式装载机、链式装载机和轮斗式装载机。土方工程主要使用单斗式装载机，它具有操作灵活、轻便和快速等特点，既适用于装卸土方和散料，也可用于松软土的表层剥离、地面平整和场地清理等工作。

**(五) 压实机械**

根据土体压实机理，压实机械可分为冲击式压实机械、碾压式压实机械和振动压实机械三大类。

(1) 冲击式压实机械。冲击式压实机械主要有蛙式打夯机和内燃式打夯机两类，蛙式打夯机一般以电为动力。这两种打夯机适用于狭小的场地和沟槽作业，也可用于室内地面的夯实及大型机械无法到达的边角的夯实。

(2) 碾压式压实机械。按行走方式不同，碾压式压实机械可分为自行式压路机和牵引式压路机两类。自行式压路机常用的有光轮压路机、轮胎压路机。自行式压路机主要用于土方、砾石、碎石的回填压实及沥青混凝土路面的施工。牵引式压路机的行走动力一般采用推土机（或拖拉机）牵引，常用的有光面碾、羊足碾。光面碾用于土方的回填压实，羊足碾适用于黏性土的回填压实，不能用在砂土和面层土的压实。

(3) 振动压实机械。振动压实机械是利用机械的高频振动，把能量传给被压土，降低土颗粒间的摩擦力，在压实能量的作用下，达到较大的密实度。

按行走方式不同，振动压实机械分为手扶平板式振动压实机和振动压路机两类。手扶平板式振动压实机主要用于小面积的地基夯实。振动压路机按行走方式分为自行式和牵引式两种。振动压路机的生产效率高，压实效果好，能压实多种性质的土，主要用在工程量大的大型土石方工程中。

## 二、土方开挖方式与机械选择

在土方工程施工中合理选择土方机械，充分发挥机械性能，并使各种机械相互配合使用，以加快施工进度，提高施工质量，降低工程成本，具有十分重要的意义。

### （一）场地平整

场地平整有土方的开挖、运输、填筑和压实等工序。地势较平坦、含水量适中的大面积平整场地，选用铲运机较适宜；地形起伏较大，挖方、填方量大且集中的平整场地，运距在1000m以上时，可选择正铲挖土机配合自卸车进行挖土、运土，在填方区配备推土机平整及压路机碾压施工；挖填方高度不大，运距在100m以内时，采用推土机施工，灵活、经济。

### （二）基坑开挖

单个基坑和中小型基础基坑，多采用抓铲挖土机和反铲挖土机开挖。抓铲挖土机适用于一、二类土质和较深的基坑，反铲挖土机适用于四类以下土质、深度在4m以内的基坑。

### （三）基槽、管沟开挖

在地面上开挖具有一定截面、长度的基槽或沟槽，挖大型厂房的柱列基础和管沟，宜采用反铲挖土机挖土。如果水中取土或开挖土质为淤泥，且坑底较深，则可选抓铲挖土机挖土。如果土质干燥，槽底开挖不深，基槽长30m以上，可采用推土机或铲运机施工。

### （四）整片开挖

若基坑较浅，开挖面积大，且基坑土干燥，可采用正铲挖土机开挖。若基坑内土体潮湿，含水量较大，则采用拉铲或反铲挖土机作业。

### （五）独立柱基础基坑、小截面条形基础基槽开挖

对于独立柱基础基坑及小截面条形基础基槽，可采用小型液压轮胎式反铲挖土机配以翻斗车来完成浅基坑（槽）的挖掘和运土。

## 三、基坑（槽）施工

基坑（槽）施工包括定位、放线、基槽（坑）土方开挖等。

### （一）定位

土方开挖以前，要做好定位放线工作。

建筑物定位是将建筑物外轮廓的轴线交点测定到地面上，用木桩标定出来，桩顶钉上小钉指示点位，这些桩叫角桩，如图2-20所示。然后根据角桩进行细部测设。

为了方便地恢复各轴线位置，要把主要轴线延长到安全地点并做好标志，称为控制桩。为便于在开槽后施工各阶段中确定轴线位置，应把轴线位置引测到龙门板上，用轴线钉标定。龙门板顶部标高一般定在±0.00m，主要是便于施工时控制标高。

### （二）放线

放线是根据房屋定位确定的轴线位置，用石灰画出开挖的边线。开挖上口尺寸的确定应根据基础的设计尺寸和埋置深度、土壤类别及地下水情况，确定是否留工作面和放坡等。

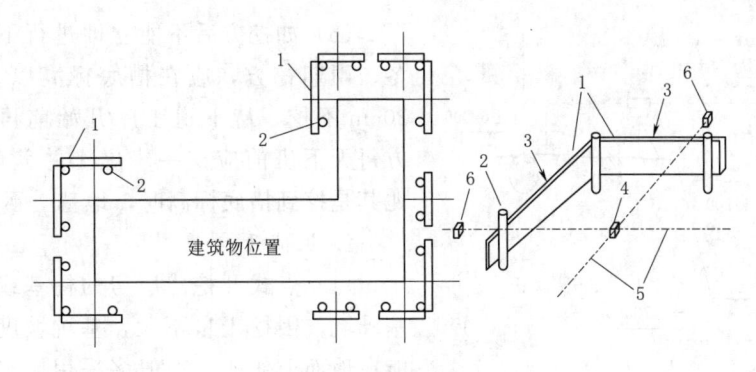

图 2-20 建筑物定位
1—龙门板；2—龙门桩；3—轴线钉；4—角桩；5—轴线；6—控制桩

### （三）基槽（坑）土方开挖

基槽（坑）土方开挖时，严禁扰动基层土层、破坏土层结构、降低承载力。要加强测量，以防超挖。控制方法为：在距设计基底标高 300～500mm 时，及时用水准仪抄平，打上水平控制桩，以作为挖槽（坑）时控制深度的依据。当开挖不深的基槽（坑）时，可在龙门板顶面拉上线，用尺子直接量开挖深度；当开挖较深的基坑时，用水准仪引测槽（坑）壁水平桩，一般距槽底 300mm，沿基槽每 3～4m 钉设一个。

使用机械挖土时，为防止超挖，可在设计标高以上保留 200～300mm 土层不挖，而改用人工挖土。

基础土方的开挖方法，有人工挖方和机械挖方两种。应根据基础特点、规模、形式、深度以及土质情况和地下水位，结合施工场地条件确定。一般大中型工程基坑土方量大，宜使用土方机械施工，配合少量人工清槽；小型工程基槽窄，土方量小，宜采用人工或人工配合小型挖土机施工。

**1. 人工开挖**

（1）在基础土方开挖之前，应检查龙门板、轴承线桩有无位移现象，并根据设计图纸校核基础灰线的位置、尺寸、龙门板标高等是否符合要求。

（2）基础土方开挖应自上而下分步、分层下挖，每步开挖深度约 30cm，每层深度以 60cm 为宜，按踏步型逐层进行剥土；每层应留足够的工作面，避免相互碰撞出现安全事故；开挖应连续进行，尽快完成。

（3）挖土过程中，应经常按事先给定的坑槽尺寸进行检查，不够时对侧壁土及时进行修挖，修挖槽帮应自上而下进行，严禁从坑壁下部掏挖"神仙土"。

（4）所挖土方应两侧出土，抛于槽边的土方距离槽边 1m、高度 1m 为宜，以保证边坡稳定，防止因压载过大产生塌方。除留足所需的回填土外，多余的土应一次运至用土处或弃土场，避免二次搬运。

（5）挖至距槽底约 50cm 时，应配合测量放线人员抄出距槽底 50cm 平线，沿槽边每隔 3～4m 钉水平标高小木桩，如图 2-21 所示。应随时依此检查槽底标高，不得低于标高。如个别处超挖，应用与基土相同的土料填补，并夯实到要求的密实度。或用碎石类土填补，并仔细夯实。如在重要部位超挖，可用低强度等级的混凝土填补。

(6) 如挖方后不能立即进行下一工序或在冬、雨期挖方，应在槽底标高以上保留 15~30cm 不挖，待下道工序开始前再挖。冬期挖方每天下班前应挖一步虚土并盖草帘等保温，尤其是挖到槽底标高时，地基土不准受冻。

2. 机械开挖

（1）点式开挖。厂房的柱基或中小型设备基础坑，因挖土量不大，基坑坡度小，机械只能在地面上作业，一般多采用抓铲挖土机和反铲挖土机。抓铲挖土机能挖一、二类土和较深的基坑；反铲挖土机适于挖四类以下土和深度在 4m 以内的基坑。

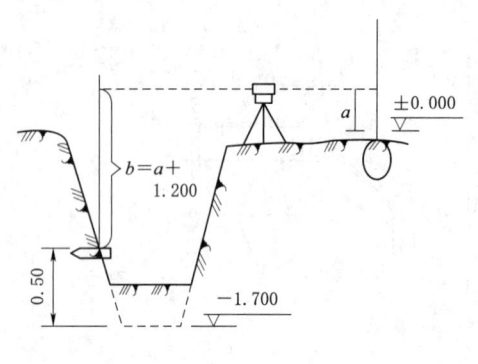

图 2-21 基槽底部抄平示意图（单位：m）

（2）线式开挖。大型厂房的柱列基础和管沟基槽截面宽度较小，有一定长度，适于机械在地面上作业。一般采用反铲挖土机。如基槽较浅，又有一定的宽度，土质干燥时也可采用推土机直接下到槽中作业，但基槽需有一定长度并设上下坡道。

（3）面式开挖。有地下室的房屋基础、箱形和筏式基础、设备与柱基础密集，采取整片开挖方式时，除可用推土机、铲运机进行场地平整和开挖表层外，多采用正铲挖土机、反铲挖土机或拉铲挖土机开挖。用正铲挖土机工效高，但需有上下坡道，以便运输工具驶入坑内，还要求土质干燥；反铲挖土机和拉铲挖土机可在坑上开挖，运输工具可不驶入坑内，坑内土潮湿也可以作业，但工效比正铲低。

## 第三节 填筑与压实

### 一、压实理论

填筑于土坝或土堤上的土方，通过对其压实，可以达到以下目的：提高土体密度，提高土方承载能力；加大土坝或土堤坡角，减小填方断面面积，减少工程量，从而减少工程投资，加快工程进度；提高土方防渗性能，提高土坝或土堤的渗透稳定性。

土坝或土堤填方的稳定性主要取决于土料的内摩擦力和凝聚力。土料的内摩擦力、凝聚力和防渗性能都随填土的密实程度的增大而提高。例如某种砂壤土的干密度为 $1.4g/cm^3$，压实提高到 $1.7g/cm^3$，其抗压强度可提高 4 倍，渗透系数将降低为原来的 1/2000。

土体是三相体，即由固相的土粒、液相的水和气相的空气所组成。通常土粒和水是不会被压缩的，土料压实的实质是将水包裹的土粒挤压填充到土粒间的空隙里，排走空气占有的空间，使土料的空隙率减小、密实度提高。所以，土料压实的过程实际上就是在外力作用下土料的三相重新组合的过程。

试验表明，黏性土的主要压实阻力是土体内的凝聚力。在铺土厚度不变的条件下，黏性土的压实效果（即干密度）随含水量的增大而提升，当含水量增大到某一临界值时，干密度达到最大，如此时进一步增加土体含水量，干密度反而减小，此临界含水量值称为土体的最优含水量，即相同压实功能时压实效果最大的含水量。当土料中的含水量超过最优含水量后，土体中的空隙体积逐步被水填充，此时作用在土体上的外荷，有一部分作用在水上，因此即使压实功能增强，但由于水的反作用抵消了一部分外荷，被压实土体的体积变化却很小，而呈此伏彼起的状态，土体的压实效果反而降低。

对于非黏性土，压实的主要阻力是颗粒间的摩擦力。由于土料颗粒较粗，单位土体的表面积比黏性土小得多，土体的空隙率小，可压缩性小，土体含水量对压实效果的影响也小，在外力及自重的作用下能迅速排水固结。黏性土颗粒细，孔隙率大，可压缩性也大，由于其透水性较差，所以排水固结速度慢，难以迅速压实。此外，土体颗粒级配的均匀性对压实效果也有影响。颗粒级配不均匀的砂砾料，较级配均匀的砂土易于压实。

### 二、压实方法

土料的物理力学性能不同，压实时要克服的压实阻力也不同。黏性土的压实主要是克服土体内的凝聚力，非黏性土的压实主要是克服颗粒间的摩擦力。压实机械作用于土体上的外力有静压碾压、夯击和振动碾压三种，如图 2-22 所示。

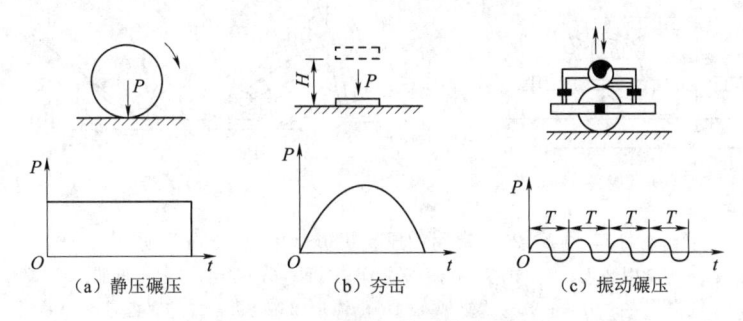

图 2-22 土料压实作用外力示意图

静压碾压：作用在土体上的外荷不随时间而变化，如图 2-22（a）所示。

夯击：作用在土体上的外力是瞬间冲击力，其大小随时间而变化，如图 2-22（b）所示。

振动碾压：作用在土体上的外力随时间做周期性的变化，如图 2-22（c）所示。

### 三、压实机械

常用的压实机械如图 2-23 所示。

#### （一）平碾

平碾的构造如图 2-23（a）所示。钢铁空心滚筒侧面设有加载孔，加载大小根据设计要求而定。平碾碾压质量差、效率低，较少采用。

#### （二）肋碾

肋碾的构造如图 2-23（b）所示，一般采用钢筋混凝土预制。肋碾单位面积压力较平碾大，压实效果比平碾好，可用于黏性土的碾压。

#### （三）羊脚碾

羊脚碾的构造如图 2-23（c）所示。其碾压滚筒表面设有交错排列的羊脚。钢铁空心滚筒侧面设有加载孔，加载大小根据设计要求而定。

羊脚碾的羊脚插入土中，不仅使羊脚底部的土体受到压实，而且使其侧向土体受到挤压，从而达到均匀压实的效果。碾筒滚动时，表层土体被翻松，有利于上下层间结合。但

图 2-23 常用的压实机械（单位：mm）

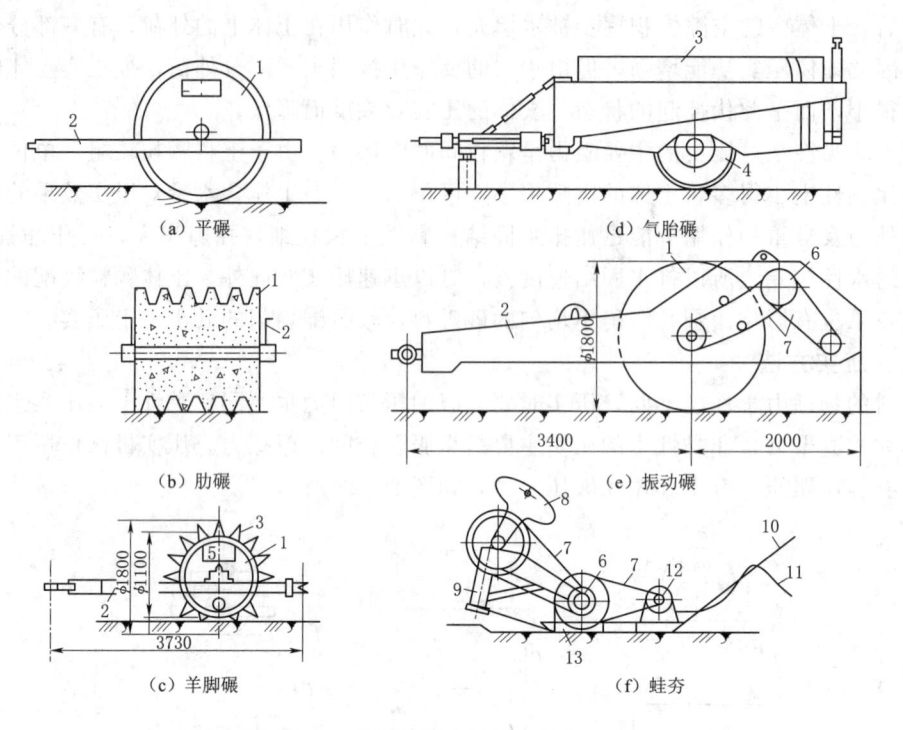

(a) 平碾　(b) 肋碾　(c) 羊脚碾　(d) 气胎碾　(e) 振动碾　(f) 蛙夯

1—碾具；2—牵引装置；3—羊脚；4—气胎；5—压重；6—夯架；7—三角带；8—偏心块；9—夯头；10—操纵架；11—电缆；12—电机；13—底盘

对于非黏性土，由于插入土体中的羊脚使无黏性颗粒向上和侧向移动，会降低压实效果，所以羊脚碾不适于非黏性土的压实。

**（四）气胎碾**

气胎碾是一种拖式碾压机械，分单轴和双轴两种。图 2-23（d）所示是单轴气胎碾。单轴气胎碾主要由装载荷载的金属车厢和装在轴上的 4~6 个充气轮胎组成。碾压时在金属车厢内加载同时将气胎充气至设计压力。为避免气胎损坏，停工时用千斤顶将金属车厢顶起，并把胎内的气放出一些。

气胎碾在压实土料时，充气轮胎随土体的变形而发生变形。开始时，土体很松，轮胎的变形小，土体的压缩变形大。随着土体压实密度的增大，气胎的变形也相应增大，气胎与土体的接触面积也增大，始终能保持较均匀的压实效果。另外，还可通过调整气胎内压，来控制作用于土体上的最大应力不致超过土料的极限抗压强度。增加轮胎上的荷重后，由于轮胎的变形调节，压实面积也相应增大，所以平均压实应力的变化并不大。因此，气胎的荷重可以增加到很大的数值。而对于平碾和羊脚碾，由于碾滚是刚性的，不能适应土壤的变形，当荷载过大就会使碾滚的接触应力超过土壤的极限抗压强度，而使土壤结构遭到破坏。

气胎碾既适用于压实黏性土，又适用于压实非黏性土，适用条件好，压实效率高，是一种十分有效的压实机械。

### (五) 振动碾

振动碾一种振动和碾压相结合的压实机械，如图 2-23 (e) 所示。它是由柴油机带动与机身相连的轴旋转，使装在轴上的偏心块产生旋转，迫使碾滚产生高频振动。振动功能以压力波的形式传递到土体内。非黏性土料在振动作用下，内摩擦力迅速降低，同时由于颗粒不均匀，振动过程中粗颗粒质量大、惯性力大，细颗粒质量小、惯性力小。粗细颗粒由于惯性力的差异而产生相对移动，细颗粒填入粗颗粒间的空隙，使土体密实。而对于黏性土，由于土粒比较均匀，在振动作用下，不能取得像非黏性土那样的压实效果。

以上碾压机械碾压实土料的方法有两种：圈转套压法和进退错距法，如图 2-24 (a)、图 2-24 (b) 所示。

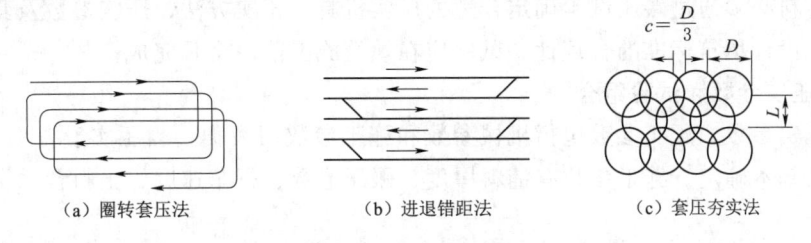

(a) 圈转套压法　　　　(b) 进退错距法　　　　(c) 套压夯实法

图 2-24　碾压机械压实方法

圈转套压法：碾压机械从填方一侧开始，转弯后沿压实区域中心线另一侧返回，逐圈错距，以螺旋形线路移动进行压实。这种方法碾压工作面大，多台碾具同时碾压，生产效率高，但转弯处重复碾压过多，容易引起超压剪切破坏，转角处易漏压，难以保证工程质量。

进退错距法：碾压机械沿直线错距进行往复碾压。这种方法操作简便，碾压、铺土和质检等工序协调，便于分段流水作业，压实质量容易保证。此法适用于工作面狭窄的情况。

错距宽度 $b$ (m) 按式 (2-3) 计算：

$$b = B/n \tag{2-3}$$

式中　$B$——碾滚净宽，m；
　　　$n$——设计碾压遍数。

### (六) 蛙夯

蛙夯是利用冲击作用来压实土方，具有单位压力大、作用时间短的特点，既可用来压实黏性土，也可用来压实非黏性土，如图 2-23 (f) 所示。蛙夯由电动机带动偏心块旋转，在离心力的作用下带动夯头上下跳动而夯击土层。夯击作业时各夯之间要套压，如图 2-24 (c) 所示。其一般用于施工场地狭窄、碾压机械难以施工的部位。

### 四、压实机械的选择

黏性土料黏结力是主要的，要求压实作用外力能克服黏结力；非黏性土料内摩擦力是主要的，要求压实作用外力能克服颗粒间的内摩擦力，选择压实机械主要考虑以下原则。

(1) 适应筑坝材料的特性。黏性土应优先选用气胎碾、羊脚碾；砾质土宜用气胎碾、蛙夯；堆石与含有特大粒径（大于500mm）的砂卵石宜用振动碾。

（2）应与土料含水量、原状土的结构状态和设计压实标准相适应。对含水量高于最优含水量1％~2％的土料，宜用气胎碾压实；当重黏土的含水量低于最优含水量，原状土天然密度高并接近设计标准，宜用重型羊脚碾、蛙夯；当含水量很高且要求的压实标准低时，黏性土也可选用轻型的肋碾、平碾。

（3）应与施工强度大小、工作面宽窄和施工季节相适应。气胎碾、振动碾适用于生产强度要求高和抢时间的雨季作业；蛙夯宜用于坝体与岸坡或刚性建筑物的接触带、边角和沟槽等狭窄地带。冬季作业选择大功率、高效能的机械。

（4）施工队伍现有装备和施工经验等。

### 五、碾压试验

筑坝材料必须通过碾压试验确定合适的压实机具、压实方法、压实参数及其他处理措施，并核实设计填筑标准的合理性。试验应在填筑施工前一个月完成。

#### （一）压实参数和试验组合

（1）压实参数。压实参数包括机械参数和施工参数两大类。当压实设备型号选定后，机械参数已基本确定。施工参数有铺料厚度、碾压遍数、行车速度、土料含水率、堆石料加水量等。

（2）试验组合。试验组合方法有经验确定法、循环法、淘汰法（逐步收敛法）和综合法，一般多采用逐步收敛法。试验参数的组合可参照表2-7进行。按以往工程经验，初步拟定各个参数。先固定其他参数，变动一个参数，通过试验得出该参数的最优值；然后固定此最优参数和其他参数，变动另一个参数，用试验求得第二个最优参数。以此类推，使每一个参数通过试验求得最优值；最后用全部最优参数，再进行一次复核试验，若结果满足设计、施工要求，即可将其定为施工碾压参数。

表2-7　　　　　　　　各种碾压试验设备的碾压参数组合

| 碾压机械 | 凸块振动碾<br>（压实黏性土及砾质土） | 轮胎碾 | 振动平碾（压实堆石和砂砾料） |
| --- | --- | --- | --- |
| 机械参数 | 碾重（选择1种） | 轮胎的气压、碾重（选择3种） | 碾重（选择1种） |
| 施工参数 | 1. 选3种铺土厚度；<br>2. 选3种碾压遍数；<br>3. 选3种含水率 | 1. 选3种铺土厚度；<br>2. 选3种碾压遍数；<br>3. 选3种含水率 | 1. 选3种铺土厚度；<br>2. 选3种碾压遍数；<br>3. 洒水及不洒水 |
| 复核试验参数 | 按最优参数进行 | 按最优参数进行 | 按最优参数进行 |
| 全部试验组数 | 10 | 16 | 9 |

#### （二）土料碾压试验

1. 场地选择与布置

根据工程实际情况，土料碾压试验场地选在土料场附近地势平缓、坚实的地段。在试验开始前，要对试验区进行平整、压实，然后在试验区内铺筑一层厚30cm的土料场土料。按照试验的方法程序进行铺筑、碾压、检验，并达到设计要求的质量标准。场地布置如图2-25所示。

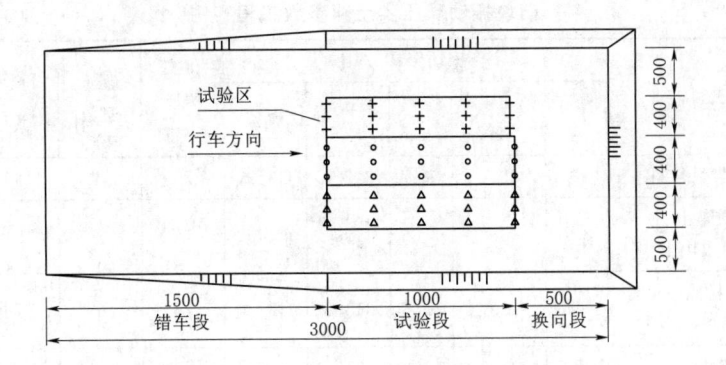

图 2-25 土料碾压试验场地布置图（单位：cm）

注：对于每一种铺土厚度和含水量，不同区域分别采用不同的碾压遍数，并检测其压实效果，直到达到设计要求。

图中"＋、○、△"分别为不同碾压遍数区域的取样点。

2. 选择条形试验区

选择一 60m×6m 的条形试验区，如图 2-26 所示。将此条带分为 15m 长的 4 等份。

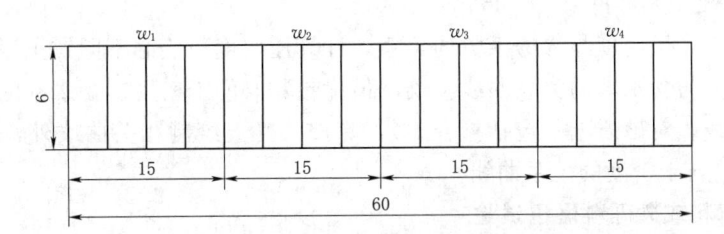

图 2-26 土料压实试验场地布置示意图（单位：m）

同一种土质、同一种含水率的土料，在试验前一次备足。土料的天然含水率如果接近土的标准击实的最优含水率，则应以天然含水率为基础进行备料；如果天然含水率与最优含水率相差较大，则一般制备以下几种含水率的土料：①低于最优含水率 2%～3%；②与最优含水率相等；③高于最优含水率 1%～2%（砾质土可为 2%～4%）。

对同一种含水率的黏性土料各段含水量依次为 $w_1$、$w_2$、$w_3$、$w_4$，控制其误差不超过 1%。对黏性土，试验含水量可定为：$w_1=w_p-4\%$；$w_2=w_p-2\%$；$w_3=w_p$；$w_4=w_p+2\%$（$w_p$ 为土料的塑限）。

3. 碾压试验参数的选择

表 2-8 为国内一些工程凸块振动碾压参数实际资料，可供参考。

一般黏性土料每段沿长边等分为 4 块，每块规定其碾压遍数分别为 $n_1$、$n_2$、$n_3$、$n_4$。

4. 碾压与测试

采用选定的配套施工机械，按进占法铺料。铺料厚度一般为 25～50cm，其误差不得超过 5cm。用进退错距法依次碾压。测定翻松土层厚度、压实层厚度、土样含水率和干密度。取样点位距试验块边沿距不小于 4m（轮胎碾可小些）。每个试验块取样数量 10～15 个，复核试验所需则应增至约 30 个，并在现场取样，在试验室测定其渗透系数。

表 2-8　　　　　　　　　　凸块振动碾压实土料参数工程实例

| 坝名 | 土料 | 碾重/t | 振动频率/Hz | 振幅/mm | 激振力/kN | 碾型 | 压实层厚/cm | 碾压遍数 | 干密度/(g·cm⁻³) | 要求压实度/% |
|---|---|---|---|---|---|---|---|---|---|---|
| 鲁布革 | 砂页岩风化料 | 9 | 25.4 | 1.4 | 222.4 | 自行式 | 20 | 12 | 1.44~1.52 | 96 |
| 石头河 | 粉质黏土、重粉质壤土 | 8.1 | 30 | 1.85 | 190 | 牵引式 | 18 | 8 | 1.68 | 97 |
| 小浪底 | 中、重粉质壤土、粉质黏土 | 17 | 21.7 | 1.65 | 315.8 | 自行式 | 25 | 6 | 1.676~1.692 | 100 |
| 黑河 | 粉质壤土 | 17.5 | 21.8 | 1.65 | 319 | 自行式 | 20 | 8 | 1.68 | 99 |

注　1. 干密度栏内，鲁布革及小浪底为现场测定范围值，黑河为施工控制指标。
　　2. 表中碾重对于自行式为总机重，碾滚筒重约为总重的65%。
　　3. 石头河坝仅在完建期使用凸块振动碾碾压土料。

现场描述填土上下层面结合是否良好，有无光面及剪力破坏现象，有无黏碾及壅土、弹簧土表面龟裂等情况，碾压前后的实际土层厚度以及运输碾压设备的工作情况等。

复核试验完毕后，取样测定土的压实度、抗剪、压缩性和渗透系数。

5. 成果整理

整理含水率、干密度与渗透系数的关系，计算压实度。绘制不同铺土厚度，不同碾压遍数时的干密度与含水率的关系曲线。绘制最优参数时的干密度、含水率的频率分配曲线与累计频率曲线。对砂质土（包括掺合土），除按黏性土绘制相关曲线外，尚应绘制砾石（>5mm）含量与干密度的关系曲线。

**（三）堆石料或砂砾料碾压试验**

1. 碾压试验参数的初选

堆石料采用振动平碾压实，一般是根据已建工程的经验选择设备型号和工作参数。压实参数的实际资料见表2-9。

表 2-9　　　　　　　　　　堆石料振动碾压实参数工程实例

| 坝名 | 料名 | 总质量/t | 铺料厚度/cm | 最大粒径/cm | 碾压遍数 | 压实干密度/(g·cm⁻³) | 振动碾形式 |
|---|---|---|---|---|---|---|---|
| 升钟 | 风化砂岩 | 13.5 | 80 | 55 | 8 | 1.90 | 牵引式 |
| 小浪底 | 石英细砂岩 | 17 | 100 | <100 | 6 | 2.104~2.228 | 自行式 |
| 黑河 | 砂卵石 | 17.5 | 100 | <60 | 8 | 2.24（水上）2.22（水下） | 自行式 |
| 菲尔泽 | 石灰岩 | 13.5 | 200 | 50 | 4 | 1.83~2.12 | 牵引式 |

注　1. 自行式碾滚筒重约为总重的0.65倍。
　　2. 压实干密度栏内，小浪底及菲尔泽两坝为实测范围值，其余为施工控制值。
　　3. 根据碾压实验成果，已有面板堆石坝工程采用20~25t牵引式振动碾。

2. 试验场地

碎（砾）石土每个试验组合面积不小于6.0m×10.0m（宽×长），堆石及漂石不小于6.0m×15.0m（宽×长）。试验区两侧（垂直行车方向）应预留出一个碾宽。顺碾方向的两端应预留 4.0～5.0m 作为停车和错车非试验区。试验场地布置如图 2-27 所示。按要求厚度铺料后，先静压两遍，然后用颜色标出观测网点，测量各测点高程，计算实际铺料厚度。

**3. 铺料碾压测试**

按规定要求依次碾压铺料，每压两遍后用挖坑灌水法取样测定其干密度，每一组合至少 3 个；也可在观测点上测定其高程一次，直至沉降率基本停止增长。最后用试坑灌水法测定其压实干密度及颗粒级配。如果测定沉降量，测点方格网点距 2.0m×1.5m。

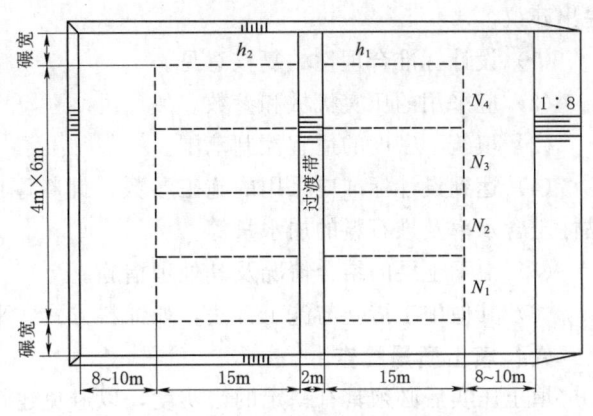

图 2-27 堆石料碾压场地布置

**4. 成果整理**

计算不同碾压遍数的沉降率、换算干密度和孔隙率；绘制各种铺土厚度的碾压遍数和干密度或沉降率的关系曲线。

**（四）堆石料加水试验**

土石坝设计及施工规范要求，堆石料要加水碾压。碾压试验中应做加水量为 0、10%、20% 的比较试验，以确定施工中采用的加水量。对软化系数大的坚硬岩石，也应通过加水与不加水的对比试验，确定加水效果。小浪底工程堆石料为石英细砂岩，软化系数 0.83，考虑到堆石加水与否涉及施工方法、工程质量、施工进度及合同问题，特进行了两次加水与不加水对比试验。

(1) 试验条件和测试内容。试验均在堆石填筑面上进行。每次试验都选定岩性近似的两块场地。第一次试验加水区 20m×30m，不加水区 10m×30m；第二次两个试验区均为 5m×30m。堆石填筑层厚按 1m 控制，每层用 17t 自行式振动平碾碾压 6 遍，加水量按填筑量的 50% 控制。测试内容：主要按 2m×2m 方格网测量各点铺料前后及加水碾压或不加水碾压后的高程，用试坑灌水法测量各块堆石压实后的密度和用筛分法测颗粒级配等数据。

(2) 试验资料的对比分析。变形比较：第一次试验加水区和不加水区实际铺料层厚分别为 105cm、88.8cm，压实沉降分别为 4.2cm、3.9cm，沉降变形率分别为 4%、4.4%，加水比不加水沉降变形率小 0.4%。第二次试验加水区和不加水区实际铺料厚度分别为 92.1cm、86.8cm，压实沉降分别为 3.2cm、3.1cm，沉降变形率分别为 3.47%、3.57%，加水比不加水沉降变形率仅小 0.1%。密度比较：第一次试验，一个试验室测定两种干密度相等，另一个试验室测定的结果是加水后密度比加水前的增加 0.006t/m$^3$；第二次试验的两个试验室测定成果，加水比不加水密度增加值分别为 0.01t/m$^3$ 和 0.013t/m$^3$。两次试验结果表明，加水效果不明显。

**（五）碾压试验报告**

碾压试验结束后，应提出试验报告，就如下几个方面提出结论性意见，并就有关问题提出建议。

(1) 设计标准合理性的复核意见。

(2) 应采用的压实机械和参数。

(3) 填筑干密度的适宜控制范围。

(4) 达到设计标准应采用的施工参数:铺料厚度、碾压遍数、行车速度、错车方式、黏性土含水率及堆石料的加水量等。

(5) 上下土层的结合情况及其处理措施。

(6) 其他施工措施与施工方法,如铺料方式、平土、刨毛等。

### 六、填土质量检查

填土压实后必须具有一定的密实度,以避免建筑物的不均匀沉陷。填土密实度以设计规定的控制干密度 $\rho_d$ 或规定压实系数 $\lambda_c$ 作为检查标准。

土的最大干密度 $\rho_{dmax}$ 由试验室击实试验或计算求得,再根据规范规定的压实系数 $\lambda_c$,即可算出填土控制干密度 $\rho_d$ 值。填土压实后的实际干密度,应有 90% 以上符合设计要求,其余 10% 的最低值与设计值的差,不得大于 0.08g/cm³,且应分散,不得集中。

检查压实后的实际干密度,通常采用环刀法取样。填土工程质量检验标准见表 2-10。

表 2-10　　　　　　　　填土工程质量检验标准　　　　　　　　单位:cm

| 项目 | 序号 | 检查项目 | 允许偏差或允许值 ||||| 检查方法 |
|------|------|----------|---------|------|------|------|---------|---------|
|      |      |          | 柱基基坑基槽 | 场地平整 || 管沟 | 地(路)面基础层 | |
|      |      |          |          | 人工 | 机械 |      |          | |
| 主控项目 | 1 | 标高 | -50 | ±30 | ±50 | -50 | -50 | 水准仪 |
|      | 2 | 分层压实系数 | 设计要求 |||||  按规定或直观检查 |
| 一般项目 | 1 | 回填土料 | 设计要求 ||||| 取样检查或直观检查 |
|      | 2 | 分层厚度及含水量 | 设计要求 ||||| 水准仪及抽样检查 |
|      | 3 | 表面平整度 | 20 | 20 | 30 | 20 | 20 | 用靠尺或水准仪 |

## 第四节　冬期和雨期施工

### 一、土方工程的冬季施工

冬期施工,是指室外日平均气温降低到 5℃ 或 5℃ 以下,或者最低气温降低到 0℃ 或 0℃ 以下时,用一般的施工方法难以达到预期目的,必须采取特殊的措施进行施工的方法。土方工程冬期施工造价高,功效低,一般应在入冬前完成。如果必须在冬期施工,其施工方法应根据本地区气候、土质和冻结情况,并结合施工条件进行技术比较后确定。

**(一) 地基土的保温防冻**

土在冬期由于受冻变得坚硬,挖掘困难。土的冻结有其自然规律,在整个冬期,土层的冻结厚度(冻结深度)可参见《建筑施工手册》,其中未列出的地区,在地面无雪和草皮覆盖的条件下全年标准冻结深度 $Z_0$,可按式(2-4)计算:

$$Z_0 = 0.28\sqrt{\sum T_m + 7} - 0.5 \qquad (2-4)$$

式中 $\sum T_m$——低于 0℃ 的月平均气温的累计值（取连续 10 年以上的平均值），以正数代入，m。

土方工程冬期施工，应采取防冻措施，常用的方法有松土防冻法、覆盖雪防冻法和隔热材料防冻法等。

(1) 松土防冻法。入冬期，在挖土的地表层先翻松 25～40cm 厚表层土并耙平，其宽度应不小于土冻结深度的两倍与基底宽之和。在翻松的土中，有许多充满空气的孔隙，以降低土层的导热性，达到防冻的目的。

(2) 覆盖雪防冻法。降雪量较大的地区，可利用较厚的雪层覆盖做保温层，防止地基土冻结。对于大面积的土方工程，可在地面上与风主导方向垂直的方向设置篱笆、栅栏或雪堤（高度为 0.5～1.0m，其间距 10～15m），人工积雪防冻。对于面积较小的基槽（坑）土方工程，在土冻结前，可以在地面上挖积雪沟（深 30～50cm），并随即用雪将沟填满，以防止未挖土层冻结。

(3) 隔热材料防冻法。面积较小的基槽（坑）的地基土防冻，可在土层表面直接覆盖炉渣、锯末、草垫、树叶等保温材料，其宽度为土层冻结深度的两倍与基槽宽度之和。

### (二) 冻土的融化

冻土的开挖比较困难，可用外加热能融化后挖掘。这种方式只有在面积不大的工程上采用，费用较高。

(1) 烘烤法。适用面积较小、冻土不深、燃料充足的地区，常用锯末、谷壳和刨花等做燃料。在冻土上铺上杂草、木柴等引火材料，然后撒上锯末，上面压数厘米的土，让它不起火苗地燃烧，250mm 厚的锯末经一夜燃烧可熔化冻土 300mm 左右，开挖时分层分段进行。

(2) 蒸汽融化法。当热源充足、工程量较小时，可采用蒸汽融化法，把带有喷气孔的钢管插入预先钻好的冻土孔中，通蒸汽融化。

### (三) 冻土的开挖

冻土的开挖方法有人工法开挖、机械法开挖、爆破法开挖三种。

(1) 人工法开挖。人工法开挖冻土适用开挖面积较小和场地狭窄，不具备其他方法进行土方破碎开挖的情况。开挖时一般用大铁锤和铁楔子劈冻土。

(2) 机械法开挖。机械法开挖适用于大面积的冻土开挖。破土机械根据冻土层的厚度和工程量大小选用。当冻土层厚度小于 0.25m 时，可直接用铲运机、推土机、挖土机挖掘开挖；当冻土层厚度为 0.6～1.0m 时，用打桩机将楔形劈块按一定顺序打入冻土层，劈裂破碎冻土，或用起重设备将重 3～4t 的尖底锤吊至 5～6m 高，脱钩自由落下，击碎冻土层（击碎厚度可达 1～2m），然后用斗容量大的挖土机进行挖掘。

(3) 爆破法开挖。爆破法开挖适用面积较大、冻土层较厚的土方工程。采用打炮眼、填药的爆破方法将冻土破碎后，用机械挖掘施工。

### (四) 冬期回填土施工

由于冻结土块坚硬且不易破碎，回填过程中又不易被压实，待温度回升、土层解冻后会造成较大的沉降，为保证冬期回填土的工程质量，冬期回填土施工必须按照施工及验收规范的规定组织施工。

冬期填方前,要清除基底的冰雪和保温材料,排除积水,挖除冻块或淤泥。对于基础和地面工程范围内的回填土,冻土块的含量不得超过回填土总体积的15%,且冻土块的粒径应小于15cm。填方宜连续进行,且应采取有效的保温防冻措施,以免地基土或已填土受冻。填方时,每层的虚铺厚度应比常温施工时减少20%～25%。填方的上层应用未冻的、不冻胀或透水性好的土料填筑。

### 二、土方工程的雨期施工

在雨期进行土方工程,施工难度大,对土的性质、工程质量及安全问题等方面影响较大。因此土方工程雨期施工应有保证工程质量和安全的技术措施;对于重要或特殊的土方工程应尽量在雨期前完成。

土方工程雨期施工的措施主要有以下几种。

(1) 编制施工组织计划时,要根据雨期施工的特点,将不宜在雨期施工的分项工程提前或延后安排,对必须在雨期施工的工程制订有效的措施。

(2) 合理组织施工。晴天抓紧室外工作,雨天安排室内工作,尽量缩短雨天外作业时间并缩小工作面。

(3) 雨期开挖基槽(坑)或管沟时,应注意边坡稳定。必要时可放缓边坡坡度或设置支撑。施工时应加强对边坡和支撑的检查。为防止边坡被雨水冲塌,可在边坡上加钉钢丝网片,并喷上50mm的细雨石混凝土。

(4) 雨期施工的工作面不宜过大,应逐段、逐片分期完成。基础挖到标高后,及时验收并浇筑混凝土垫层,如基坑(槽)开挖后,不能及时进行下道工序时,应留保护层。对膨胀土地基及回填土要有防雨措施。

(5) 为防止基坑浸泡,开挖时要在坑内做好排水沟、集水井。位于地下的池子和地下室,施工时应考虑周到。如预先考虑不周,浇筑混凝土后,遇有大雨时,容易造成池子和地下室上浮的事故。

# 第三章

# 爆 破 施 工 技 术

## 第一节 岩石爆破理论

**一、岩石爆破破坏基本理论**

岩石爆破破坏基本理论从静力学的观点出发，认为岩石的破碎主要是由爆炸气体产物的膨胀压力引起。

（1）炸药爆炸时，产生高压膨胀气体，在周围介质中形成压应力场。炸药爆炸生成大量气体产物，在爆热的作用下，处于高温高压的状态而急剧膨胀，这些膨胀气体以极高的压力作用于周围介质，形成压应力场。

（2）气体膨胀推力使质点产生径向位移而产生径向压应力，其衍生拉应力，产生径向裂隙。很高的压应力场，势必使周围岩石质点发生径向移动，这种位移又产生径向压应力，形成径向压应力的传递；质点在受径向压应力时，将产生径向压缩变形，而在切向伴随有拉伸变形产生，这个拉伸应变就是径向压应力所衍生的切向拉应力所产生的。当岩石的抗拉强度低于此切向拉应力时，就将产生径向裂隙；岩石的抗拉强度远远地小于抗压强度，所以拉伸破坏极易发生，而形成径向裂隙。

（3）质点移动所受阻力不等，引起剪切应力，而导致径向剪切破坏。质点位移受到周围介质的阻碍，阻力不平衡在介质中就会引起剪切应力，若药包附近有自由面，质点位移的阻力在最小抵抗线方向最小，其质点位移速度最快，偏离最小抵抗线方向阻力增大，质点位移速度降低，这样在阻力不等的不同方向上，不等的质点位移速度，必然产生质点间的相对运动而产生剪切应力。在剪切应力超过岩石抗剪强度的地方，将发生径向剪切破坏。

（4）当介质破裂、爆炸气体尚有较高的压力时，则推动破裂块体沿径向朝外运动，形成飞散。

上述破坏发生将消耗大量的爆炸能，如果爆炸气体还有足够大的压力，则将推动破碎岩块做径向外抛运动，若压力不够就可能仅是松动爆破破坏，而没有抛散，甚至只是内部爆破。

**二、单个药包爆破作用**

**（一）内部作用**

爆破作用只发生在岩体的内部，未能达到自由面，这种作用称为爆破的内部作用；或者说，爆破后地表不会出现明显破坏，亦称为装药在无限介质中的爆破作用。此时，岩石的破坏特征随距药包中心距离的变化而明显不同，在耦合装药条件下可分为三个不同特征区域：粉碎区（压缩区）、裂隙区（破裂区）、震动区，如图3-1所示。

（1）粉碎区。炸药爆炸产生的强冲击波和高压气体对药包周围的岩石产生强烈的作用，其强度远远超过了岩石的动抗压强度，使与药包接触岩石产生压缩破坏，并将岩石压得粉碎，直至作用强度小于岩石的动抗压强度，故此区域称为粉碎区。同时强烈压缩形成岩移、压缩成空洞，即形成比原装药空间大的一个空腔。在靠药包几毫米至几十毫米内的岩石甚至可能被熔化，而呈塑性流态，故此区域又称为压缩区。

虽然粉碎区的范围不大，但由于岩石遭到强烈粉碎，能量消耗却很大，又使岩石过度粉碎加大矿石损失，因此爆破岩石时应尽量避免形成粉碎区。

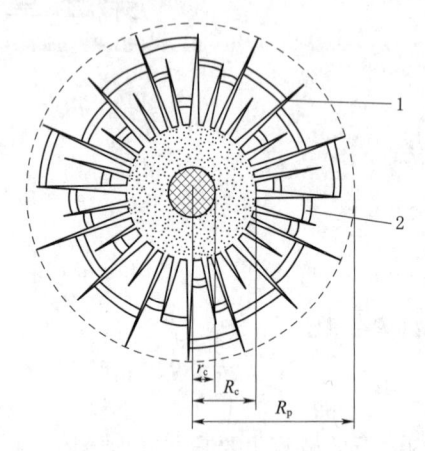

图3-1 压缩区示意图
1—粉碎区（压缩区）；2—裂隙区（破裂区）

（2）裂隙区。岩石在受冲击波压缩作用后，压力迅速衰减，冲击波衰减为压缩应力波，虽然不足再将岩石压碎，却可使粉碎区外层岩石受到强烈径向压缩而产生径向位移。由此而衍生的切向拉伸应力，使岩石产生径向破坏，而形成径向裂隙。随着压缩应力波的进一步扩展和径向裂隙的产生，动压力急剧下降。这样，压缩应力波所到之处，岩石先受到径向压缩作用，虽然没将岩石压碎，却在岩石中储有相当的压缩变形能或称弹性变形能；而冲击波通过，应力解除后，岩石能量快速释放，岩石变形回弹，形成卸载波，即产生径向卸载拉伸应力，使岩石形成环状裂隙。

爆炸气体对岩石也有同样的破坏作用，但其气楔作用更能使爆生气体像尖劈一样渗入裂隙，将压缩应力波形成的初始裂隙进一步扩大、延伸。因此，在压缩应力波和爆炸气体的共同作用下，压缩区外围岩石径向裂隙和环状裂隙交错生成、割裂成块，故亦称破裂区。

（3）震动区。压缩应力波和爆炸气体突破裂隙区后，能量衰减，只对裂隙区外围的介质有一定的震动，不会破坏裂隙区外围的介质，此区域称震动区。

（二）外部作用

爆破后，地表有明显破坏，此即外部作用，亦称为爆破在有限介质中的作用。爆炸作用通达地表，自由面的存在使其爆破作用过程分为了两个阶段：

（1）应力波朝离开装药的各个方向传播，这时自由面还未起作用，其岩石破坏规律与爆破内部作用相同，即形成三个作用圈（压碎圈、裂隙圈、震动圈）。

（2）应力波到达自由面，压缩波反射成拉伸波，并与入射波叠加在岩体中形成复杂应力状态。压缩应力波传播到自由面，一部分或全部反射回来成为同传播方向正好相反的拉伸应力波，当拉伸应力波的峰值压力大于岩石的抗拉强度时，可使脆性岩石拉裂造成表面岩石与岩体分离，形成片落（软岩则隆起）。

（三）延长装药爆破作用

延长药包爆破破岩方式，是在极短的时间内完成的高温高压过程，对周围介质产生强烈的冲击载荷作用,符合固体在冲击载荷作用下的表现形态。在爆破载荷作用下,应力波对岩石产生破碎作用,是岩石产生破碎的主要因素之一。

当条形药包设置于极限埋深时,爆炸在岩石中产生内部作用,即在装药周围形成粉碎区、裂隙区和震动区,在自由面方向上将形成爆破漏斗。球形装药形成的漏洞顶点在靠近装药中心以下,漏斗深度就是装药埋深,而垂直单自由面的条状装药形成的爆破漏斗,其顶点不一定在装药中心,其位置与岩石性质、装药性质特别是起爆方式、装药直径和炮孔装药高度有关,在延长药包的爆破机理下:①上端部因存在自由面通常具有极强的抛掷作用,而接近孔底的端部由于抵抗较大,可能只产生松动作用,也有可能因抵抗超过临界抵抗而只能形成内部作用;②岩石的夹制作用强度随炮孔深度增加而增大,装药直径不变,装药的爆破漏斗半径强度则不随炮孔深度增加而改变;③随着药包长径比的增大,集中药包变为延长药包,所形成的爆破破碎漏洞几何形状也由于岩石夹制作用,随之逐渐由圆锥形向圆台形过渡。

### 三、单排成组药包齐发爆破

多个药包齐发爆破时:最初应力波以同心球状向外传播;各应力波相遇,产生叠加,出现复杂应力状况;应力重新分布,在炮眼连心线上应力得到加强,而连心线中部两侧附近出现应力降低区。

### 四、影响爆破作用的主要因素

#### (一) 炸药性能的影响

影响爆破作用的主要炸药性能参数:炸药密度 $\rho$、爆速 $D$、炸药波阻抗 $\rho_c$、爆轰压力 $P_H$、爆炸压力 $P$、爆炸气体体积 $V$ 及爆炸能量利用率 $\eta$ 等。

1. 爆轰压力 $P_H$ 的影响

爆轰压力 $P_H$ 变大冲击波压力值变大,以应力波形式传播的爆轰能量变大;在岩石中应力变大,破坏应变剧烈,则有利于改善破碎效果。这对高波阻抗岩尤为明显,但太高会造过粉碎,浪费爆炸能,而恶化破碎效果;尤其对低波阻抗岩石 $P_H$ 太高,无益于对岩石的破碎。

2. 爆炸压力 $P$ 的影响

$P$ 的作用时间远远地大于 $P_H$ 的作用时间,这使在应力波作用下所形成的裂隙能较长时间地受爆生气体的尖楔作用,而大大地扩展和延伸,对于低波阻抗岩石,这种形式的破坏甚至居于主要地位。

3. 炸药爆炸能量利用率 $\eta$ 的影响

炸药为爆破破碎岩石提高能源,显著提高炸药能量利用率,能更有效地破碎岩石,改善爆破效果。为此,首先应清楚爆破过程中炸药爆炸能量的分配情况。

若不考虑炸药的热化学损失,其能量主要分配在以下方面:①形成压缩区,即在药包周围附近区域岩石产生强烈的压缩变形和粉碎破坏;②分离、破碎岩体,克服岩石内聚力与摩阻力,将岩石的岩体分离出来,破碎成碎块;③推移、抛掷破碎岩块;④产生地震效应、空气冲击波及响声效应等。

对于一般工程爆破而言,第②项可达到破碎岩石的目的,而其他能耗都是在做无用功,因此提高 $\eta$ 就是要增大用于破碎岩体的能耗②的比率,而减小①、③、④的比率。

### (二) 自由面对爆破作用的影响

岩石与空气的交界面就是自由面,也是最典型的自由面,除此之外岩石与液体的交界面、岩石与松散介质的交界面,以及两种不同性质岩石的交界面等都可以视为自由面。自由面是产生应力波反射拉伸的条件,反射拉伸波有利于岩石的破碎;同时,自由面是岩石破坏阻力减小面,岩石爆破更易在自由面方向发生破裂、破碎和移动;此外,自由面的存在改变了岩石应力状态及强度极限。在无限介质中,岩石处于三向应力状态,而自由面附近的岩石则处于单向或双向应力状态。故自由面附近的岩石强度,比远离自由面岩石的强度减小到原来的几分之一甚至十几分之一。在一定条件下,自由面越大、越多,岩石的夹制作用越小,爆破效果越好。一般,装药量计算公式是以单自由面来考虑的,因此现场装药量计算,还应考虑自由面数量的影响。

炸药消耗量与自由面数目的关系见表 3-1。

表 3-1　　　　　　　　炸药消耗量与自由面数目的关系

| 自由面数目 | 1 | 2 | 3 | 4 | 5 | 6 |
|---|---|---|---|---|---|---|
| 相对单位药耗量 | 1 | 4/5 | 3/5 | 1/2 | 2/5 | 1/4 |

### (三) 炸药与岩石匹配关系对爆破作用的影响

1. 波阻抗匹配

炸药的波阻抗值越接近岩石的波阻抗值,爆炸能的传播效率越高,在岩石中引起的应变值或破坏效应也越大。因此,为了改善爆破效果,必须根据岩石的波阻抗来选用炸药品种,使它们各自的波阻抗能够很好地匹配。

2. 空气间隙装药

空气间隙装药就是在装药中,在炸药与孔壁间预留有空气间隙,常用的有两种结构。

(1) 炮孔轴向留空气间隙。这种装药结构简单,炮孔长度上药量分布相对均匀,爆破块度减小和均匀,炸药单耗减小,多用于深孔。

(2) 沿药包周边留环状间隙。这种装药比较均匀地降低炮孔壁上所受的峰值压力,有助于保护孔壁不受径向裂隙的破坏、这种结构多用于预裂爆破、光面爆破等控制爆破中。

3. 空气间隙装药特点

(1) 孔壁冲击应力峰值降低。孔内留有环状间隙称为不耦合装药,炸药爆炸能直接作用在空气上,再由空气传播给岩石,使作用在孔壁上的冲击波应力峰值严重衰减,也即孔壁所受冲击压力大幅降低,从而减少了药包周围附近区域岩石的塑性变形和过粉碎,也即降低了压缩区或粉碎区的范围。

(2) 爆破作用时间延长。一方面,冲击波峰值压力的降低,使其能量转化为应力波能量,延长了应力波作用时间;另一方面,爆炸压力峰值的衰减又转化为储存在空气间隙中的能量,使空气间隙起着一种弹簧的作用,爆轰结束后,受压空气将大量贮存能量释放出来,增强破岩能力并延长了做功时间,即增强了破坏区的作用能力。当两段装药间有空气柱时,装药爆炸时,首先在空气柱内激起相向空气冲击波,并在空气柱中心发生碰撞,使压力增高,同时产生反射冲击波向相反方向传播,其后又发生反射和碰撞,炮孔内空气冲击波往返传播,发生多次碰撞,增加了冲击压力并延长激起应力波的作用时间。

(3) 爆炸能在空间分布更为合理。空气间隙装，改善了空间的药量分布，使药量在空间分布相对更为均匀合理，从而提高了爆炸能的有效利用率。

(4) 药包的几何形状。药包的几何形状用药包长度 $L$ 和药包直径 $d$ 的比值表示，药包长度大于直径 4～6 倍（$L/d$＝4～6）属于长条药包、柱状药包或直列装药，否则属于集中药包、集团装药，甚至可视为球状药包。球状药包的爆轰波作用方向和爆轰气体产物作用方向一致，都是从爆轰中心向四周传播的，这有利于改善岩石的爆破效果，降低单位炸药耗量。

4. 不耦合装药

不耦合装药用不耦合系数来表征，所谓不耦合系数，是指炮孔直径与药包直径的比值，它反映了药包在炮孔中与炮孔壁的接触情况，其值≥1，最小值＝1，表示炮孔直径与药包直径相等，药包完全填满整个炮孔断面，这时药包的爆轰可以直接作用在岩石上去，而不经过药包和孔壁间通常存在的空气间隙。这样就使能量传播时的无效损耗得以避免；相反，不耦合系数增大，药包直径＜炮孔直径，药包爆炸应力波从空气再到岩石将发生衰减，爆炸压力也将随不耦合系数的增大而降低，直接的破岩能力降低。

**五、爆破方法对爆破作用的影响**

**（一）堵塞影响**

裸露药包爆破时，爆轰气体迅速扩散，此时岩石的破碎主要是爆轰波作用破碎了紧贴炸药的那部分岩石，因此要利用爆轰气体的破坏作用，需有良好的堵塞，堵塞材料一般采用炮泥，其作用如下。

(1) 阻止爆炸气体过早地从炮孔内排出，使更多的热量转化为机械能，以提高炸药的有效破碎能。

(2) 保证炸药充分反应，使之放出最大热量并减少有害气体的生成量。

(3) 阻止炽热颗粒从孔内飞出，降低爆炸气体的温度和空气冲击波的能量，这对煤矿防止煤尘和瓦斯爆破极为重要。

总之，良好的堵塞，能提高爆破作用、改善爆破效果。一般说来，填塞长度 $l$ 应随最小抵抗线 $W$ 和炮孔直径 $d$ 的增大而增大。填塞的卸载时间应长于爆炸气体在整个装药全长上的作用时间。一般堵塞长度为最小抵抗线长度的 0.8～1.2 倍。

**（二）起爆顺序的影响**

成组药包爆破时，每个药包的最小抵抗线 $W$ 都是计算或预估的，设计药包药量应与之相适应。起爆顺序设计要考虑：先起爆的药包，为后续起爆的创造新的自由面；先后顺序一旦弄错，或有事故发生，使应爆未爆，就会使后续爆破的实际 $W$ 变大，而导致爆破效果恶化，产生严重的大块、"后冲"，甚至"冲天炮"之类的事故。

**（三）起爆药包位置的影响**

起爆药包放在什么位置，决定药包爆轰波传播方向和应力波以及岩石破裂发展的方向。通常根据起爆药包放在孔口和孔底分为正向起爆和反向起爆。

(1) 正向起爆：将起爆药包放在孔口第 1 或第 2 个药卷处，雷管聚能穴朝向孔底。这种起爆方式装药方便，施工安全，节省导线。

(2) 反向起爆：起爆药包放置在孔底，雷管聚能穴朝向孔口。这种方法的特点：①爆轰波传播方向与岩石朝向自由面运动的方向一致，因而有利于反射拉伸波破碎岩石；②起爆药包在孔底，距自由面较远，爆炸气体不会立即从孔口冲出，而延长了作用时间，有利于提升爆破效果。

## 第二节 爆破材料

炸药与起爆材料均属爆破材料。炸药是破坏介质的能源，而起爆材料则使炸药能够安全、有效地释放能量。

### 一、炸药

**(一) 炸药的基本性能**

(1) 威力。炸药的威力用炸药的爆力和猛度来表征。

1) 爆力是指炸药在介质内爆炸做功的总能力。爆力的大小取决于炸药爆炸后产生的爆热、爆温及爆炸生成气体量的多少。爆热越大，爆温越高，爆炸生成的气体量也就越多，形成的爆力也就越大。

2) 猛度是指炸药爆炸时对介质破坏的猛烈程度，是衡量炸药对介质局部破坏的能力指标。

爆力和猛度都是炸药爆炸后做功的表现形式，所不同的是，爆力是反映炸药在爆炸后做功的总量，对药包周围介质破坏的范围。而猛度则是反映炸药在爆炸时，生成的高压气体对药包周围介质粉碎破坏的程度以及局部破坏的能力。一般爆力大的炸药其猛度也大，但两者并不呈线性比例关系。对一定量的炸药，爆力越高，炸除的体积越大；猛度越大，爆后的岩块越小。

(2) 爆速。爆速是指爆炸时爆炸波沿炸药内部传播的速度。爆速测定方法有导爆索法、电测法和高速摄影法。

(3) 殉爆。炸药爆炸时引起与它不相接触的邻近炸药爆炸的现象叫殉爆。殉爆反映了炸药对冲击波的感度。主发药包的爆炸引爆被发药包爆炸的最大距离称为殉爆距离。

(4) 感度。感度又称敏感度，是炸药在外能作用下起爆的难易程度，它不仅是衡量炸药稳定性的重要标志，而且是确定炸药的生产工艺条件、炸药的使用方法和选择起爆器材的重要依据。不同的炸药在同一外能作用下起爆的难易程度是不同的，起爆某炸药所需的外能小，则该炸药的感度高；起爆某炸药所需的外能高，则该炸药的感度低。炸药的感度对于炸药的制造加工、运输、贮存、使用的安全十分重要。感度过高的炸药容易发生爆炸事故，而感度过低的炸药又给起爆带来困难。工业上大量使用的炸药一般对热能、撞击和摩擦作用的感度都较低，要靠起爆能来起爆。

(5) 炸药的安定性。炸药的安定性指炸药在长期贮存中，保持原有物理化学性质的能力。

1) 物理安定性。物理安定性主要是指炸药的吸湿性、挥发性、可塑性、机械强度、结块、老化、冻结、收缩等一系列物理性质。物理安定性的大小，取决于炸药的物理性质。如在保管使用硝化甘油类炸药时，由于炸药易挥发、收缩、渗油、老化和冻结等导致炸药变质，严重影响保管和使用的安全性及爆炸性能。铵油炸药和矿岩石硝铵炸药易吸湿、结块，使炸药变质严重，影响使用效果。

2）化学安定性。化学安定性取决于炸药的化学性质及常温下化学分解速度的快慢，特别是取决于贮存温度的高低。有的炸药要求储存条件较高，如 5 号浆状炸药要求不会导致硝酸铵重结晶的库房温度是 20～30℃，而且要求通风良好。

炸药有效期取决于安定性。贮存环境温度、湿度及通风条件等对炸药实际有效期影响巨大。

(6) 氧平衡。氧平衡是指炸药在爆炸分解时的氧化情况。根据炸药成分的配比不同，氧平衡具有以下三种情况。

1）零氧平衡。炸药中的氧元素含量与可燃物完全氧化的需氧量相等，此时可燃物完全氧化，生成的热量大，则爆能也大。零氧平衡是较为理想的氧平衡，炸药在爆炸反应后仅生成 $CO_2$、$H_2O$ 和 N，并产生大量的热能。如单体炸药二硝化乙二醇的爆炸反应。

2）正氧平衡。炸药中的氧元素含量过多，在完全氧化可燃物后还有剩余的氧元素，这些剩余的氧元素与氮元素进行二次氧化，生成 $NO_2$ 等有毒气体。这种二次氧化是一种吸收爆热的过程，它将降低炸药的爆力。如纯硝酸铵炸药的爆炸反应。

3）负氧平衡。炸药中氧元素含量不足，可燃物因缺氧而不能完全氧化，产生有毒气体 CO，也正是由于氧元素含量不足而出现多余的碳元素，爆炸生成物中的 CO 因缺少氧元素而不能充分氧化成 $CO_2$。如三硝基甲苯（梯恩梯）的爆炸反应。

由以上三种情况可知，零氧平衡的炸药其爆炸效果最好，所以一般要求厂家生产的工业炸药零氧平衡或微量正氧平衡，避免负氧平衡。

**(二) 炸药的分类、品种**

(1) 炸药的分类。炸药按组成可分为化合炸药和混合炸药；按爆炸特性可分为起爆药、猛炸药和火药；按使用部门可分为工业炸药和军用炸药。

(2) 常用炸药。水利水电工程施工中常用的炸药为硝铵炸药和乳化炸药。

1）硝铵炸药。硝铵炸药是粉状的爆炸性机械混合物，是应用最广泛的工业炸药品种之一，具有中等威力和一定的敏感性。它具有吸湿性与结块性，受潮后敏感性和威力显著降低，同时产生毒气。起爆药在较弱外部激发能（如机械、热、电、光）的作用下，即可发生燃烧，并能迅速转变成爆轰的敏感炸药。

在工程爆破中，以 2 号岩石硝铵炸药为标准炸药，其爆力为 320mL，猛度为 12mm，用雷管可以顺利起爆。在使用其他种类的炸药时，其爆破装药用量可用 2 号岩石硝铵炸药的爆力和猛度进行换算，常用炸药性能见表 3-2。

表 3-2　　　　　常用炸药性能表

| 品种 | 型号 | 爆速/(m·s$^{-1}$) | 爆力/mL | 猛度/mm | 殉爆距离/cm | 抗水性 | 保质期/d |
|---|---|---|---|---|---|---|---|
| 乳化炸药 | 1 号岩石 | ≥4500 | ≥330 | ≥14 | ≥4 | 好 | 180 |
|  | 2 号岩石 | ≥3200 | ≥260 | ≥12 | ≥3 | 好 | 180 |
|  | 岩石粉状 | ≥3400 | ≥300 | ≥13 | ≥5 | 好 | 120 |
| 水胶炸药 | 普通型 | ≥4000 | ≥320 | ≥15 | ≥8 | 好 | 180 |
|  | 深水型 | ≥4500 | ≥350 | ≥16 | ≥8 | 好 | 180 |

续表

| 品种 | 型　号 | 爆速/(m·s$^{-1}$) | 爆力/mL | 猛度/mm | 殉爆距离/cm | 抗水性 | 保质期/d |
|---|---|---|---|---|---|---|---|
| 震源药柱 | 乳化震源药柱 | ≥4200 | ≥320 | ≥16 | 5 | 好 | 180 |
| | 高能乳化震源药柱 | ≥4800 | ≥340 | ≥18 | 7 | 好 | 180 |

2）乳化炸药。乳化炸药以氧化剂（主要是硝酸铵）水溶液与油类经乳化而成的油包水型乳胶体做爆炸性基质，再加以敏化剂、稳定剂等添加剂而成为一种乳脂状炸药。

乳化炸药与硝铵炸药比较，其突出优点是抗水。两者成本接近，但乳化炸药猛度较高，临界直径较小，仅爆力略低。

## 二、起爆器材

起爆器材包括雷管、导爆索等。

### （一）雷管

雷管是用来起爆炸药或导爆索的。现一般采用数码雷管。

数码雷管又称电子雷管、数码电子雷管，即采用电子控制模块对起爆过程进行控制的电雷管。其中电子控制模块是指置于数码电子雷管内部，具备雷管起爆延期时间控制、起爆能量控制功能，内置雷管身份信息码和起爆密码，能对自身功能、性能以及雷管点火元件的电性能进行测试，并能和起爆控制器及其他外部控制设备进行通信的专用电路模块。电子雷管具有电子雷管信息流向跟踪管控系统，满足公安部门关于电子雷管信息流向监控的要求，在民爆系统的基础上，通过密码管控、设备管控以及管控指令等手段，增加了对雷管的使用环节的管控，实现了对雷管的完整闭环管理。将现在事后追溯的管理模式改变为事前控制的管理模式，是对民爆系统所实现管理功能的补充和完善。

电子雷管起爆系统由雷管、编码器和起爆器三部分组成。电子雷管的特点如下。

（1）每枚电子雷管具有唯一密码，没有密码，电子雷管无法起爆。

（2）只能使用专用设备起爆，传统的电池、起爆器以及220V交直流电均无法起爆。

（3）通过管控指令可以做到对爆破时间、爆破区域、爆破单位的主动控制。

### （二）导爆索

导爆索又称传爆线，用强度大、爆速高的烈性黑索金作为药芯，以棉线、纸条为包缠物，并涂以防潮剂，表面涂以红色，索头涂以防潮剂，必须用雷管起爆。其品种有普通、抗水、高能和低能四种。

## 第三节　爆　破　方　法

### 一、炮眼爆破

炮眼爆破又称浅眼爆破，是直径小于50mm、深度小于5m的爆破作业。

（1）炮眼爆破按开挖方式可分为以下几种。

1）台阶式浅眼爆破。这种爆破方式主要用在露天采矿、剥离、场平、路基、基坑、沟槽等开挖。台阶式浅眼爆破的特点是有两个自由面，炸药单耗低，爆破效果好。

2）掏槽式浅眼爆破。这种爆破方式主要用于井巷、隧道、沟渠、管涵、基坑以及人工孔桩开挖的爆破作业。其目的是在仅有一个自由面的前提下，爆破创造新的自由面。其特点是局部炸药单耗高。

3）岩块的浅眼爆破。这种爆破方式主要用于大块的二次破碎和零星孤石破碎。其特点是具有两个以上的自由面，炸药单耗较低。

（2）炮眼爆破按爆破控制程度分为以下几种。

1）抛掷爆破。此即将爆破对象按预定的方向和范围堆积或者直接爆破成槽的爆破作业。

2）碎化爆破。此即将爆破对象按爆破后块体的大小要求，进行合理的布孔和装药所实施的爆破作业。

3）松动爆破。松动爆破又分为强松动爆破和弱松动爆破。强松动爆破是对块体的大小没有要求，只为达到开挖目的而进行的爆破作业。路基、基坑、沟槽、场平等工程多属于这一类爆破。弱松动爆破是由于爆破区域附近有需要保护的建（构）筑物和设施而采取的降低炸药单耗、减少一次（或者单段）起爆总药量而进行的爆破作业。

## 二、深孔台阶爆破

（1）深孔台阶爆破，一般指孔径大于50mm、孔深大于7m的多级台阶爆破。深孔台阶的形式根据坝基设计要求而定。其中，台阶的高度由岩质和节理的发育情况、钻爆方法、装运方式、工程特点及工程量等因素确定；台阶的宽度则根据岩质条件、钻机性能和装运机械尺寸等而定；台阶的长度由现场地形、地质条件以及爆破施工的工程量来控制。深孔台阶爆破的效果，应达到下述要求。

1）爆破石渣的块度和爆堆，应适合挖掘机械作业。爆渣如需利用，其块度或级配应符合有关要求。

2）爆破时保留岩体的破坏范围小、爆破地震效应小、空气冲击波小以及爆破飞石少。

深孔台阶爆破一般采用毫秒爆破法，按其起爆顺序和方式的不同又分为许多种，如同排齐发爆破、按排起爆的同排毫秒微差爆破、同排与不同排按一定顺序起爆的微差有序爆破等。

（2）深孔爆破的起爆方式如下。

1）同排齐发爆破。同排炮孔之间用导爆索连接，排间导爆索用不同段毫秒雷管引爆，称为同排齐发爆破。这种爆破方法操作简便，不易发生错误。但导爆索自上而下引爆炸药，使堵塞段预先形成爆炸气体泄出通道，减少气体在炮孔内作用的时间，从而不利于岩石破坏。

2）同排毫秒微差爆破。同排炮孔装入同一段毫秒延期雷管，不同排使用不同段雷管的起爆方法称为同排毫秒微差爆破。

3）微差有序爆破。同排或多排炮孔按设计规定的顺序起爆的方法，称为微差有序爆破法。采用微差有序爆破，当每个炮孔内再分段，则构成孔间、孔内微差有序爆破。由于每一孔均处于三个自由面条件下爆破，被爆岩石得以充分破碎。

## 三、预裂爆破

预裂爆破是指进行石方开挖时，在主爆区爆破之前沿设计轮廓线先爆出一条具有一定宽度的贯穿裂缝，以缓冲、反射开挖爆破的振动波，控制其对保留岩体的破坏影响，使之获得较平整的开挖轮廓的爆破方法。预裂爆破不仅在垂直、倾斜开挖壁面上得到广泛应用，在规则的曲面、扭曲面以及水平建基面等也被采用。预裂爆破适用于稳定性差而又要求控制开挖轮廓的软弱岩层。

**（一）质量要求**

（1）预裂缝要贯通且在地表有一定开裂宽度。对于中等坚硬岩石，缝宽不宜小于 1.0cm；坚硬岩石缝宽应达到 0.5cm 左右；但在松软岩石上缝宽达到 1.0cm 以上时，减振作用并未显著提高，应多做些现场试验，以利总结经验。

（2）预裂面开挖后的不平整度不宜大于 15cm。预裂面不平整度通常是指预裂孔所形成之预裂面的凹凸程度，它是衡量钻孔和爆破参数合理性的重要指标，可依此验证、调整设计数据。

（3）预裂面上的炮孔痕迹保留率应不低于 80%，且炮孔附近岩石不出现严重的爆破裂隙。

**（二）预裂爆破参数的确定**

（1）炮孔直径一般为 50~200mm，对深孔宜采用较大的孔径。

（2）炮孔间距宜为孔径的 8~12 倍，坚硬岩石取小值。

（3）不耦合系数（炮孔直径 $d$ 与药卷直径 $d_0$ 的比值）建议取 2~4，坚硬岩石取小值。

（4）线装药密度一般取 250~400g/m。

（5）药包结构形式，较多的是将药卷分散绑扎在传爆线上。分散药卷的相邻间距不宜大于 50cm 和不大于药卷的殉爆距离。考虑到孔底的夹制作用较大，底部药包应加强，约为线装药密度的 2~5 倍。

（6）装药时距孔口 1m 左右的深度内不要装药，可用粗砂填塞，不必捣实。填塞段过短，容易形成漏斗，过长则不能出现裂缝。

**（三）预裂爆破的装药结构**

不耦合分段装药，药卷间用导爆索连成串。

**（四）地质条件对预裂爆破的影响**

通过分析，地质条件对预裂爆破的影响有以下几个特点。

（1）岩石越完整、越均匀，越有利于预裂爆破，非均质、破碎和多裂隙的岩层则不利于预裂爆破，特别是岩石的层理产状、裂隙发育程度、裂隙的主要方向对预裂爆破的影响较大。

（2）岩石孔隙率、裂隙率越大，将会使开挖岩面不平整度增加，造成超挖。

（3）高倾角裂隙的预裂壁面不平整度比中等倾角的裂隙小得多，走向平行于预裂缝的裂隙比横穿过预裂缝的裂隙对预裂爆破的影响要小。

**四、光面爆破**

光面爆破是指控制爆破的作用范围和方向，使爆破后的岩面光滑平整，防止岩面开裂，以减少超、欠挖和支护的工作量，增强岩壁的稳固性，减少爆破的振动作用，进而达到控制岩体开挖轮廓的爆破方法。

光面爆破的形成机理是沿开挖轮廓线布置间距较小的平行炮孔，在这些炮孔中进行药量减少的不耦合装药，然后同时起爆。爆破时沿这些炮孔的中心连接线同孔壁相交处产生集中应力，此处拉应力值最大，炮孔中的爆炸气体的气楔作用将炮孔的中心连接线的径向裂隙加以扩展，成为贯通裂隙，最后形成平整的光面。为获得良好的光面效果，一般可选用低密度、低爆速、低爆炸威力的炸药。

光面爆破质量要求如下。

(1) 开挖壁面岩石的完整性用岩壁上炮孔痕迹率来衡量，炮孔痕迹率也称半孔率，为开挖壁面上的炮孔痕迹总长与炮孔总长的百分比率。在水电部门，对节理裂隙极发育的岩体，一般应使炮孔痕迹率达到10%~50%，节理裂隙中等发育者应达50%~80%，节理裂隙不发育者应达80%以上。围岩壁面不应有明显的爆生裂隙。

(2) 围岩壁面不平整度（又称起伏差）的允许值为±15cm。

(3) 在临空面上，预裂缝宽度一般不宜小于1cm。实践表明，对软岩（如葛洲坝工程的粉砂岩），预裂缝宽度可达2cm以上，而且只有达到2cm以上时，才能起到有效的隔震作用；但对坚硬岩石，预裂缝宽度难以达到1cm。东江工程的花岗岩预裂缝宽仅6mm，仍可起到有效隔震作用。地下工程预裂缝宽度比露天工程小得多，一般仅达0.3~0.5cm。因此，预裂缝的宽度标准与岩性及工程部位有关，应通过现场试验最终确定。

**五、挤压爆破**

挤压爆破是在自由面前覆盖有松散矿岩块的条件下进行爆破，使矿岩受到挤压进一步破碎的方法。其在露天和地下深孔爆破中常用。在露天台阶爆破中，多排矿挤压爆破有如下优点。

(1) 采用大型机械装载，不怕过度挤压，只要破碎均匀，块度适当，就不影响装载效率。有的矿山采用挤压爆破，爆破排数多，爆破量大，爆破后岩石仅仅发生微动，补偿系数只有5%~10%，大大减少了等待爆破的停产时间，以及转移、保护设备和建筑物的工作量。

(2) 露天台阶爆破不存在补偿空间的限制，一次爆破面积大，深孔数目多，有利于合理排列深孔，尽量利用排与排之间爆破碎块的相互挤压作用。

(3) 在露天台阶挤压爆破中常常采用过度挤压，因此需要适当增加炸药单位消耗量，加强径向裂隙和挤压作用。

(4) 露天台阶挤压爆破用作挤压的矿（岩）有两种：一种是在自由面上留有松散的爆破碎块；另一种是利用掏槽孔先炸出一排孔的破碎区。在进行露天台阶微差挤压爆破时，要特别注意堆堆厚度与高度对爆破质量的影响。当台阶高度为15m左右，如果采用3~4m的挖掘机铲装，则渣高不可超过20m。如果台阶高度大于20m，而铲装设备容量小，则应尽量减小堆渣厚度。一般认为挤压爆破用于较低的台阶爆破中。

**六、水下爆破**

水下爆破，指在水中、水底或临时介质中进行的爆破作业。水下爆破常用的方法有裸露爆破法、钻孔爆破法以及洞室爆破法等。水下爆破的作业方式和爆破原理与陆地爆破大致相同，都是利用炸药爆炸释放的能量对介质做功，达到疏松、破碎或抛掷岩土的目的，但由于中间介质水的影响，与一般土岩爆破作业比较，施工难度要大得多。对一个水下爆破工程，应当根据工程量大小、周围环境、工期要求、施工机具等情况综合考虑选择何种作业方式和钻孔设备，选用爆破器材及装药、起爆方法等。

### （一）水下爆破的特点

（1）爆破器材选用方面，水下爆破的施工作业条件比一般陆地爆破要艰巨、复杂。在爆破器材运输、装药、连线中必须确保在水面及水下恶劣环境中的工作人员安全。水下爆破不能像陆地爆破那样采用敏感度高的炸药，而宜采用安全度大、威力强的乳化炸药，并要求有良好的抗水压性能及采取相应的抗浮措施。若条件不许可，只能采用陆上常用的普通爆破器材，要采取严格的防水、耐压措施。

（2）爆破参数选择方面，水下爆破产生的岩渣利用水流作用冲走或利用水下专用清渣设备清除，对岩渣碎块的粒度要求比陆地爆破更为严格。在水中爆破岩体的鼓胀、移动都必须对静水压力做功；爆破冲击波在与水面接触面上产生能量损耗，抛掷岩石必须克服水的正面阻力和黏滞阻力做功，水下施工误差也比陆上大，这些原因，使得水下爆破所需的单位耗药量常大于陆地爆破，孔距、排距比陆地爆破要密，且不宜采用过大的爆破作用指数。

（3）爆破施工方面，必须考虑水深、流速、风浪的影响，特别是在航道内施工，既要保证施工设备安装架设的安全可靠，又要保证移动撤退时的轻便灵活，还不能影响通航。水下爆破施工工序比陆上要复杂得多，且施工需要专用设备，一旦发生瞎炮，比陆上爆破更难处理。因此，施工操作要特别仔细、谨慎，置于水环境中的炸药和起爆装置易受到损害，要求水下爆破施工各环节安排紧凑，能在较短的时间内完成装药、爆破。

### （二）水下爆破施工的困难

（1）定位、定线困难。由于水流和浪潮的影响，特别是水的能见度很低，在水下岩面上准确地定出药包位置，并在施工中严格控制定位准确性，比陆上要困难得多。尤其是水底钻孔爆破施工，若钻孔位置出现过大的偏差，很可能在钻后一排孔的时候，引起前排药包爆炸；或者使两孔相距过近，引起殉爆。这将产生严重的安全事故，危及施工人员的生命安全和设备安全。

（2）钻孔和装药困难。在水下钻孔爆破施工中，虽然可以利用钻孔工作船或工作平台在水面上钻孔，但由于水流和浪潮影响，很难控制钻孔位置在规定的偏差范围内。

爆破有害效应影响大，涉及面广，水下爆破产生的地震波要比陆上爆破大得多，而且水底任一质点的振动还会受到水冲击波的影响。所以水下爆破产生的破坏作用有时是水冲击波和地震波共同引起的。水下爆破施工区附近的建筑物，特别是水中建筑物、生物及水面船舶都必须有一定的安全距离，或采取可靠的防护措施。

### （三）水下裸露爆破

水下裸露爆破是将炸药按设计药量经过加工后，安放在水下被炸物的表面，四周以水覆盖进行爆破的一种施工方法。这一方法虽然炸药单耗量大、能量利用率低、成本高、工效低，但因设备简单、操作方便、机动灵活、适应性强等特点，曾被广泛采用。当钻船因流速过大，流态紊乱，或因航道狭窄及其他原因无法定位施工或让航时，仍可采用此法施工。

水下裸露爆破通常应用在工程量规模小、工点零星分布、开挖深度不大（小于1.5m）的情况。在下述应用范围，水下裸露爆破可取得较理想的爆破效果：爆破水下孤礁或面积不大、炸层不厚，近旁有深潭的暗礁；受水流、地形、设备等影响，不能采用其他方法施工时；大块石的二次破碎，清炸浅点，引爆钻孔盲炮；配合挖泥船疏浚，松动爆破紧密的砂卵石；其他特殊爆破，如物探爆源，水下地基夯实爆破、清除废弃桥墩水下部分的圬工等。

### 七、拆除爆破

拆除爆破是指按设计要求用爆破方法拆除建筑物的作业，对废弃建（构）筑物，利用少量炸药、合理布置炮孔、一定的起爆顺序及延迟时间，按照设计方案进行爆破拆除，使其塌落解体或破碎，同时严格控制振动、飞石、粉尘的不利影响，确保周围设施安全的一门爆破技术。

## 第四节 爆 破 设 计

### 一、爆破设计内容

爆破施工前应编制爆破试验大纲进行爆破试验，取得合理的爆破参数。

爆破施工前应进行爆破设计，爆破设计的主要内容包括以下几项。

(1) 爆区地形图、地质条件。
(2) 爆区周围环境、安全控制标准。
(3) 边坡轮廓、建基面、爆区附近建筑物及文物等防护要求。
(4) 爆破参数。
(5) 爆破器材品种。
(6) 装药方法与堵塞。
(7) 爆破方式与起爆方法。
(8) 总药量与单段最大药量。
(9) 爆破安全距离。
(10) 施工技术要求、质量、安全技术与防护措施。
(11) 绘制下列图表：钻孔爆破环境平面图、钻孔平面布置图及剖面图、爆破装药结构图、装药参数明细表、起爆网络图、安全警戒范围及岗哨布置示意图。

### 二、装药量计算

药包量的大小根据岩石的坚硬程度、岩石的缝隙、临空面的多少、炸药的性能、预计爆破的土石方体积以及现场施工经验确定。

炸药量的大小与爆破漏斗内的土石方体积和被爆破体的坚硬程度成正比。以标准抛掷爆破的理论计算为依据，炸药量的计算公式为

$$Q = eqV \tag{3-1}$$

式中  $Q$——计算炸药量，kg；

$e$——炸药换算系数，爆力为 260mL、猛度为 12mm 的 2 号岩石乳化炸药为标准炸药，炸药量换算系数可按式（3-2）计算，常用炸药量换算系数可见表 3-3；

$q$——爆破 $1m^3$ 土石方所消耗的炸药量，$kg/m^3$，见表 3-4；
$V$——被爆破土石方的体积，$m^3$。

$$e = 260/p \tag{3-2}$$

式中　　$e$——炸药换算系数；

　　　　$p$——炸药爆力，mL。

表 3-3　　　　　　　常用炸药换算系数 $e$ 值表

| 炸药名称 | 型　号 | 换算系数 $e$ | 炸药名称 | 型　号 | 换算系数 $e$ |
|---|---|---|---|---|---|
| 乳化炸药 | 1号岩石 | 0.79 | 震源药柱 | 高能乳化震源药柱 | 0.76 |
|  | 2号岩石 | 1.00 |  | 铵梯震源药柱低爆速 | 0.74 |
|  | 岩石粉状 | 0.87 |  | 铵梯震源药柱中爆速 | 0.74 |
| 水胶炸药 | 普通型 | 0.81 |  | 铵梯震源药柱高爆速Ⅰ | 0.72 |
|  | 深水型 | 0.74 |  | 铵梯震源药柱高爆速Ⅱ | 0.72 |
| 震源药柱 | 乳化震源药柱 | 0.81 |  | 铵梯震源药柱高爆速Ⅲ | 0.65 |

表 3-4　　　　爆破土石方所消耗的炸药量 $q$（一个临空面的情况）

| 土石类别 | 一 | 二 | 三 | 四 | 五 | 六 | 七 | 八 |
|---|---|---|---|---|---|---|---|---|
| $q/(kg \cdot m^{-3})$ | 0.5~1.0 | 0.6~1.1 | 0.9~1.3 | 1.20~1.50 | 1.40~1.65 | 1.60~1.85 | 1.80~2.60 | 2.10~3.25 |

标准抛掷爆破漏斗是圆锥体，由于 $r=W$，其体积为

$$V = \frac{1}{3}\pi r^2 W \approx \frac{1}{3}\pi W^3 \approx W^3 \tag{3-3}$$

因此，标准抛掷漏斗药包量的计算公式为

$$Q = eqW^3 \tag{3-4}$$

当要求炸成加强抛掷漏斗时，药包量为

$$Q = (0.4 + 0.6n^3)eqW^3 \tag{3-5}$$

当仅要求进行松动土石的爆破时，药包量为

$$Q = 0.33eqW^3 \tag{3-6}$$

当为内部爆破时，其药包的炸药量为

$$Q = 0.2eqW^3 \tag{3-7}$$

理论上的计算值还需要通过试爆复核，最后确定实际的用药量。

单段最大药量可按式（3-8）计算，并通过现场试验确定。

$$V = K\left(\frac{Q^{\frac{1}{3}}}{R}\right)^\alpha \left(\frac{Q^{\frac{1}{3}}}{H}\right)^\beta \tag{3-8}$$

式中　　$V$——安全允许爆破震动速度，cm/s；

　　　　$Q$——单段最大药量，kg；

　　　　$R$——爆区中心全被保护对象的水平距离，m；

　　　　$H$——爆区中心一被保护对象的商差，m；

$K$——爆区中心全计算保护对象间场地有关的系数；

$\alpha$——与爆区中心全计算保护对象间的地质条件有关的指数；

$\beta$——与爆区中心全计算保护对象间的地形有关的衰减指数。

表 3-5　爆区不同岩性的 $K$、$\alpha$ 值

| 岩石类别 | $K$ | $\alpha$ |
| --- | --- | --- |
| 坚硬岩石 | 50～150 | 1.3～1.5 |
| 中硬岩石 | 150～250 | 1.5～1.8 |
| 软弱岩石 | 250～350 | 1.8～2.0 |

系数 $K$、指数 $\alpha$ 按表 3-5 选取或通过现场爆破测试取得，爆区与被防护对象高差不大时，$\left(\dfrac{Q^{\frac{1}{3}}}{H}\right)^{\beta}$ 可忽略不计。

# 第五节　爆　破　作　业

## 一、炮孔位置选择

选择炮孔位置时应注意以下几点。

(1) 炮孔方向尽量不要与最小抵抗线方向重合，以免产生冲天炮。

(2) 充分利用地形或其他方法增加爆破的临空面，提高爆破效果。

(3) 炮孔应尽量垂直于岩石的层面、节理与裂隙，且不要穿过较宽的裂缝，以免漏气。

## 二、钻孔

### (一) 浅孔冲击式凿岩机

浅孔冲击式凿岩机主要有以下几种。

#### 1. 手持式凿岩机

手持式凿岩机功率较小，便于手持操作，主要用于钻浅孔和二次爆破作业，可用手操持打向下的、水平的和倾斜的炮孔，钻孔深度可达 5m；重量较轻，一般在 25kg 以下，工作时用手扶着操作；可以打各种小直径和较浅的炮孔；一般只打向下的孔和近于水平的孔。由于手持式凿岩机要有很大的力气扶持，剧烈的振动直接传于人身，使人很容易疲劳，影响健康，且冲击能和扭矩较小，凿岩速度慢，因此现在地下矿山很少用它。属于此类的凿岩机有 Y3、Y26 等型号。

手持式凿岩机操作时注意事项如下。

(1) 作业前必须检查和处理浮石，检查支护情况。检查处理浮石时，应从安全地点由外向里逐步进行。

(2) 凿岩机必须检查工作面上有无残炮，若有残炮，必须按规定处理后方可凿岩，严禁沿残眼找眼。

(3) 凿岩时，操作者应站在凿岩机的后侧方，要注意观察钎子的工作情况，避免卡钎及断钎，对凿岩机施加的轴向推力要适当，防止发生断钎伤。

(4) 凿岩工作中，要注意水管接着各紧固件的紧固情况。如发现松动，应及时停机处理。

(5) 严禁打干眼，开钻时要开水。

(6) 露天采石场凿岩应坚持打下向孔；在30°以上斜面上或垂直高度超过2m的岩面工作的必须系好安全带。

2. 气腿式凿岩机

气腿式凿岩机带有起支撑和推进作用的气腿，重22～30kg，孔深3～5m，钻孔直径34～42mm，使用可伸缩的气腿来支撑和推进凿岩机工作，主要用于打水平和倾斜的炮孔。与手持式凿岩机不同，气腿式凿岩机是由一气腿代替人力顶着凿岩机工作，从而大大减轻工人的劳动强度。

气腿式凿岩机需要注意以下事项。

(1) 机器出厂前注有防锈油，使用前应拆洗干净，重新组装时配合表面应涂润滑油，方可使用。

(2) 连接气管时必须吹净管内杂物，以免杂物机内研损机件。

(3) 开动机器前，必须细心检查各操纵机构和运行部件是否装配正确可靠。注油器内要装满润滑油，并调节好油量。

(4) 机器工作结束，应先切断水源再轻运转片刻，吹净机内残余水滴，防止零件生锈。

(5) 常用的机器，应注意定期保养和维修。至少每周应检查一次，清除机内脏物，更换损坏和失效的零件。

(6) 用过的机器，如果长时间存放，必须拆洗、除油、放置阴凉干燥处。

(7) 调压阀是调节气腿推力的装置。沿标明方向扳动调压阀气腿，推力便逐渐增大。换向阀是操纵气腿快速伸缩装置，在作业过程中，气腿的推进长度如不能满足凿深要求，只要勾动扳机推动换向阀，气腿便快速缩回，进行换位（而不需要关闭操纵阀和换向阀）。

3. 伸缩式（向上式）凿岩机

伸缩式（向上式）凿岩机带有轴向气腿，专用于钻60°～90°的向上孔。机重：40kg；孔深：2～5m；钻孔孔径：36～48mm。

4. 电动式凿岩机

电动式凿岩机由电动凿岩机、滑道、升降杆、三角平衡架、支杆、多功能电控箱组成。它具有一机多用、无污染、节能省耗、操作与装卸方便，安全可靠等特点。电动凿岩机使用前应检查机械部分，应无松动和异常现象，电动机应绝缘良好，接线应正确可靠，才可通电。各传动机构的摩擦面，要保证充分润滑，并定期更换润滑油。钻孔前，空载检查钻杆的旋转方向后，将钻头、钻杆、水管接好即可钻岩。开孔时，应轻轻将离合器安上，当钻头全部进入岩层后，再紧上离合器；当钻进一定深度而需停钻时，松开离合器，待钻头全部退出孔后再停钻，并将离合器置于中间位置。

5. 内燃凿岩机

内燃凿岩机是一种由小型汽油发动机、压气机、凿岩机三位一体组合而成的手持式凿岩工具，主要应用于建筑拆除作业、地质勘探钻孔和地基工程，以及水泥路面、柏油路面的各种劈裂、破碎、捣实、铲凿等功能，更适用于各种矿山的钻孔、劈裂、爆破开采，内燃凿岩机携带方便，尤为适用于高山、无电源、无风压设备的地区和流动性较大的临时性工程。

## (二) 凿岩台车

凿岩台车也称钻孔台车,是隧道及地下工程采用钻爆法施工的一种凿岩设备。它能移动并支持多台凿岩机同时进行钻眼作业,主要由凿岩机、钻臂(凿岩机的承托、定位和推进机构)、钢结构的车架、走行机构以及其他必要的附属设备组成。将一台或数台高效率的凿岩机相连,同推进装置一起安装在钻臂导轨上,并配行走机构,使凿岩作业实现机械化。和凿岩机相比,凿岩台车工效可以提高 2~4 倍,并且可以改善劳动条件,减轻工人劳动强度。应用钻爆法开挖隧道,为凿岩台车提供了有利的使用条件,凿岩台车和装渣设备的组合可加快施工速度、提高劳动生产率,并改善劳动条件。

按照台车行走机构,凿岩台车分为轨行式、轮胎式、履带式三种。国产凿岩台车以轨行式及轮胎式较多。

轨行式台车车体一般为门架式,故常称门架式凿岩台车。其上部有 2~3 层工作平台,能安装多台(可达 21 台)凿岩机;下部能通过装渣机、运输车辆及其他机具。这种台车具有钻眼、装药、支护、量测等多种功能。它是为了适应大断面隧道施工的需要,同时克服手持式凿岩机钻眼效率低的缺点而发展起来的,在铁路隧道和水工隧洞施工中被推广应用,在车体上安装数个钻臂(用以安装凿岩机,一般 1~4 台)的可自行的凿岩机械设备。其钻臂能任意转向,可将凿岩机运行至工作面上任意位置和方向钻眼(孔)。钻眼(孔)参数更为准确、钻进效率高、劳动环境大大改善。

轮胎式(图 3-2)和履带式凿岩台车主要由油机驱动,安装 2~6 台高速凿岩机,车体转弯半径小,机动灵活,效率高。按照台车动力,其分为气动式和液压式,后者应用较多,自动化程度高,整个钻眼(孔)程序由电脑控制。风动凿岩机的梯架式凿岩台车,逐步为用液压凿岩机的门架式凿岩台车所代替。

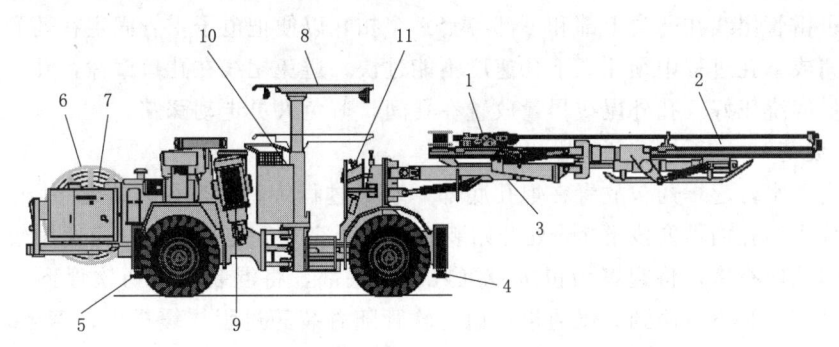

图 3-2 轮胎式凿岩台车
1—凿岩机;2—推进梁;3—钻臂;4—前千斤;5—后千斤;6—电缆卷;
7—配电柜;8—顶棚;9—电机和液压泵;10—驾驶室;11—操作台

选用带有导轨的气动或液压凿岩机和台车配套,以提高凿岩效能。目前,使用较多的有 YT-23、YT-30 等型号的液压凿岩机。

## (三) 深孔凿岩机械

《爆破安全规程》(GB 6722—2014)中的深孔爆破是指钻孔直径大于 50mm、孔深大于 5m 的炮孔。孔深大于 50m,孔径大于 5mm,为深孔钻爆。

钻凿中深孔采用导轨式凿岩机，因孔较深，必须接杆凿岩。也就是说凿岩是随着孔的加深，要用螺纹连接套逐根接长钎杆。炮孔凿完后再逐根使钎杆与连接套分离，将它们从炮孔内取出。为此，转钎机构必须能双向回转，即能带动钎杆正转和反转（装卸钎杆时）。同时，导轨式凿岩机质量都较大，必须装在推进器的导轨上进行凿岩，因此，称之为导轨式凿岩机。它与钻架（支柱）或钻车配套使用。

### 三、装药及起爆

#### （一）发放电子雷管

（1）密码下载及预检。火工品入库后使用数传设备进行密码下载，下载完成后进行数量、箱盒条码核对，核对无误后将电子雷管密码导入控制器。

（2）发放电子雷管。发放前对电子雷管的质量、数量进行检查核对，同时检查电子雷管是否存在补码。如果存在补码，须在爆破作业记录表及火工品出入库台账做好记录，并告知领用火工品的爆破员，对补码电子雷管的使用位置做出标记。

（3）电子雷管须放置在孔间处，与炮孔保持一定距离，防止电子雷管掉入炮孔内。

#### （二）制作起爆药包

制作起爆药包前对电子雷管进行检查，着重检查雷管与尾线、接线夹与尾线这两个连接处是否存在问题，并检查接线夹二维码及接线夹内部是否存在问题。若二维码不清晰，则记录好该电子雷管的位置，使用电子雷管二维码采集器时需手动输入该电子雷管管壳上的编码。若接线夹内部或电子雷管尾线出现损坏，须手动将电子雷管尾线连接到爆破母线上。

2号岩石乳化炸药单支药卷直径32cm，重300g，中深孔爆破制作起爆药包一般使用2～3支药卷。用小木棍在药卷顶部插一个小洞，将电子雷管沿着药卷长度方向插入药卷中，用电子雷管尾线在药卷上部和下部各套一个扣，以便把电子雷管固定在药卷内。起爆药包制作完成下孔过程中须注意下孔速度不能过快，避免尾线在孔口摩擦，孔外尾线应使用较大石块缠绕压好。孔外尾线尽量放置在孔间，避免人员走动踩踏。

#### （三）装药

炮孔内无水，起爆药包放置在炮孔底部，装药过程中将起爆药包提起50cm，混装车输药软管放入炮孔内填塞段下1m处开始装药，装药完毕后炮孔外尾线应使用较大石块缠绕压好。炮孔内有水，将起爆药包缓慢沉入炮孔底部，将混装车输药软管下入至炮孔底部，注意输药软管不得碰到起爆药包，输药软管随着装药过程缓缓提出，直至装药完毕。装药完毕后，将起爆药包缓慢上提1～2m，让起爆药包被混装药充分接触。在装药过程中须保护好电子雷管尾线不受损伤，并避免电子雷管尾线掉入孔内。

#### （四）网络连接

电子雷管网络连接前需对爆破母线进行导通检测，保证爆破母线完好可用。敷设的爆破网络采用星形接法，将电子雷管连接到爆破母线上，并检查是否连接正确。

#### （五）采集、导入电子雷管二维码信息

使用二维码采集器，按照爆破设计方案的起爆顺序采集电子雷管接线夹上的二维码信息，采集完毕后核对施工现场实际使用数量，确保不漏扫。然后，将采集的二维码信息导入控制器内，进行密码预检。

### （六）第一次网络检测

为了避免出现故障电子雷管，可利用现场混装乳化炸药发泡时间，在炮孔填塞前进行网络连接，进行第一次在线搜索检测电子雷管，待网络检测正常后，方可进行炮孔填塞，网络检测过程中所有人员撤离至安全区域，做好现场警戒。出现匹配失败，需及时查明原因，首先关闭普通型控制器，短路组网爆破母线，等待15分钟后进入现场查找问题，查明故障原因并排查后，再次连接组网进行在线搜索检测电子雷管。若故障原因为电子雷管管体，应在该炮孔重新放入电子雷管起爆药包并检测。故障电子雷管按照公安部门要求填写《电子雷管布控申请单》，依规对故障电子雷管进行布控，然后对其予以销毁。

### （七）填塞

填塞过程中须保护好电子雷管尾线不受损伤，并避免电子雷管尾线掉入孔内。

### （八）第二次网络检测与起爆

填塞完成后，将所有人员撤离至安全区域，做好现场警戒。将爆破母线连接到控制器上，开启控制器，开始起爆作业。在线雷管搜索完成，查看起爆界面确保无异常，同时按下两个起爆按钮，倒计时结束后雷管起爆。如果起爆界面一直闪烁，说明存在异常雷管，此时应中止操作，查明原因，处理完成后才能继续作业。

### （九）爆后检查

起爆完15分钟后，方可进入爆破区域进行爆后检查及整理爆破设备。若发现盲炮，根据《爆破安全规程》中盲炮处理的相关规定进行盲炮处理。

### （十）盲炮处理

电子雷管可以精确设置每一发雷管的孔号、排号，即可确定每一发电子雷管的具体位置。出现盲炮后，根据控制器反馈的信息，可知未爆电子雷管的编码，然后使用电子雷管二维码采集器查找本次爆破组网数据，确定该电子雷管所在的孔位。按照布孔数据的孔位坐标，使用RTK（real-time kinematic）在爆堆中找到该孔位具体位置。结合爆破设计起爆方案及爆堆形状，即可合理推测盲炮的大致位置。

根据《爆破安全规程》中盲炮处理的相关规定，对该位置区域设置警戒线及明显标识，在挖装前对施工人员进行安全技术交底，技术人员全程监督挖装作业，发现残留火工品立即回收处理。负责处理盲炮的技术人员及时填写盲炮记录，备查。

## 第六节　爆破施工安全知识

爆破工作的安全极为重要，从爆破材料的运输、储存、加工到施工中的装填、起爆和销毁均应严格遵守各项爆破安全技术规程。

### 一、爆破、起爆材料的储存与保管

(1) 爆破材料应贮存在干燥、通风良好、相对湿度不大于65%的仓库内，库内温度应保持在18~30℃；周围5m内的范围，须清除一切树木和草皮。库房应有避雷装置，接地电阻不大于10Ω。库内应有消防设施。

(2) 爆破材料仓库与民房、工厂、铁路、公路等应有一定的安全距离。炸药与雷管

（导爆索）须分开贮存，两库房的安全距离不应小于有关规定。同一库房内不同性质、批号的炸药应分开存放。严防虫、鼠等啃咬。

（3）炸药与雷管成箱（盒）堆放要平稳、整齐。成箱炸药宜放在木板上，堆摆高度不得超过1.7m，宽不超过2m，堆与堆之间应留有不小于1.3m的通道，药堆与墙壁间的距离不应小于0.3m。

（4）施工现场临时仓库内爆破材料严格控制贮存数量，炸药不得超过3t，雷管不得超过10000个。雷管应放在专用的木箱内，离炸药不小于2m距离。

## 二、装卸、运输与管理

（1）爆破材料的装卸均应轻拿轻放，不得受到摩擦、振动、撞击、抛掷或转倒。堆放时要摆放平稳，不得散装、改装或倒放。

（2）爆破材料应使用专车运输，炸药与起爆材料、硝铵炸药与黑火药均不得在同一车辆、车厢装运。用汽车运输时，装载不得超过允许载重量的2/3，行驶速度不应超过20km/h。

## 三、爆破操作安全要求

（1）装填炸药应按照设计规定的炸药品种、数量、位置进行。装药要分次装入，用竹棍轻轻压实，不得用铁棒或用力压入炮孔内，不得用铁棒在药包上钻孔安设雷管或导爆索，必须用木棒或竹棒进行。当孔深较大时，药包要用绳子吊下，或用木制炮棍护送，不允许直接往孔内丢药包。

（2）起爆药卷（雷管）应设置在装药全长的1/3~1/2位置上（从炮孔口算起），雷管应置于装药中心，聚能穴应指向孔底，导爆索只许用锋利刀一次切割好。

（3）遇有暴风雨或闪电打雷时，应禁止装药、安设电雷管和联结电线等操作。

（4）在潮湿条件下进行爆破，药包及导火索表面应涂防潮剂加以保护，以防受潮失效。

（5）爆破孔洞的堵塞应保证要求的堵塞长度，充填密实不漏气。填充直孔可用干细砂土、砂子、黏土或水泥等惰性材料。最好用1:2~3（黏土:粗砂）的泥砂混合物，含水量在20%，分层轻轻压实，不得用力挤压。水平炮孔和斜孔宜用2:1土砂混合物，做成直径比炮孔小5~8mm、长100~150mm的圆柱形炮泥棒填塞密实。填塞长度应大于最小抵抗线长度的10%~15%，在堵塞时应注意勿捣坏导火索和雷管的线脚。

## 四、爆破安全距离

爆破时，应划出警戒范围，立好标志，现场人员应撤到安全区域，并有专人警戒，以防爆破飞石、爆破地震、冲击波以及爆破毒气对人身造成伤害。

爆破地震、爆破空气冲击波、个别飞石对建筑物影响的安全距离和爆破毒气的危害范围计算如下。

### （一）爆破地震安全距离

目前国内外爆破工程多以建筑物所在地表的最大质点振动速度作为判别爆破地震对建筑物的破坏标准。通常采用的经验公式为

$$v = k\left(\frac{Q^{1/3}}{R}\right)^\alpha$$

式中 $v$——爆破地震对建筑物（或构筑物）及地基产生的质点垂直振动速度，cm/s；

$k$——与岩土性质、地形和爆破条件有关的系数，在土中爆破时，$k=150\sim200$，在岩石中爆破时，$k=100\sim150$；

$Q$——同时起爆的总装药量，kg；

$R$——药包中心到某一建筑物的距离，m；

$\alpha$——爆破地震随距离衰减系数，可按 1.5～2.0 考虑。

观测成果表明：当 $v=10\sim12$ cm/s 时，一般砖木结构的建筑物便可能破坏。

**（二）爆破空气冲击波安全距离（$R_k$）**

爆破空气冲击波安全距离（$R_k$）为

$$R_k = k_k \sqrt{Q}$$

式中 $R_k$——爆破冲击波的危害半径，m；

$k_k$——系数，对于人，$k_k=5\sim10$，对建筑物要求安全无损时，裸露药包 $k_k=50\sim150$，埋入药包 $k_k=10\sim50$；

$Q$——同时起爆的最大的一次总装药量，kg。

**（三）个别飞石安全距离（$R_f$）**

个别飞石安全距离（$R_f$）为

$$R_f = 20n^2 W$$

式中 $n$——最大药包的爆破作用指数；

$W$——最小抵抗线，m。

实际采用的飞石安全距离不得小于下列数值：裸露药包 300m；浅孔或深孔爆破 200m；洞室爆破 400m。对于顺风向的安全距离应增大 1 倍。

**（四）爆破毒气的危害范围**

在工程实践中，常采用下述经验公式来估算有毒气体扩散安全距离（$R_g$）：

$$R_g = k_g \sqrt{Q}$$

式中 $R_g$——有毒气体扩散安全距离，m；

$k_g$——系数，根据有关资料，$k_g$ 的平均值为 160；

$Q$——爆破总装药量，kg。

**五、爆破防护覆盖方法**

（1）基础或地面以上构筑物爆破时，可在爆破部位上铺盖湿草垫或草袋（内装少量砂土）做头道防线，再在其上铺放胶管帘或胶垫，外面再以帆布棚覆盖，用绳索拉住捆紧，以阻挡爆破碎块，降低声响。

（2）对离建筑物较近或在附近有重要设备的地下设备基础爆破，应采用橡胶防护垫（用废汽车轮胎编织成排）和粗圆木、脚手板等进行防护。

（3）对一般破碎爆破，防飞石可用韧性好的铁丝爆破防护网、布垫、帆布、胶垫、旧布垫、荆笆、草垫、草袋或竹帘等做防护覆盖。

（4）对平面结构，如钢筋混凝土板或墙面的爆破，可在板（或墙面）上架设可拆卸的钢管架子（或做活动式），上盖铁丝网，再铺上内装少量砂土的草包形成一个防护罩防护。

(5)爆破时为保护周围建筑物及设备不被打坏,可在其周围用厚5cm的木板加以掩护,并用铁丝捆牢,距炮孔距离不得小于50cm。如爆破体靠近钢结构或需保留部分,必须用砂袋加以保护,其厚度不得小于50cm。

### 六、瞎炮的处理方法

通过引爆而未能爆炸的药包叫瞎炮。处理之前,必须查明拒爆原因,然后根据具体情况慎重处理。

(1)重爆法:瞎炮系由于炮孔外的电线电阻不合要求而造成的,经检查可燃性和导电性能完好,纠正后,可以重新接线起爆。

(2)诱爆法:当炮孔不深(在50cm以内)时,可用裸露爆破法炸毁;当炮孔较深时,距炮孔近旁60cm处(用人工打孔30cm以上),钻(打)一与原炮孔平行的新炮孔,再重新装药起爆,将原瞎炮销毁。钻平行炮孔时,应将瞎炮的堵塞物掏出,插入一木棍,作为钻孔的导向标志。

(3)掏炮法:可用木制或竹制工具,小心地将炮孔上部的堵塞物掏出;如系硝铵类炸药,可用低压水浸泡并冲洗出整个药包,或以压缩空气和水混合物把炸药冲出来,将拒爆的雷管销毁,或将上部炸药掏出部分后,再重新装入起爆药包起爆。

# 第四章

# 岩石基础开挖

## 第一节 岩石基础开挖技术要求

### 一、基本规定

(1) 水工建筑物基础开挖工程施工前，应对施工周边环境进行调查，根据有关技术要求、地质条件、水文气象、施工环境等因素制订开挖施工方案，施工过程中应根据实际情况及时进行调整。

(2) 应对开挖轮廓线以外的边坡进行必要的削坡、危石清理和加固，并形成排水系统。

(3) 开挖施工中应及时对相关作业进行检查、处理和验收，验收合格后方可进行下一工序施工。

(4) 建基面开挖偏差，应该满足设计要求。无设计要求时，应按下列要求执行。

1) 边坡开挖坡面的平均坡度不陡于设计坡度；坡脚标高允许偏差为±20cm；坡面局部欠挖不大于20cm，超挖不大于30cm。

2) 无结构要求或无配筋的基坑：断面长或宽不大于10m时，允许偏差为−10~20cm；长或宽大于10m时，允许偏差为−20~30cm；坑（槽）底部标高允许偏差为−10~20cm；垂直或斜面平整度允许偏差为20cm。

3) 有结构要求或有配筋预埋件的基坑：断面长或宽不大于10m时，允许偏差为0~10cm；长或宽大于10m时，允许偏差为0~20cm；坑（槽）底部标高允许偏差为0~20cm；垂直或斜面平整度允许偏差为0~15cm。

(5) 当遭遇雷雨天气时，应停止爆破作业。

(6) 开挖过程中，需要临时支护的边坡，应根据地质条件、边坡形式、开挖顺序等因素进行支护，支护施工及质量控制应符合《水利水电工程锚喷支护技术规范》(SL 377—2007)的规定。

### 二、地质

(1) 施工前，应收集工区相关工程地质与水文地质资料，主要包括下列内容。

1) 开挖区地层及岩性、岩体分级及应力状况、不良地质问题等。

2) 地下水补给、排泄和径流，含水层分布及地下水位、涌水量等特征参数，可溶岩区及岩溶洞穴的性状及规模。

(2) 开挖过程中，应开展下列地质工作。

1) 及时进行地质编录和分析，检验开挖揭露地质情况和前期地质勘探的符合性。

2) 预测和预报可能出现的工程地质问题。

3) 针对不良地质问题进行补充勘察。

(3) 开挖形成建基面后，应开展下列地质相关工作。

1) 编录与测绘建基面工程地质图或展示图。

2) 测量开挖轮廓尺寸及高程。

3) 按设计要求检测建基面岩体质量。

4) 编写基岩面地质报告。

## 三、开挖方法

(1) 水工建筑物岩石地基开挖可采用钻孔爆破法和非爆破方法。

(2) 选择开挖方法时应进行技术、经济、安全和环境保护等多因素综合比较。

(3) 开挖应自上而下进行。某些部位如需上、下同时开挖，应制定专项安全技术措施。

(4) 严禁采用自下而上造成岩体倒悬的开挖方式。

(5) 设计边坡采用钻孔爆破法开挖时，应采用预裂爆破或光面爆破开挖成型。

(6) 水平建基面采用钻孔爆破法开挖时，宜采用预留保护层开挖方法；经试验论证，也可采用不留保护层但有特殊措施的台阶爆破法。

## 四、排水

(1) 应按照水土保持、环境保护及水工建筑物永久排水要求，进行开挖区施工排水规划和设计。

(2) 施工区排水应遵循"高水高排"的原则，避免高处水流入基坑。

(3) 在边坡开挖施工过程中，应根据施工需要设置必要的临时排水与截水设施。

(4) 在基坑开挖施工过程中，应根据排水规划配置足够的设备，及时排出施工区的积水。

## 五、测量控制

(1) 水工建筑物岩石地基开挖施工应及时进行以下测量工作。

1) 建立施工测量控制网点。

2) 测绘开挖区原始地形图和原始断面图。

3) 在开挖面标示特征桩号、高程及开挖轮廓控制点。

4) 开挖轮廓面和开挖断面放样测量。

5) 边坡面或建基面开挖断面测量。

6) 绘制开挖竣工图，提交中间验收和竣工验收测量资料。

(2) 开挖轮廓点的点位中误差应符合表4-1的规定，设计另有要求时应按设计要求执行。

(3) 原始地形图及剖面图比例尺可选用1：500～1：200，竣工地形图及剖面图的测量比例尺可选用1：200～1：100。

(4) 开挖区附近永久和临时施工测量控制点应相对稳定，控制网等级及精度应符合《水利水电工程施工测量规范》（SL 52—2015）的规定。

表 4-1 开挖轮廓点的点位中误差

| 工 程 部 位 | 点位中误差/mm 平面 | 点位中误差/mm 高程 |
|---|---|---|
| 主体工程部位的地基轮廓点 | ±50[①] 或 ±100 | ±100 |
| 预裂爆破和光面爆破孔定位点 | ±10 | ±10 |
| 主体工程部位的坡顶点、中间点、非主体工程部位的地基轮廓 | ±100 | ±100 |
| 土、砂、石覆盖面开挖轮廓点 | ±200 | ±200 |

① ±50mm 的误差仅指有密集钢筋网的部位。
注 点位中误差均以相对于邻近控制点或测站点、轴线点确定。

(5) 开挖过程中，应测绘开挖区域平面图、剖面图、主要高程点以及土石分界线。

(6) 每次开挖均应放样，并应及时检查超欠挖情况。

### 六、钻孔爆破

**（一）一般规定**

(1) 台阶爆破钻孔直径不宜大于 150mm；紧邻保护层的台阶爆破、预裂爆破、光面爆破钻孔直径不宜大于 110cm。

(2) 紧邻建基面和设计边坡的开挖爆破应采用毫秒延时起爆网络。

(3) 有水或潮湿条件下爆破时，宜采用抗水防潮爆破器材，若采用不抗水或易潮湿的爆破器材，应采取防水或防潮措施。寒冷地区冬季爆破时，应采用抗冻爆破器材。

(4) 爆破器材现场管理应符合以下规定。

1) 爆破器材应使用专用车（船）按指定线路运输，运达目的地后，应指派专人领取，并认真检查爆破器材的包装、数量和质量。

2) 爆破器材到达施工现场后应分开存放，炸药类、射孔弹类和导爆索可同位置存放，雷管类起爆器材应单独存放。

3) 施工现场装卸爆破器材地点应设置明显警戒标识。装卸爆破器材应轻拿轻放。

(5) 在雷雨季节和附近有通信基站等射频源时，应采用非电起爆网络或工业电子雷管起爆网络。

(6) 对噪声有限制的爆破，地表起爆网络应采取有效控制措施。

(7) 爆后检查及盲炮处理等应符合《爆破安全规程》的有关要求。

**（二）爆破试验**

(1) 钻孔爆破施工前或施工中应进行爆破试验，爆破试验可结合生产进行。

(2) 爆破试验前，应编制爆破试验大纲。

(3) 根据工程等级和爆破复杂程度，爆破试验宜选择以下内容进行。

1) 爆破器材性能试验。

2) 爆破参数试验。

3) 起爆网络试验。

4) 爆破影响范围（含保护层）测试。

5) 爆破振动效应测试。

6) 数值计算分析。

(4）爆破试验应按工程技术要求，选择地质条件有代表性的区域进行，试验区域的选择应进行爆破安全论证。

(5）爆破试验应符合下列要求。

1）爆破器材性能试验采用专用仪器进行测试。

2）爆破参数试验根据设计要求进行，并结合爆破试验成果调整爆破参数。

3）起爆网络试验根据设计网络进行模拟试验。

4）爆破影响范围采用宏观调查、地质描述方法或声波法确定，宜结合数值计算进行对比分析。

5）爆破振动效应测试采用质点振动速度测试方法，质点振动速度传播规律按以下经验公式进行统计分析确定。

质点振动速度传播规律可按下列经验公式确定：

$$V=k(Q^{1/3}/R)^{\alpha}$$

式中　$V$——质点振动速度，cm/s；

　　　$Q$——爆破装药量，齐发爆破时取总装药量，分段延时爆破时可取有关段或最大单段装药量，kg；

　　　$R$——分段药量的几何中心至监测点的距离，m；

　　　$k$、$\alpha$——与场地地形及地质条件、爆破条件等有关的系数和衰减指数，由现场爆破试验确定。

当考虑爆破区与监测点的高程差影响时，质点振动速度传播规律可采用下列经验公式确定：

$$V=k(Q^{1/3}/R)^{\alpha}e^{\beta H}$$

式中　$V$——质点振动速度，cm/s；

　　　$Q$——爆破装药量，齐发爆破时取总装药量，分段延时爆破时可取有关段或最大单段装药量，kg；

　　　$R$、$H$——分段药量的几何中心至监测点的水平距离和高程差，m；

　　　$k$、$\alpha$、$\beta$——与场地地形及地质条件、爆破条件等有关的系数和衰减指数，由现场爆破试验确定。

6）爆破对边坡的稳定性影响，宜根据数值计算结果并结合宏观调查和现场试验成果进行综合分析判定。

**（三）爆破设计**

(1）爆破设计应根据工程设计要求、地形地质情况、爆破试验和监测成果、爆破器材性能及施工机械等确定，并应包括下列内容。

1）工程概况。

2）工程地质及水文地质条件。

3）孔网参数。

4）炸药品种、用量及装药结构。

5）起爆网络。

6）爆破安全控制及防护措施。

7）爆破对环境影响的安全评估。

8）爆破安全监测。

9）应绘制下列图表：①爆区环境图；②钻孔布置平面图及剖面图；③装药结构图；④起爆网络设计图；⑤爆破器材用量表；⑥安全防护、警戒图。

(2) 地质条件发生变化时，应及时调整爆破参数。

(3) 爆破对环境影响的安全评估应包括下列内容。

1）爆破振动、爆破冲击波、爆破飞石、滚石和噪声等对人员、动物、建（构）筑物及重要设备设施的影响程度和范围。

2）爆破对保留岩体的影响程度和范围。

3）爆破对不良地质地段岩体的影响程度和范围。

4）粉尘、有毒有害气体对空气质量的影响。

5）爆破对水环境的影响。

**（四）爆破施工**

(1) 钻孔爆破施工应按批准的爆破设计实施。

(2) 钻孔质量应符合下列要求。

1）钻孔孔位应根据爆破设计进行放样。

2）主炮孔的开孔偏差不宜大于钻头直径；预裂爆破孔和光面爆破孔的开孔偏差应符合表 4-1 的规定。

3）钻孔孔向应符合爆破设计规定。主炮孔角度偏差不应大于 1°30′；预裂爆破孔和光面爆破孔角度偏差不应大于 1°。

4）钻孔孔深应符合爆破设计规定。主炮孔孔深偏差宜为 0～+200mm，预裂爆破孔和光面爆破孔孔深偏差宜为 ±50mm。

5）已完成的钻孔，孔内岩粉和积水应清理干净，孔口应采取保护措施。

6）因炮孔堵塞无法装药时，应扫孔或重新钻孔。

(3) 炮孔装药应符合下列要求。

1）装药前应对炮孔质量进行检查，对不符合设计要求的炮孔进行处理。

2）应按设计装药结构、雷管段别进行装药。

3）不应使用金属或其他带静电材质的炮棍装药。

4）起爆药包装入炮孔后，应采取有效措施，防止后续药卷直接冲击起爆药包。

5）装药发生卡塞时，在雷管或起爆药包装入前，应用非金属长杆处理，装入雷管或起爆药包后，则严禁使用任何工具冲击、挤压。

6）装药过程中，应保护好起爆雷管脚线。

7）采用装药车、装药器以及现场混装炸药车进行装药时，应遵守《爆破安全规程》的有关规定。

(4) 炮孔填塞应符合下列要求。

1）宜用黄泥、岩粉或瓜子石等作为填塞材料。

2）采用水袋填塞时，孔口应用不小于 0.3m 长的炮泥进行封堵。

3）填塞过程中，应防止炮棍直接冲击起爆雷管脚线。

4）应按设计填塞长度进行填塞。

(5) 起爆网络连接应符合下列要求。

1）应按爆破设计进行连接和保护。

2）采用导爆管起爆网络时，炮孔内不应有接头，导爆管不应有死结；孔外相邻传爆雷管间以及传爆雷管与相邻导爆管间应留有足够的安全距离。

3）工业电子雷管应采用专用仪器进行检测、注册、编号和延期时间设定，并用专用起爆器进行起爆。工业电子雷管起爆规模应符合起爆器的起爆能力。

(6) 多个相邻爆破作业面同一时段爆破时，应统一指挥协调，统一起爆信号。

**(五) 预裂爆破和光面爆破**

(1) 预裂爆破和光面爆破效果，除应符合一般规定外，还应符合下列要求。

1）预裂爆破形成的裂缝面应沿开挖轮廓面贯通。

2）在开挖轮廓面上，炮孔痕迹应均匀分布。完整岩体，半孔率应达到90%以上；较完整、较破碎岩体，半孔率应达到60%以上；破碎岩体，半孔率应达到20%以上。

3）相邻两孔间不平整度应小于15cm。不允许欠挖部位应满足结构尺寸要求。半孔壁面不应有明显爆破裂隙，除明显地质缺陷处外，不应产生裂隙张开、错动及层面抬动等现象。

(2) 台阶开挖部位，预裂孔孔底高程应高于下一台阶顶面高程，预裂孔平面布置范围应超出相应台阶爆破区平面范围，具体控制尺寸应经试验确定。

(3) 若在同一起爆网络中起爆，预裂爆破孔先于相邻台阶炮孔起爆的时间不应少于75ms。

(4) 预裂爆破或光面爆破的最大单段起爆药量，不宜大于50kg。

(5) 预裂爆破或光面爆破应采用不耦合装药结构，经试验论证也可采用聚能装药结构。

(6) 采取分区爆破时，宜在分区边界面实施施工预裂爆破。

**(六) 台阶爆破**

(1) 台阶爆破应符合下列要求。

1）台阶高度不宜大于建规面。

2）爆破石渣粒径和爆堆，应适合挖掘机械作业。需利用的爆破石渣，其粒径和级配还应符合有关要求。

3）爆破对紧邻爆区岩体的破坏范围小，爆区底部炮根少且较为平整。

4）爆破振动效应、空气冲击波、噪声强度应符合《爆破安全规程》的规定。

5）爆破飞石应符合爆破设计要求。

(2) 紧邻设计边坡宜设缓冲孔。

(3) 台阶爆破的最大单段起爆药量不应大于300kg；邻近设计建基面和设计边坡的台阶爆破以及缓冲爆破的最大单段起爆药量不应大于100kg。设计另有要求的爆破，其最大单段起爆药量应符合设计要求，或通过试验确定。

(4) 一次爆破排数较多时，宜每隔4～5排设置一排加密炮孔。

(5) 水工建筑物岩石地基开挖，除应按要求控制单段起爆药量外，还应控制一次爆破总装药量和起爆排数。

**(七) 保护层爆破**

(1) 紧邻建基面保护层爆破效果,应不使原生裂隙进一步恶化,并不损害岩体的完整性。

(2) 保护层厚度,应由爆破试验确定;无条件试验时,保护层厚度宜为台阶爆破主炮孔药卷直径的25~40倍。

(3) 紧邻水平建基面保护层开挖时,经试验证明可行,可选用下列爆破方法。

1) 沿建基面采用水平预裂爆破或光面爆破时,上部可采用水平孔台阶爆破或浅孔台阶爆破法。

2) 孔底无水时,可采用浅孔台阶爆破,孔底加柔性或复合材料垫层。

(4) 紧邻水平建基面保护层开挖可采用分层爆破。

(5) 水平建基面采用深孔台阶一次爆破开挖时,应进行爆破试验,并应采取下列措施。

1) 水平建基面应采用水平预裂爆破方法。

2) 台阶爆破的炮孔孔底与水平预裂面应有合适距离,或采取合适的隔振措施。

(6) 沟槽爆破应采用下列措施。

1) 采用小直径炮孔,分层、分段爆破开挖。

2) 对于宽度小于4m的沟槽,炮孔直径应小于50mm,炮孔深度宜小于1.5m。

3) 沟槽两侧预裂爆破起爆时间间隔不小于100ms。

**(八) 特殊部位爆破**

(1) 在防洪工程设施附近爆破时,应符合下列规定。

1) 确需爆破时,应对爆破安全进行专门论证,并经有关主管部门同意。

2) 相关爆破振动安全允许标准应由爆破模拟试验确定,不具备试验条件的,应符合表4-2~表4-7规定。

表4-2 民用建筑物的爆破振动安全允许标准

| 序号 | 保护对象类型 | 安全允许质点振动速度/(cm·s$^{-1}$) |||
|---|---|---|---|---|
| | | 主频≤10Hz | 10Hz<主频≤50Hz | 主频>50Hz |
| 1 | 土窑房、土坯房、毛石房屋 | 0.15~0.45 | 0.45~0.9 | 0.9~1.5 |
| 2 | 一般民用建筑物 | 1.5~2.0 | 2.0~2.5 | 2.5~3.0 |
| 3 | 工业和商业建筑物 | 2.5~3.5 | 3.5~4.5 | 4.5~5.0 |
| 4 | 一般古建筑与古迹 | 0.1~0.2 | 0.2~0.3 | 0.3~0.5 |

注 1. 表列主频为主振频率。
2. 主频范围可根据类似工程或现场实测波形选取。

表4-3 防洪工程的爆破振动安全允许标准

| 序号 | 防洪工程类型 | 安全允许质点振动速度/(cm·s$^{-1}$) |
|---|---|---|
| 1 | 防洪建(构)筑物(设计水位以下挡水) | 0.5~1.0 |
| 2 | 不挡水的土堤 | 1.0~2.0 |
| | 不挡水的钢筋混凝土挡墙 | 2.0~3.0 |

注 1. 控制点位于堤防背水面堤脚或基础,测点布置在堤顶时,其允许值可提高0.5~1.0倍。
2. 设计水位以下挡水,水位高时取小值。

表 4-4　　　　　　　机电设备及仪器的爆破振动安全允许标准

| 序号 | 保护对象类型 | 状态 | 安全允许质点振动速度/(cm·s$^{-1}$) |
|---|---|---|---|
| 1 | 水电站及发电厂中心控制室设备 | 运行中 | 0.9 |
| 2 |  | 停机 | 2.5 |
| 3 | 计算机等电子仪器 | 运行中 | 2.0 |
| 4 |  | 停机 | 5.0 |

注　鉴于机电设备及仪器仪表的控制标准具有一定的复杂性,可根据实际情况确定。

表 4-5　　　　　　　新浇大体积混凝土的爆破振动安全允许标准

| 序号 | 龄期 | 安全允许质点振动速度/(cm·s$^{-1}$) |||
|---|---|---|---|---|
|  |  | 主频≤10Hz | 10Hz<主频≤50Hz | 主频>50Hz |
| 1 | 初凝~3d | 1.5~2.0 | 2.0~2.5 | 2.5~3.0 |
| 2 | 3d~7d | 3.0~4.0 | 4.0~5.0 | 5.0~7.0 |
| 3 | 7d~28d | 7.0~8.0 | 8.0~10.0 | 10.0~12.0 |

注　1. 非挡水新浇大体积混凝土的安全允许质点振动速度,可根据本表给出的上限值选取。
　　2. 控制点位于距爆区最近的新浇大体积混凝土基础上。

表 4-6　　　　　　　灌浆区与预应力锚固区的爆破振动安全允许标准

| 序号 | 部位 | 安全允许质点振动速度/(cm·s$^{-1}$) |||
|---|---|---|---|---|
|  |  | 1d≤龄期<3d | 3d≤龄期<7d | 7d≤龄期<28d |
| 1 | 灌浆区 | <0.5 | 0.5~2.0 | 2.0~5.0 |
| 2 | 预应力锚索(锚杆) | 1.0~2.0 | 2.0~5.0 | 5.0~10.0 |

注　1. 地质缺陷部位一般临时支护后再进行爆破,或适当降低控制标准值。
　　2. 预应力锚索(锚杆)控制点位于锚杆孔口附近、锚墩。

表 4-7　　　　　　　喷射混凝土的爆破振动安全允许标准

| 序号 | 部位 | 安全允许质点振动速度/(cm·s$^{-1}$) ||
|---|---|---|---|
|  |  | 终凝后3h及以内 | 终凝后3h以外 |
| 1 | 喷射混凝土 | 严禁爆破 | 5.0~10.0 |

注　1. 安全允许质点振动速度取值与岩石条件有关,岩石条件较好的取大值,较差的取小值。
　　2. 控制点位于距爆区最近喷射混凝土上。

3) 应通过爆破试验,确定适合该场地特征的爆破振动传播规律,进行质点振动速度预报和控制。

(2) 在新浇筑大体积混凝土附近爆破时,不同龄期混凝土的爆破振动安全允许标准应按照规定,经过爆破试验论证后实施。

(3) 在电站、厂房、开关站等附近爆破时,应按照规定,经过爆破试验论证后实施。

(4) 在灌浆区、预应力锚固区、锚喷支护区等部位附近爆破时,应按照规定,经过爆破试验论证后实施。

(5) 在公路、铁路、桥梁、油气管道等已有设施附近爆破时,还应按相关行业的技术要求进行爆破有害效应控制。

### 七、爆破安全监测

（1）应根据工程安全及环境保护要求进行施工期爆破安全监测。

（2）施工期爆破安全监测应包括开挖爆破作用过程的有害效应、边坡岩体松弛范围和变形、建基面岩体松弛范围、已灌浆部位和已浇混凝土质量等监测和宏观调查。

（3）应根据开挖规模、施工区的环境条件、地质条件、工程特点等编制爆破安全监测方案。

（4）施工期开挖爆破的动态监测宜选择质点振动速度、质点振动加速度和爆破噪声等项目。

（5）边坡、建基面岩体爆破影响范围检测应采用声波法，进行爆前爆后对比检测。

（6）在爆区周围有需保护建筑物时，应进行爆前、爆后的宏观调查。

（7）应收集与施工期爆破安全监测有关的实际爆破参数、爆破效果资料，对监测成果应及时整理和分析。

（8）施工期爆破安全监测过程中，发现异常情况，应及时上报，必要时终止作业并采取措施。

### 八、非爆破开挖

#### （一）一般规定

（1）安全及环境保护有特殊要求时，可采用非爆破开挖方法。

（2）非爆破开挖的施工方法可选用机械开挖或非机械开挖。

（3）常用的机械开挖方法包括液压破碎锤破碎、液压分裂机（棒）劈裂、绳锯切割、露天采矿机连续开挖及其组合开挖方法等；非机械开挖方法包括$CO_2$膨胀破碎、静态破碎和人工撬挖等。

（4）非爆破开挖的施工方法选择应考虑工程类型与规模、周边环境、地形地貌、地质条件、施工工期和安全环保要求等因素，通过综合比较确定。

（5）非爆破开挖施工前或施工中应针对具体开挖方法开展现场试验，确定合理的开挖程序和施工参数，检验开挖效果和施工机械配套效率。

（6）应根据工程设计要求、地形地质条件、现场试验成果和施工机械配套效率等进行非爆破开挖设计，设计内容应包括工程概况、工程地质及水文地质条件、开挖方案、孔网参数或机械工作参数、安全控制及防护措施、环境影响评估等。

（7）非爆破开挖施工应按批准的开挖方案实施，保证施工质量和安全，严格控制施工环境影响。

#### （二）机械开挖方法

（1）液压破碎锤可用于软岩开挖、大块石的二次破碎，或作为其他机械开挖方法的辅助手段。

（2）液压分裂机劈裂法应根据机械分裂力确定钻孔深度和开挖厚度，宜辅助破碎锤进行二次破碎。

（3）液压分裂棒劈裂法应根据开挖顺序、机械分裂力确定钻孔深度、钻孔间距和一次劈裂厚度。

（4）地基开挖料需作为完整石材利用时，可选用绳锯和圆盘锯等机械切割开挖方法。

(5) 露天采矿机连续开挖法可用于软岩和节理裂隙发育岩体开挖施工。

### (三) 非机械开挖方法

(1) $CO_2$ 膨胀破碎法施工应进行专项设计，根据参数试验结果，确定钻孔直径、$CO_2$ 储液管直径、孔网参数和起爆网络等，并进行振动、噪声及飞散物飞散距离的安全校核。

(2) 静态破碎法可用于中硬岩地基开挖。施工时应形成开挖临空面，并控制地下水和环境温度等对膨胀破碎效果的影响。

(3) 人工撬挖可用于软岩地基开挖、开挖修整或者不良地质部位的处理。

## 九、出渣

(1) 施工前，应进行出渣道路、弃渣场和开挖料的整体规划和设计，并按选定的渣场进行堆渣（料）。

(2) 利用冲沟等地形弃渣的，应制订施工期度汛和排水、截水方案。

(3) 出渣方式应根据爆堆情况确定，并观察开挖边坡稳定状况，做好安全协调与警戒工作。

(4) 出渣结束后，应对坡面浮石、挂渣、危岩进行及时处理。

(5) 开挖渣料应按要求分类堆放。

(6) 堆（弃）渣场应保持边坡自身稳定，必要时进行分层碾压。

(7) 出渣运输和堆（弃）渣应符合水土保持、环境保护等要求。

## 十、环境影响控制

(1) 边坡开挖过程中，应采取有效措施防止石渣下河堵塞河道或雍高水位。

(2) 钻孔过程中应采取集尘措施；出渣运输应采取必要的抑尘措施。

(3) 宜采用延时爆破技术，降低爆破振动有害效应。

(4) 炮孔填塞宜采取水袋填塞技术，爆破区域可采用水雾降尘措施，以减少爆破粉尘。

(5) 宜选用零氧平衡的炸药，减少有毒、有害气体的排放。

(6) 应对预裂爆破或光面爆破孔外连接导爆索进行覆盖，降低爆破噪声。

# 第二节 基础开挖

施工前，应进行爆破试验，选定合适的爆破区周转建物、结构物及其基础产生裂缝及变形，以及以不利地质、地形条件因爆破可能引起大的震裂及滑坡等。

## 一、合理安排开挖程序，保证施工安全

基础（基坑、岸坡）开挖，通常有好几个工种平行作业，容易引起安全事故，因此，整个基坑开挖程序，要掌握好"先岸坡后河槽，自上而下"的原则，从基础轮廓线的岸坡边缘开始，由上而下，分层开挖，直至河槽部位；河槽部位也要分层开挖，逐步下降。同时为了扩大开挖工作面，提升钻眼爆破效果，解决好开挖施工时的基坑排水问题，通常要选择合适的部位，抽槽先进，再逐层扩挖下降。先锋槽的位置，一般选在地形较低，排水方便，容易形成出渣运输道路的部位，同时也要考虑水工建筑物的底部轮廓，如截水槽、

齿槽部位，常常结合布置先锋槽。一般情况下，不允许采用自下而上或造成岩体倒悬的开挖程序。

**（一）选择开挖程序的原则**

从整个工程施工的角度考虑，选择合理的开挖程序，对加快工程进度具有重要作用。选择开挖程序时，应综合考虑以下原则。

(1) 根据地形条件、建筑物布置、导流方式和施工条件等具体情况合理安排。

(2) 把保证工程质量和施工安全作为安排开挖程序的前提，尽量避免在同一垂直作业面进行双层或多层作业。

(3) 按照施工导截流、拦洪度汛、蓄水发电等工程总进度要求，分期、分阶段地安排好开挖程序，并注意开挖施工的连续性和考虑后续工程的施工要求。

(4) 根据气候变化，选择合理的开挖部位。

(5) 对不良地质地段或不稳岩体岸（边）坡的开挖，必须充分重视，做到开挖程序合理，措施得当，保障施工安全。

**（二）开挖程序及其适用条件**

水利水电工程的岩石基础开挖，一般包括岸坡和基坑开挖。岸坡开挖一般不受季节限制；而基坑开挖则多在围堰的防护下，它是主体工程控制性的关键工序。对于溢洪道或渠道等工程的开挖，如无特殊的要求，则可按渠首、闸室、渠身段、尾水消能段或边坡、底板等部位的石方做分项、分段安排，并考虑其开挖程序的合理性。可参照表4-8进行选择。

表4-8　　　　　　　　　岩石基础开挖程序及其适用条件

| 开挖程序 | 安 排 步 骤 | 适 用 条 件 |
| --- | --- | --- |
| 自上而下开挖 | 先开挖岸坡，后开挖基坑；或先开挖边坡，后开挖底板 | 用于施工场地窄小，开挖量大且集中的工程部位 |
| 自下而上开挖 | 先开挖下部，后开挖上部 | 施工场地较大、岸（边）坡较低缓或岩石条件许可，并有可靠的技术措施 |
| 上下结合开挖 | 岸坡与基坑或边坡与底板上下结合开挖 | 用于有较宽阔的施工场地和可以避免施工干扰的工程部位 |
| 分期或分段开挖 | 按施工时段或开挖部位、高程等进行开挖 | 用于分期导游的基坑开挖或临时过水要求的工程项目 |

**二、组织施工排水**

及时排队基坑积水、渗水和地表水，确保开挖工作在不受水的干扰之下进行。岸坡部位开挖时，要十分注意地表水的排除在开挖轮廓外围，修好排水沟，将地表水引走。河槽部位开挖时，要布置好集水排水系统，配备移动方便排水设施，及时将积水、渗水排除。

**三、统筹规划运输线路，组织好出渣运输工作**

出渣运输线路的布置要与开挖分层相协调，开挖分层高度视边坡稳定条件而定，一般为5～30m，因此运输线路也要分层布置，将各层开挖工作面的堆渣场或通向堆渣场的运输干线连接起来，基础的废渣最好加以利用，直接运至使用地点的要求要一并考虑，以利于开挖和后续工序的施工。出渣运输工作的组织，应将开挖、运输和堆存统筹考虑，加快开挖进度和降低开挖费用。

### 四、正确选择开挖方法，保证开挖质量

岩基开挖应根据水工建筑物的开挖深度、范围和开矿以及岩石条例、工程量及施工技术要求，选择开挖方法。一般采用钻眼爆破分层开挖的方法。钻爆开挖方式相适应的爆破方法及其应用条件、优缺点及要求见表4-9。

表4-9　　钻爆开挖方式相适应的爆破方法及其适用条件、优缺点及要求

| 爆破方法 | 适用条件 | 优缺点 | 要　求 |
| --- | --- | --- | --- |
| 延长药包梯段微差爆破 | 广泛用于各种类型石方开挖工程，梯段高度结合开挖分层厚度确定 | 可减轻爆破地震强度，减少炸药耗用量；提高岩石破碎度和减少飞石 | 对于地下石方开挖，限于保护层以上的爆破，最大一段起爆药量不大于500kg |
| 保护层爆破 | 适用于各种条件和开挖规格尺寸，保护层厚度根据岩石性质和上一层的爆破方式确定 | 1. 施工简便易行；<br>2. 施工耗用劳力多占用工期长 | 若保护层厚度大于1.5m，应分两钻爆开挖，距建基面1.5m以上一层采用手风钻钻孔、微差爆破，最大一段起爆药量不大于300kg；距建基面1.5m以内一层采用手风钻至钻斜孔火花爆破，坚硬岩石可钻至建基面孔，但孔深不得超过50cm，软破碎岩石应留足20~30cm撬挖层 |
| 预裂爆破 | 对裂隙率小于5%的岩石，爆破后一般可获得满意结果。通常配合深孔爆破实现边坡预裂，可配合扇形爆破实现边坡和水平面顶裂 | 1. 减少开挖层次，缩短施工期；<br>2. 减轻爆破地震强度，减少超挖量，提高开挖质量；<br>3. 钻爆工艺复杂，要求钻孔精度高 | 要求爆破后的预裂缝宽度一般不小于1cm；壁面不平整度不大于15cm；孔壁不应产生明显的爆破裂隙且半圆孔壁清晰可见 |
| 沟槽爆破 | 常用于齿槽、截水墙先锋槽、渠道等挖爆破 | 对槽深小于6m的沟可获得较好的爆破效果 | 对小于6m的沟槽可一次爆破成型（底部预留保护层），最大一段起爆药量不大于100kg；对大于6m的沟槽应采用梯段爆破，最大一段起爆药量不大于300kg |
| 药室爆破 | 经安全技术认证，并有爆破设计，方可使用 | 爆破规模大，破坏力强 | 根据岩石性质、爆破设施对象具体设计 |

分层开挖必须确定适宜分层厚度，即确定爆破梯段和铲装梯段的高度。适宜的分层高度应该是在保证开挖质量和施工安全的前提下，使钻爆和铲装作业有较高的生产率和最少的费用，并且可以满足开挖强度的要求，分层厚度的确定，应根据开挖工程性质、开挖量、开挖范围和深度以及技术和工期要求，结合挖掘机械的工作性能、岩层的稳定性、出渣道路布置条件等因素做综合分析；当设计有平台或马道结构要求时，还应结合其高程进行分析，岩层类型适用条件及施工要求见表4-10。

表 4-10　　　　　　　　　岩层类型适用条件及施工要求

| 类型 | 适用条件 | 施工要点 |
| --- | --- | --- |
| 自上而下逐层爆破开挖 | 开挖深度大于4m的基坑；需要有专用的深孔钻机和大斗容、大吨位的出渣机械 | 先在中间开挖先锋槽（槽宽应大于或等于挖掘机回转半径），然后向两侧扩大开挖 |
| 台阶式分层爆破开挖 | 挖方量大、边坡较缓的岸坡；开挖断面需满足大型施工机械联合作业的空间要求 | 在坡顶平整场地和边坡上沿每层开辟施工道路；上下多层同时作业时，应予错开并进行必要的防护 |
| 竖向分段爆破开挖 | 边坡较高、较陡的岸坡 | 由边坡表面向里，竖向分段钻爆；爆破后的石渣翻至坡脚处，集中出渣 |
| 深孔与药室组合爆破开挖 | 分层高度大于钻机下沉钻孔深度的岸坡 | 梯上部布置深孔，梯段下部布置药室 |
| 药室爆破开挖 | 平整施工场地和开辟施工道路为机械施工创造场地条件 | 开挖1.6m×1.4m导洞，在洞内开凿药室 |

为了保证开挖质量，要求在爆破开挖过程中，防止由于爆破振动的影响而破坏岩基，产生爆破裂缝，或使原有的构造裂隙发展，超过允许范围，恶化岩体自然产状；防止由于爆破作用的影响而损害周围的建筑物；保证岩基开挖的形态符合设计要求；并严格控制基坑的边坡。

特殊的地质构造，如断层破碎带、软弱夹层、岩溶等，当这些构造埋藏较浅时，以开挖治理为宜；当这些构造埋藏较深或延伸很远时，以开挖处理不仅在技术上有困难，而且在经济上不合算，这就要针对具体情况，提出具体的特殊治理措施和方案。

**（一）断层破碎带**

由于地质构造上的原因所形成的破碎带，有断层破碎带和挤压破碎带，经过地质变迁的错动和挤压，其中的岩块往往极度破碎，风化强烈，且有泥质充填物夹在里边，若作为水工建筑物的基础，则必须治理，一般情况下，对于宽度较小或者是封闭的断层破碎带，且延伸不是很深或者走向垂直于水流，变无渗水通道，对基础的影响不是很大，需要治理的深度一般较小，宜采用开挖和回填混凝土的方法，治理时先将一定深度范围内的断层和断层两侧的破碎风化的部位清理干净，直到岩体外露，然后回填混凝土，必要时，需辅以接触灌浆；如果断层带需处理的深度较大，为了克服深层开挖的困难，防止两侧岩体的塌落，可以采用大直径钻头钻孔，钻到需要的深度再回填混凝土，或者挖一层，回填一层，在回填的混凝土中留出继续下挖用的通道，再继续下挖至预定的深度；对于贯穿上下游、宽而深的断层破碎带，或深度覆盖河床深槽，宜采用支承的方法，解决深开挖的困难，如其水流渗漏，可以修筑截水墙和防渗墙，必要时，辅以深孔帷幕灌浆，同时，断层开挖时，可避免爆破振动对周转岩层的影响。

**（二）软弱夹层**

软弱夹层主要是反映基层面或裂隙面中间强度较低已经泥化的夹层。其治理方法，视夹层的产状和地基的受力而定，对于陡倾角夹层，除了对基础范围内的夹层进行开挖、回填处理外，还必须进行封闭处理，切断水源通路；对于缓倾角夹层，特别是向下游倾斜的泥化夹层，由于层面的抗剪强度低，若夹层埋藏很深，或夹层下部有足够厚度的支撑岩，并能维持基岩的深层抗滑稳定，则只考虑处理上游部位的夹层，并进行封闭，切断渗水通道；如夹层埋藏很深，该处地基应力的变化不是很显著，也没有深层滑动的危险，则可采用固结灌浆，但夹层内的充填物不易清洗，灌浆效果不理想，因而，可采用开挖回填混凝土塞的方法，将夹层封闭在建筑物底下。

### （三）岩溶处理

岩溶是可溶性岩层长期受地表水或地下水的溶蚀和溶滤作用后而形成，岩溶形成的溶槽、漏斗、溶洞、岩溶湖、岩溶泉等地质缺陷削弱了岩基的承载能力，形成渗水通道，其处理方法为堵、铺、截、围、导、灌等六方面，目的是防止渗漏，从施工角度看，不外乎是开挖、回填、灌浆三种方法，对于处在基坑表层或埋藏较浅的溶洞，可以从地表开挖，清除充填物，回填混凝土塞；对于在石灰岩中的溶蚀，沿陡倾角埋藏很深，不易直接开挖者，应根据具体情况，采取灌浆、洞挖回填等方法。

### （四）不稳定岩坡开挖过程中观测

在开挖过程中，由于边坡岩体的平衡遭到破坏，坡体应力将重新分布，以求达到新的平衡状态。在新的应力条件下，坡体可能发生局部或整体性的变形和破坏。因此，在施工过程中应加强观测，注意分析不稳定原因，控制边坡变形。

1. 观测范围

大体积整体岩体的滑动；局部岩体或单独结构节理裂隙和张开裂隙等观测；岩坡表面和深层的滑动。

2. 开挖措施和要求

在岩体稳定分析的基础上，判明影响边坡稳定的主导因素，对边坡变形和破坏形式与原因作出正确的判断，并且制订可行的开挖措施，以免因工程施工影响和恶化边坡的稳定性。

尽量改善边坡的稳定性。拦截地面水和排除地下水，防止边坡稳定恶化。可在边坡变形区以外5m开挖截水天沟和变形区以内开挖排水沟，拦截和排除地表水。同时可采用喷浆、勾缝、覆盖等方式保护坡体不受渗水侵害。对于有明显含水层、可能产生深层滑动的边坡，可采用平洞排水。对于不稳定型边坡开挖，可先做稳定处理，然后进行开挖。例如采用抗滑挡墙、抗滑桩、锚筋桩、预应力锚索以及灌浆等方法；必要时进行边挡护、边开挖。尽量避免雨季施工，并力争一次处理完成。确需雨季施工，需采取临时封闭措施。

按照"先坡面，后坡脚"自上而下的开挖程序施工，并限制坡比，坡高要在允许范围内，必要时增设马道。开挖时，注意不切断层面或楔体棱线，不使滑体悬空而失去支撑作用。坡高应尽量控制到不涉及有害软弱面和不稳定岩体。

控制爆破规定，应不使爆破振动附加动荷载使边坡失稳。为避免造成过多的爆破裂隙，开挖邻近最终边坡时，应采取光面、预裂爆破，必要时改用小炮、风镐或人工撬挖。

3. 不稳定岩体的开挖方式

（1）一次削坡开挖。其主要用于开挖边坡高度较低的不稳岩体，如开挖溢洪道或渠道边坡。其施工要点是由坡面至坡脚顺面开挖，即先降低滑体高度，再循序向里开挖。

（2）分段跳槽开挖。其主要用于有支挡（如挡土墙、抗滑桩）要求边坡。其施工要点是开挖一段支挡一段，且分段跳开挖。

(3) 分台阶开挖。在坡高较大时，采用分层留出平台或马道以提高边坡稳定性。

为保证基岩分层爆破开挖时，周转岩体不受破坏，应按留足保护层的方式进行开挖。分层厚度视爆破方式、挖掘机的性能而定。

保护层以上或以外的岩体，与一般分层钻眼梯段爆破基本相同。若不具备梯段地形，则应先平地拉槽毫秒起爆，创造梯段爆破条件，因此，在进行梯段爆破时，应采用合适的梯段高度、爆破参数、炸药单耗量，控制最大一段起爆药量。

保护层的开挖是控制基础质量的关键，宜选用预裂爆破或光面爆破，合理布孔、合理装药、合理起爆。对于较弱破碎岩层，应留出20～30cm撬挖层。

基础开挖过程中，对设计开口线外坡面、岸坡和坑槽开挖壁面等，若有不安全因素，必须进行处理并采取相应的防护措施。同时，随着开挖高程的下降，对坡面应及时测量检查，防止超欠挖，避免在形成高边坡后再进行坡面处理。

**五、合理组织弃渣的堆放**

充分利用开挖的土石方，既避免二次倒运，打乱施工总体布置，又节省投资。同时，对影响度汛安全及含有害物质的废渣不准放在河床中，以免污染河水。

# 第三节 边 坡 开 挖

边坡开挖前应做好施工区域内的排水系统。边坡开挖原则上应采用自上而下分层分区开挖的施工程序。边坡开挖过程中应及时对边坡进行支护。边坡开口线、台阶和洞口等部位，应采取"先锁口、后开挖"的顺序施工。

**一、清坡**

清坡应自上而下分区进行。清理边坡开口线外一定范围坡面的危石，必要时采取安全防护措施。清除影响测量视野的植被，坡面上的腐殖物、树根等应按照设计要求处理。清坡后的坡面应平顺。

**二、表层土坡开挖**

按照设计要求做好排水设施并及时进行坡面封闭。及时清除坡面松动的土体和浮石，对出露于边坡的孤石，根据嵌入深度确定挖除或采用控制爆破将外露部分爆除，并根据坡面地质情况进行临时支护、防护。根据设计图测放开口点线和示坡线，并对地形起伏较大和特殊体形部位进行加密。开口点线应做明显标识，加强保护，施工过程中应避免移动和损坏。人工开挖的梯段高度宜控制在2m以内；机械开挖的梯段高度宜控制在5m以内。机械开挖时，不应对永久坡面造成扰动。对土夹石边坡，应避免松动较大块石对永久坡面造成扰动。已扰动的土体，应按照设计要求处理。雨季施工时应采用彩条布、塑料薄膜或砂（土）袋等材料对坡面进行临时防护。

**三、岩石边坡开挖**

**（一）岩质边坡开挖程序**

岩质边坡开挖程序为：开口线外清坡与防护→施工放样→开口处理→开挖→欠挖及危石处理→断面测量→地质编录。

**（二）岩石边坡开挖基本要求**

岩石边坡开挖应遵循以下基本要求。

（1）边坡开挖梯段高度应根据地质条件、马道设置、施工设备等因素确定，一般不宜大于15°。

（2）同一梯段的开挖宜同步下挖。若不能同步，相邻区段的高差不宜大于一个梯段高度。

（3）对不良地质条件和需保留的不稳定岩体部位，应采取控制爆破，及时支护。

（4）设计边坡面的开挖应采用预裂爆破或光面爆破。预裂爆破孔和光面爆破孔的孔径不宜大于110mm，梯段爆破孔孔径不宜大于150mm。保护层开挖，其爆破孔的孔径不宜大于50mm。

（5）分区段爆破时，宜在区段边界采用施工预裂爆破。

（6）紧邻水平建基面、新浇筑大体积混凝土、灌浆区、预应力锚固区、锚喷（或喷浆）支护区等部位附近的爆破应按相关规定执行。

**（三）开挖轮廓面要求**

开挖轮廓面应遵循以下基本要求。

（1）开挖轮廓面上残留爆破孔痕迹应均匀分布。残留爆破孔痕迹保存率（半孔率）：对完整的岩体，应大于85%；对较完整的岩体，应大于60%；对于破碎的岩体，应达到20%以上。

（2）相邻两残留爆破孔间的不平整度不应大于15cm。对于不允许欠挖的结构部位应满足结构尺寸的要求。

（3）残留爆破孔壁面不应有明显爆破裂隙。除明显地质缺陷处外，不应产生裂隙张开、错动及层面抬动现象。

**（四）出渣**

应进行利用料与弃渣料的规划，开挖渣料应按规划分类堆放。边坡开挖应采取避免渣料入江的措施。地形较缓、适合布置道路时，应直接出渣；地形较陡、不能直接出渣时，应分层设置集（出）渣平台，集中出渣；地形陡峻不能设置集（出）渣平台时，可采用溜渣井出渣或先截流后开挖，渣料直接推入基坑，在基坑内集中出渣。

施工道路应考虑永久道路与临时道路的结合，施工道路规划应满足开挖运输强度的要求，同时考虑运输安全、经济和设备的性能。

渣场应保持自身边坡稳定，必要时进行分层碾压。应及时对渣场坡面进行修整并修建排水、防护设施。

**四、边坡加固与防护**

**（一）边坡加固**

加固与防护施工应跟随开挖分层进行，应根据现场地质情况合理选择施工顺序和时机。上层边坡的支护应保证下一层开挖的安全，下层的开挖应不影响上层已完成的支护。

对于重要的、地质条件复杂的边坡，加固与防护宜采用信息法施工，在施工中应加强安全监测，及时采集监测数据并进行分析、反馈，调整支护、加固方案和参数。

## (二) 防护

边坡的防护方式有喷射混凝土、主动柔性防护网、被动柔性防护网、砌石护坡、混凝土护坡、网格护坡、植物护坡等。本节主要说明喷射混凝土、主动柔性防护网的施工方法。

1. 喷射混凝土

喷射混凝土是水泥、砂、石、水和外加剂等拌和后的混合料,通过喷射机向受喷面喷射,形成紧密结合的一种混凝土。

(1) 喷射混凝土支护设计。

1) 喷射混凝土适用于地下洞室、边坡和基础等工程的支护或面层防护和表面修补加固。

2) 喷射混凝土支护设计的主要内容是:确定喷射混凝土的类型、工艺、喷射厚度、强度等级、钢筋网布置和支护施工程序。采用纤维喷射混凝土支护时还应确定纤维的掺量及其施工工艺。

3) 露天工程喷射混凝土支护,可采用骨料含水率5%～6%的干拌(半湿拌)喷射法施工。

4) 喷射混凝土厚度,应按下列原则确定:

a. 喷射混凝土厚度设计应满足地下洞室工程稳定要求及对不稳定危石冲切效应的抗力要求。

b. 喷射混凝土的最小厚度不应小于50mm。过水的水工隧洞喷射混凝土、含水岩层中的喷射混凝土最小厚度均不应小于80mm。钢筋网喷射混凝土最小厚度均不应小于100mm。

c. 喷射混凝土的最大厚度不宜超过200mm。钢筋网喷射混凝土的最大厚度不宜超过250mm。

d. 开挖跨度大于15m和Ⅳ、Ⅴ类围岩中开挖的地下洞室,还应通过监控量测按设计或施工规范的规定调整其喷射厚度。

e. 永久性边坡喷射混凝土面层厚度不应小于100mm,Ⅲ、Ⅳ类岩体结构及土质边坡宜采用钢筋网喷射混凝土,层厚不宜小于150mm。

5) 喷射混凝土的设计强度等级不应低于C20;用于过水的水工隧洞、大型洞室及特殊条件下的工程支护时,其设计强度等级不宜低于C25。各种类型的喷射混凝土1d龄期的抗压强度不宜低于5MPa。不同强度等级的喷射混凝土力学指标按表4-11采用。

表 4-11　　　　　　　　　　喷射混凝土力学参数

| 参　数 | 喷射混凝土强度等级 ||||| 
|---|---|---|---|---|---|
|  | C20 | C25 | C30 | C35 | C40 |
| 轴心抗压强度设计值/MPa | 9.60 | 11.90 | 14.30 | 16.70 | 19.10 |
| 轴心抗拉强度设计值/MPa | 1.10 | 1.27 | 1.43 | 1.57 | 1.71 |
| 弹性模量/$10^4$ MPa | 2.30 | 2.60 | 2.80 | 3.00 | 3.15 |

6) 喷射混凝土的体积密度可取2200～2300kg/m³。弹性模量可按表4-11选取。喷射混凝土与岩石间的最小黏结强度:Ⅰ、Ⅱ类围岩不宜低于1.2MPa,Ⅲ类围岩不宜低于

0.8MPa。喷射混凝土与混凝土基底间的黏结强度不应低于1.0MPa。黏结强度试验方法应符合规定。

7) 喷射混凝土的抗渗等级不应小于W6。当遇到地下水较为丰富的岩层，喷射混凝土的抗渗标号不宜低于W8；对抗渗等级要求较高可通过调整材料的配合比或掺加外加剂、配制出满足设计要求的喷射混凝土。

8) 处于有严重冻融侵蚀的永久性喷射混凝土工程，喷射混凝土的抗冻标号不应小于F200。

9) 处于侵蚀性介质中的永久性喷射混凝土工程，应采用由耐侵蚀水泥配制的喷射混凝土。

10) 喷射混凝土用于含有大范围黏土的剪切带、高塑性流变或高应力岩层时，其抗弯强度不应小于表4-12的规定。抗弯强度试验的方法应符合施工规范的规定。

表4-12　　　　　　　喷射混凝土的最小抗弯强度

| 抗压强度等级 | C30 | C35 | C40 |
|---|---|---|---|
| 抗弯强度/MPa | 3.4 | 4.0 | 4.4 |

11) 隧洞开挖后呈现明显塑性流变或高应力易发生岩爆的岩体中的隧洞、高速水流冲刷的隧洞和竖井，宜采用喷纤维混凝土支护。

12) 钢纤维喷射混凝土设计强度等级不宜低于C25，且其抗拉强度不宜低于2MPa，抗弯强度不宜低于6MPa。

13) 喷射钢纤维混凝土的残余抗弯强度（韧性）试验方法及其不同残余抗弯强度等级的最小抗弯强度要求应符合规定。

14) 钢筋网喷射混凝土中钢筋网的设计应符合下列规定：

a. 钢筋网材料宜采用HPB300牌号钢筋，钢筋直径宜为6～12mm。

b. 钢筋网格间距宜为200～300mm。

c. 钢筋网的保护层厚度不应小于20mm，过水的水工隧洞钢筋网的保护层厚度不宜小于50mm。

d. 当设置锚杆时钢筋网应同锚杆相连接。

15) 喷射混凝土用于边坡工程，宜设置伸缩缝，伸缩缝宽20mm，间距不宜大于30m。

(2) 喷射混凝土施工。

喷射混凝土是将预先配好的水泥、砂、石子、水和一定数量的外加剂装入喷射机，利用高压空气将其送到喷头和速凝剂混合后，以很高的速度喷向岩石或混凝土的表面而形成。喷射混凝土施工有干拌法和湿拌法两种。

喷射混凝土干拌法是将水泥、砂、石在干燥状态下拌和均匀，用压缩空气将其和速凝剂送至喷嘴并与压力水混合后进行喷灌的方法。此法须由熟练人员操作，水灰比宜小，石子须用连续级配，粒径不得过大，水泥用量不宜太小，一般可获得28～34MPa的混凝土强度和良好的黏着力，但因喷射速度大，粉尘污染及回弹情况较严重，使用上受一定限制。

喷射混凝土湿拌法是将拌好的混凝土通过压浆泵送至喷嘴，再用压缩空气进行喷灌的方法。施工时宜用随拌随喷的办法，以减少稠度变化。此法的喷射速度较低，由于水灰比增大，混凝土的初期强度亦较低，但回弹情况有所改善，材料配合易于控制，工作效率较干拌法为高。

**2. 主动柔性防护网**

主动柔性防护网主要构成为钢丝绳网、普通钢丝格栅和高强度钢丝格栅，前两者通过钢丝绳锚杆或支撑绳固定方式，后者通过钢筋锚杆（可施加预应力）和钢丝绳锚杆（有边沿支撑绳时采用）、专用锚垫板以及必要时的边沿支撑绳等固定方式，将作为系统主要构成的柔性网覆盖在有潜在地质灾害的坡面上，从而实现其防护目的。

主动柔性防护网常用于坡面加固防护，其明显特征是采用系统锚杆固定，并根据柔性网的不同，分别通过支撑绳和缝合张拉（钢丝绳网或铁丝格栅）或预应力锚杆来对柔性网部分实现预张拉，从而对整个边坡形成连续支撑，其预张拉作业使系统尽可能紧贴坡面，并形成了抑制局部岩土体移动或在发生局部位移或破坏后将其裹缚（滞留）于原位附近的预应力，从而实现其主动防护（加固）功能。该系统在施工工艺上为确保其尽可能紧贴坡面，锚杆孔口应开凿孔口凹坑（系统布置的灵活性常可利用天然低凹位置设置锚杆）。

**（三）边坡锚固**

边坡锚固方式有土锚钉、锚杆、锚筋束（桩）、预应力锚索等。本节主要说明土锚钉、锚杆施工方法。

**1. 土锚钉**

土锚钉施工应遵循以下基本要求。

（1）土锚钉可采用打设或钻孔埋设两种方式施工，根据设计要求的孔深、孔径、倾角等选择施工设备及器具。

（2）采用有压注浆时，注浆压力应根据设计要求或试验确定。

（3）土锚钉安装注浆后，不得随意敲击，待凝 24h 后方可进行下道工序施工。有预应力施加要求时，注浆体应达到设计强度。

**2. 锚杆**

按锚杆与围岩接触方式，其可分为以下几种。

（1）全长黏结型锚杆主要有水泥砂浆锚杆、树脂锚杆、水泥卷锚杆、管式注浆锚杆。

（2）端头锚固型锚杆主要有机械式端头锚固型锚杆、胶结式端头锚固型锚杆。机械式可分为涨壳式、楔缝式端头锚固型锚杆；胶结式可分为树脂、快硬水泥卷、普通水泥砂浆端头锚固型锚杆。

（3）摩擦型锚杆主要有缝管式锚杆、水胀式锚杆。

按对锚杆施加的张拉力大小，其可分为非预应力锚杆、低预应力锚杆和预应力锚杆。预应力锚杆的选择和设计应按《水工预应力锚固技术规范》（SL/T 212—2020）的相关规定执行。

按施工安装方式，其可分为钻孔式锚杆、自钻式锚杆和自进式锚杆。

按杆体材料，其可分为金属锚杆、纤维增强塑料锚杆。

**（四）边坡支挡**

边坡支挡方式有抗滑桩（钢管桩、挖孔桩、沉井）、抗剪洞、锚固洞、挡土墙等。

### 五、边坡排水

边坡施工前,应按照设计文件要求和实际工程地质条件编制详细的排水施工规划。应根据施工需要设置临时排水和截水设施。施工区排水应遵循"高水高排"的原则。

边坡开挖前,应在开口线以外修建截水沟。永久边坡面的坡脚、施工场地周边和道路两侧均应设置排水设施。对影响施工及危害边坡安全的渗漏水、地下水应及时引排。深层排水系统(排水洞及洞内排水孔)宜在边坡开挖之前完成。

排水孔施工应遵循以下基本要求。

(1) 排水孔宜在喷锚支护完成后进行。排水孔先施工,对排水孔孔口进行保护。

(2) 钻孔时,开孔偏差不宜大于100mm,方位角偏差不应超过±0.5°,孔深误差不应超过±50mm。

(3) 排水管安装到位后,用砂浆封闭管口处排水管与孔壁之间的空隙。

(4) 排水孔周边工程施工结束后,检查排水孔的畅通情况。

# 第五章

# 砌 筑 工 程

## 第一节 砌 筑 材 料

一、砖材

砖具有强度好、绝热、隔声和耐久性优异等特性，在工程上应用很广。砖的种类很多，在水利工程中应用较多的为普通烧结实心黏土砖，是经取土、调制、制坯、干燥、焙烧而成。其分为红砖和青砖两种。质量好的砖棱角整齐、质地坚实、无裂缝翘曲、吸水率小、强度高、敲打声音发脆。色浅、声哑、强度低的砖为欠火砖；色较深、有弯曲变形的砖为过火砖。

砖的强度分为 MU30、MU25、MU20、MU15、MU10 等五个等级。普通砖、空心砖的吸水率宜在 10%～15%；灰砂砖、粉煤灰砖含水率宜在 5%～8%。吸水率越小，强度越高。

普通黏土砖的尺寸为 53mm×115mm×240mm，若加上砌筑灰缝的厚度（一般为 10mm），则 4 块砖长、8 块砖宽、16 块砖厚都为 1m。每 1m³ 实心砖砌体需用砖 512 块。

砖的品种、强度等级必须符合设计要求，并应规格一致。用于清水墙、柱表面的砖，还应边角整齐、色泽均匀。无出厂证明的砖应做试验鉴定。

二、石材

天然石材具有很高的抗压强度、良好的耐久性和耐磨性，常用于砌筑基础、桥涵、挡土墙、护坡、沟渠、隧洞衬砌及闸坝工程中。石材应选用强度大、耐风化、吸水率小、表观密度大、组织细密、无明显层次，且具有较好抗蚀性的石材。常用的石材有石灰岩、砂岩、花岗岩、片麻岩等。风化的山皮石、冻裂分化的块石禁止使用。

在工地上可通过看、听、称来判定石材质量。看，即观察打裂开的破碎面，颜色均匀一致、组织紧密、层次不分明的岩石为好；听，就是用手锤敲击石块，听其声音是否清脆，声音清脆响亮的岩石为好；称，就是通过称量计算出其表观密度和吸水率，看它是否符合要求，一般要求表观密度大于 2650kg/m³，吸水率小于 10%。

水利工程常用的石料有以下几种。

(1) 片石。片石是开采石料时的副产品，体积较小，形状不规则，用于砌体中的填缝或小型工程的护岸、护坡、护底工程，不得用于拱圈、拱座以及有磨损和冲刷的护面工程。

(2) 块石。块石也叫毛料石，外形大致方正，一般不加工或仅稍加修整，大小 25～

30cm见方，叠砌面凹入深度不应大于25mm，每块质量以不小于30kg为宜，并具有两个大致平行的面。其一般用于防护工程和涵闸砌体工程。

（3）粗料石。粗料石外形较方正，截面的宽度、高度不应小于20cm，且不应小于长度的1/4，叠砌面凹入深度不应大于20mm，除背面外，其他5个平面应加工凿平。其主要用于闸、桥、涵墩台和直墙的砌筑。

（4）细料石。细料石经过细加工，外形规则方正，宽、厚大于20cm，且不小于其长度的1/3，叠砌面凹入深度不大于10mm。其多用于拱石外脸、闸墩圆头及墩墙等部位。

（5）卵石。卵石分为河卵石和山卵石两种。河卵石比较坚硬，强度高。山卵石有的已风化、变质，使用前应进行检查。如颜色发黄，用手锤敲击声音不脆，表明已风化变质，不能使用。卵石常用于砌筑河渠的护坡、挡土墙等。

### 三、胶结材料

砌筑施工常用的胶结材料，按使用特点分为砌筑砂浆、勾缝砂浆；按材料类型分为水泥砂浆、石灰砂浆、水泥石灰砂浆、石灰黏土砂浆、黏土砂浆等。处于潮湿环境或水下使用的砂浆应用纯水泥砂浆，如用含石灰的砂浆，虽砂浆的和易性能有所改善，但由于砌体中石灰没有充分时间硬化，在渗水作用下，将产生水溶性的氢氧化钙，容易被渗水带走；砂浆中的石灰在渗水作用下发生体积膨胀结晶，破坏砂浆组织，导致砌体破坏。因此石灰砂浆、水泥石灰砂浆只能用于较干燥的水上工程。石灰黏土砂浆和黏土砂浆只用于小型水上砌体。

1. 水泥砂浆

常用的水泥砂浆分为M5、M7.5、M10、M15、M20、M25、M30等7个强度等级。砂子要求清洁，级配良好，含泥量小于3%。砂浆配合比应通过试验确定。拌和可使用砂浆搅拌机，也可采用人工拌和。砂浆拌和量应配合砌石的速度和需要，一次拌和不能过多，拌和好的砂浆应在40min内用完。

2. 石灰砂浆

石灰膏的淋制应在暖和、不结冰的条件下进行，淋好的石灰膏必须等表面浮水全部渗完、灰膏表面呈现不规则的裂缝后方可使用，最好是淋后两星期再用，使石灰充分熟化。配制砂浆时按配合比（一般灰砂比为1:3）取出石灰膏加水稀释成浆，再加入砂中拌和，直至颜色完全均匀一致。

3. 小石混凝土

一般砌筑砂浆干缩率高，密实性差，在大体积砌体中，常用小石混凝土代替一般砂浆。小石混凝土分为一级配和二级配两种。一级配采用20mm以下的小石，二级配中粒径5~20mm的占40%~50%、20~40mm的占50%~60%。小石混凝土坍落度以7~9cm为宜，小石混凝土还可节约水泥，提高砌体强度。

砂浆质量是保证浆砌石施工质量的关键，配料时要求严格按设计配合比进行，要控制用水量；砂浆应拌和均匀，不得有砂团和离析；砂浆的运送工具使用前后均应清洗干净，不得有杂质和淤泥，运送时不要急剧下跌、颠簸，防止砂浆水砂分离。分离的砂浆应重新拌和后才能使用。

# 第二节 砌体施工工艺

## 一、砌筑的基本原则

砌体的抗压强度较大，但抗拉、抗剪强度低，仅为其抗压强度的 1/10～1/8，因此砖石砌体常用于结构物受压部位。砖石砌筑时应遵守以下基本原则。

(1) 砌体应分层砌筑，其砌筑面力求与作用力的方向垂直，或使砌筑面的垂线与作用力方向间的夹角小于 13°～16°，否则受力时易产生层间滑动。

(2) 砌块间的纵缝应与作用力方向平行，否则受力时易产生楔块作用，对相邻块产生挤动。

(3) 上下两层砌块间的纵缝必须错开，保证砌体的整体性，以便传力。

## 二、干砌石施工工艺

干砌石是指不用任何胶凝材料把石块砌筑起来，包括干砌块（片）石、干砌卵石，一般用于土坝（堤）迎水面护坡、渠系建筑物进出口护坡及渠道衬砌、水闸上下游护坦、河道护岸等工程。

**(一) 砌筑前的准备工作**

1. 备料

在砌石施工中，为缩短场内运距，避免停工待料，砌筑前应尽量按照工程部位及需要数量分片备料，并提前将石块的水锈、淤泥洗刷干净。

2. 基础清理

砌石前应将基础开挖至设计高程，淤泥、腐殖土以及混杂有建筑残渣应清除干净，必要时将坡面或底面夯实，然后才能进行铺砌。

3. 铺设反滤层

在干砌石砌筑前应铺设砂砾反滤层，其作用是将块石垫平，不致使砌体表面凹凸不平，减小其对水流的摩阻力；减少水流或降水对砌体基础土壤的冲刷；防止地下渗水逸出时带走基础土粒，避免砌筑面下陷变形。

反滤层的各层厚度、铺设位置、材料级配和粒径以及含泥量均应满足规范要求，铺设时应与砌石施工配合，自下而上，随铺随砌，接头处各层之间的连接要层次清楚，防止层间错动或混淆。

**(二) 干砌石施工**

1. 施工方法

常采用的干砌块石的施工方法有两种，即花缝砌筑法和平缝砌筑法。

(1) 花缝砌筑法。花缝砌筑法多用于干砌片（毛）石。砌筑时，依石块原有形状，使尖对拐、拐对尖，相互联系砌成。砌石不分层，一般将大面向上，如图 5-1 所示。这种砌法的缺点是底部空虚，容易被水流淘刷变形，稳定性较差，且不能避免重缝、迭缝、翅口等毛病。但此法优点是表面比较平整，故可用于流速不大、不承受风浪淘刷的渠道护坡工程。

(2) 平缝砌筑法。平缝砌筑法多适用于干砌块石的施工，如图 5-2 所示。砌筑时将石块宽面与坡面竖向垂直，与横向平行。砌筑前，安放一块石块必须先进行试放，不合适处应用小锤修整，使石缝紧密，最好不塞或少塞石子。这种砌法横向设有通缝，但竖向直缝必须错开。如砌缝底部或块石拐角处有空隙，则应选用适当的片石塞满填紧，以防止底部砂砾垫层由缝隙淘出，造成坍塌。

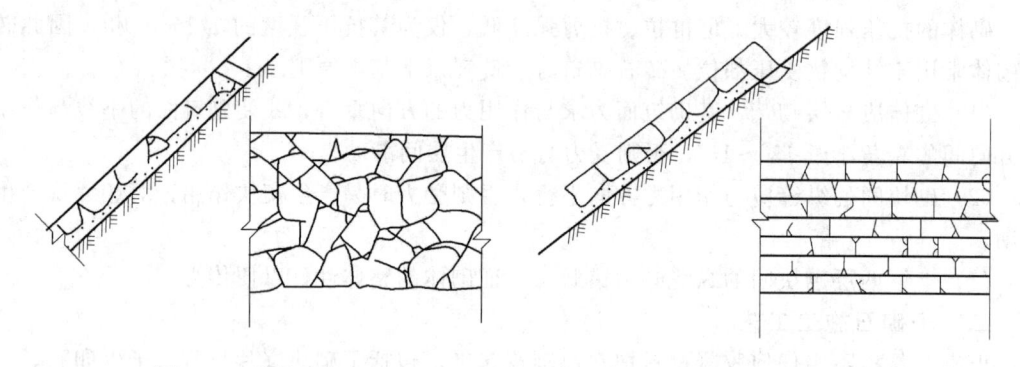

图 5-1 花缝砌筑法

图 5-2 平缝砌筑法

干砌块石是依靠块石之间的摩擦力来维持其整体稳定的。若砌体发生局部移动或变形，将会导致整体破坏。边口部位是最易损坏的地方，所以，封边工作十分重要。对护坡水下部分的封边，常采用大块石单层或双层干砌封边，然后将边外部分用黏土回填夯实，有时也可采用浆砌石埂进行封边。对护坡水上部分的顶部封边，则常采用比较大的方正块石砌成 40cm 左右宽度的平台，平台后所留的空隙用黏土回填分层夯实（图 5-3）。对于挡土墙、闸翼墙等重力式墙身顶部，一般用混凝土封闭。

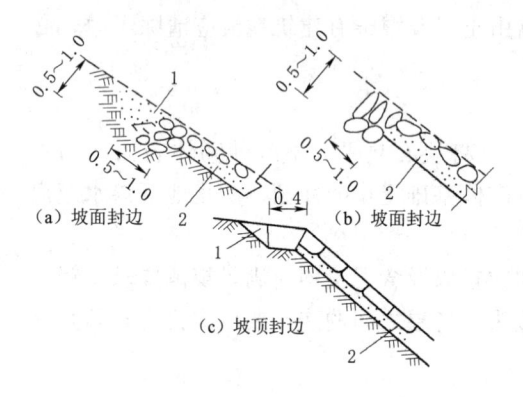

图 5-3 干砌石封边（单位：m）
1—黏土夯实；2—垫层

2. 砌筑要点

造成干砌石施工缺陷的原因主要是砌筑技术不良、工作马虎、施工管理不善以及测量放样错漏等。缺陷主要有缝口不紧、底部空虚、鼓心、凹肚、重缝、飞缝、飞口（即用很薄的边口未经砸掉便砌在坡上）、翅口（上下两块都是一边厚一边薄，石料的薄口部分搭接）、悬石（两石相接不是面的接触，而是点的接触）、浮塞叠砌、严重蜂窝以及轮廓尺寸走样等（图 5-4）。

干砌石施工必须注意以下几点。

（1）干砌石工程在施工前，应进行基础清理工作。

（2）凡受水流冲刷和浪击作用的干砌石工程中采用竖立砌法（即石块的长边与水平面或斜面呈垂直方向）砌筑，以使空隙最小。

（3）重力式挡土墙施工，严禁先砌好里外砌石面，中间用乱石充填并留下空隙和蜂窝。

（4）干砌块石的墙体露出面必须设丁石（拉结石），丁石要均匀分布。同一层中，如墙厚等于或小于 40cm，丁石长度应等于墙厚；如墙厚大于 40cm，则要求同一层内外的丁

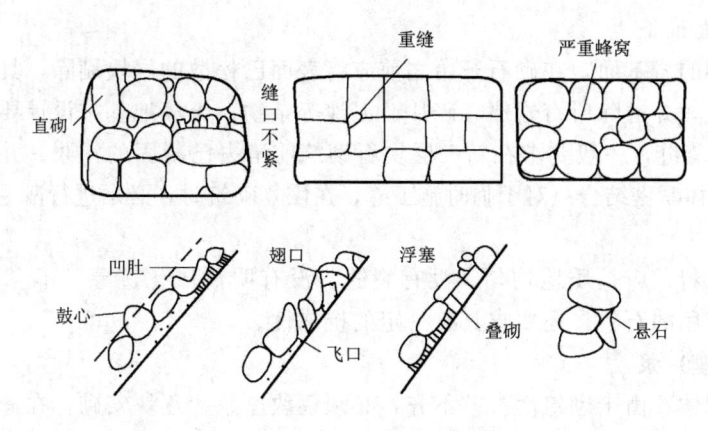

图 5-4 干砌石缺陷

石交错搭接,搭接长度不小于 15cm,其中一块的长度不小于墙厚的 2/3。

(5) 如用料石砌墙,则两层顺砌后应有一层丁砌,同一层采用丁顺组砌时,丁石间距不宜大于 2m。

(6) 用干砌石做基础,一般下大上小,呈阶梯状,底层应选择比较方整的大块石,上层阶梯至少压住下层阶梯块石宽度的 1/3。

(7) 大体积的干砌块石挡土墙或其他建筑物,在砌体每层转角和分段部位,应先采用大而平整的块石砌筑。

(8) 护坡干砌石应自坡脚开始自下而上进行。

(9) 砌体缝口要砌紧,空隙应用小石填塞紧密,防止砌体在受到水流的冲刷或外力撞击时滑脱沉陷,以保持砌体的坚固性。一般规定干砌石砌体空隙率应不超过 30%~50%。

(10) 干砌石护坡的每一块石顶面一般不应低于设计位置 5cm,不高出设计位置 15cm。

## 三、浆砌石施工工艺

浆砌石是用胶结材料把单个的石块联结在一起,使石块依靠胶结材料的黏结力、摩擦力和块石本身质量结合成为新的整体,以保持建筑物的稳固,同时,充填石块间的空隙,堵塞了一切可能产生的漏水通道。浆砌石具有良好的整体性、密实性和较高的强度,使用寿命更长,还具有较好的防止渗水和抵抗水流冲刷的能力。

浆砌石施工的砌筑要领可概括为"平、稳、满、错"四个字。平,同一层面大致砌平,相邻石块的高差宜小于 2~3cm;稳,单块石料的安砌务求自身稳定;满,灰缝饱满密实,严禁石块间直接接触;错,相邻石块应错缝砌筑,尤其不允许顺水流方向通缝。

浆砌石工程砌筑工艺流程如图 5-5 所示。

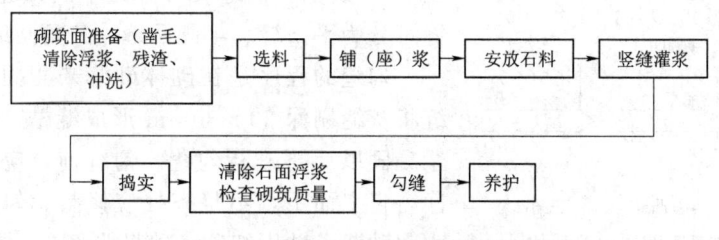

图 5-5 浆砌石工程砌筑工艺流程

#### （一）铺筑面准备

对开挖成形的岩基面，在砌石开始之前应将表面已松散的岩块剔除，具有光滑表面的岩石须人工凿毛，并清除所有岩屑、碎片、泥沙等杂物。土壤地基按设计要求处理。

对于水平施工缝，一般要求在新一层块石砌筑前凿去已凝固的浮浆，并进行清扫、冲洗，使新、旧砌体紧密结合。对于临时施工缝，在恢复砌筑时，必须进行凿毛、冲洗处理。

#### （二）选料

砌筑所用石料，应是质地均匀、没有裂缝、没有明显风化迹象、不含杂质的坚硬石料。严寒地区使用的石料，还要求具有一定的抗冻性。

#### （三）铺（座）浆

对于块石砌体，由于砌筑面参差不齐，必须逐块座浆、逐块安砌，在操作时还须认真调整，务使座浆密实，以免形成空洞。

座浆一般只宜比砌石超前 0.5～1m，座浆应与砌筑相配合。

#### （四）安放石料

把洗净的湿润石料安放在座浆面上，用铁锤轻击石面，使座浆开始溢出为度。

石料之间的砌缝宽度应严格控制，采用水泥砂浆砌筑时，块石的灰缝厚度一般为 2～4cm，料石的灰缝厚度为 0.5～2cm，采用小石混凝土砌筑时，一般为所用骨料最大粒径的 2～2.5 倍。

安放石料时应注意，不能产生细石架空现象。

#### （五）竖缝灌浆

安放石料后，应及时进行竖缝灌浆。一般灌浆与石面齐平，水泥砂浆用捣插棒捣实，待上层摊铺座浆时一并填满。

#### （六）振捣

水泥砂浆常用捣棒人工插捣，小石混凝土一般采用插入式振动器振捣。应注意对角缝的振捣，防止重振或漏振。

每一层铺砌完 24～36h 后（视气温及水泥种类、胶结材料强度等级而定），即可冲洗，准备上一层的铺砌。

### 四、勾缝与伸缩缝

#### （一）勾缝

石砌体表面进行勾缝的目的，主要是加强砌体整体性，同时还可增强砌体的抗渗能力，另外也美化外观。

勾缝按其形式可分为凹缝、平缝、凸缝等。如图 5-6 所示，凹缝又可分为半圆凹缝、平凹缝；凸缝可分为平凸缝、半圆凸缝、三角凸缝等。

勾缝的程序是在砌体砂浆未凝固以前，先沿砌缝将灰缝剔深 20～30mm 形成缝槽，待砌体完成砂浆凝固以后再进行勾缝。勾缝前，应将缝槽冲洗干净，自上而下，不整齐处应修整。勾缝的砂浆宜用水泥砂浆，砂用细砂。砂浆稠度要掌握好，过稠勾出

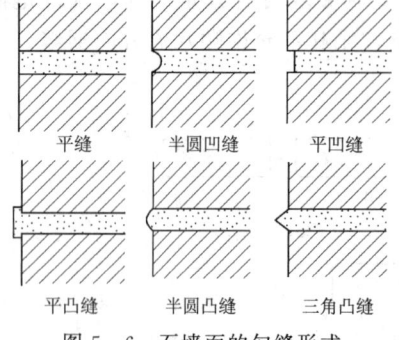

图 5-6 石墙面的勾缝形式

缝来表面粗糙不光滑，过稀容易坍落走样。最好不使用火山灰质水泥，因为这种水泥干缩性大，勾缝容易开裂。砂浆强度等级应符合设计规定，一般应高于原砌体的砂浆强度等级。

勾凹缝时，先用铁钎子将缝修凿整齐，在墙面上浇水湿润，然后将浆勾入缝内，再用板条或绳子压成凹缝，用灰抿赶压光平。凹缝多用于石料方正、砌得整齐的墙面。勾平缝时，先在墙面洒水，使缝槽湿润后，将砂浆勾于缝中赶光压平，使砂浆压住石边，即成平缝。勾凸缝时，先浇水润湿缝槽，用砂浆打底与石面相平，而后用扫把扫出麻面，待砂浆初凝后抹第二层，其厚度约为1cm，然后用灰抿拉出凸缝形状。凸缝多用于不平整石料。砌缝不平时，把凸缝移动一点，可使表面美观。

砌体的隐蔽回填部分，可不专门做勾缝处理，但有时为了加强防渗，应事前在砌筑过程中，用原浆将砌缝填实抹平。

### (二) 伸缩缝

浆砌体常因地基不均匀沉陷或砌体热胀冷缩导致产生裂缝。为避免砌体发生裂缝，一般在设计中均要在建筑物某些接头处设置伸缩缝（沉陷缝）。施工时，可按照设计规定的厚度、尺寸及不同材料做成缝板。缝板有油毛毡（一般常用三层油毛毡刷柏油制成）、柏油杉板（杉板两面刷柏油）等，其厚度为设计缝宽，一般均砌在缝中。如采用前者，则需先立样架，将伸缩缝一边的砌体砌筑平整，然后贴上油毡，再砌另一边；如采用柏油杉板做缝板，最好是架好缝板，两面同时等高砌筑，不需再立样架。

### 五、砌体养护

为使水泥得到充分的水化反应，提高胶结材料的早期强度，防止胶结材料干裂，应在砌体胶结材料终凝后（一般砌完6~8h）及时洒水养护14~21d，最低限度不得少于7d。养护方法是配专人洒水，经常保持砌体湿润，也可在砌体上加盖湿草袋，以减少水分的蒸发。夏季的洒水养护还可起降温的作用。由于日照长、气温高、蒸发快，一般在砌体表面要覆盖草袋、草帘等，白天洒水7~10次，夜间蒸发少且有露水，只需洒水2~3次即可满足养护需要。

冬季当气温降至0℃以下时，要增加覆盖草袋、麻袋的厚度，加强保温效果。冰冻期间不得洒水养护。砌体在养护期内应保持正温。砌筑面的积水、积雪应及时清除，防止结冰。冬季水泥初凝时间较长，砌体一般不宜采用洒水养护。

养护期间不能在砌体上堆放材料、修凿石料、碰动块石，否则会引起胶结面的松动、脱离。砌体后隐蔽工程的回填，在常温下一般要在砌后28d方可进行，小型砌体可在砌后10~12d进行回填。

## 第三节 砌体结构施工

### 一、护坡

#### (一) 坡面处理

坡面处理应符合下列要求。

(1) 应按设计要求削坡；坡面应平整、坚实。

(2) 坡脚齿墙应在枯水位时施工；工程规模大时，坡脚齿槽可分段开挖并及时砌筑。

(3) 当堤坡整削完毕因故未做砌护时，应采取措施盖护。
(4) 规模大的护坡工程，应分块施工；堤坡稳定性较差段，宜分段先行施工。

### (二) 堆石护坡

堆石护坡施工应符合下列要求。
(1) 按设计要求铺筑垫层或滤层。
(2) 石料应大小均匀、质地坚硬，单块重不小于设计要求。
(3) 当设计对堆石速率有控制要求时，堆石施工应间歇进行，间歇时间可通过对堆石沉降速率的观测确定。
(4) 堆石作业根据工程规模可采用一次或多次堆放至堤（岸）坡顶坎。

### (三) 干砌石、浆砌石、灌砌石、散抛石

干砌石、浆砌石、灌砌石、散抛石、混凝土预制块等护坡施工应分别符合下列要求。
(1) 砌石护坡施工应符合下列要求。
1) 砌筑分段条埂，铺好垫层或滤层。
2) 干砌块石护坡应由低向高按设计要求砌筑；块石要嵌紧、整平，不应叠砌、浮塞；石料应大小均匀、质地坚硬，单块重不小于设计要求。
3) 浆砌石护坡应符合相关规定，并按设计要求做好排水孔。
4) 灌砌石护坡应保证混凝土填灌料质量，填充饱满、插（振）捣密实。
(2) 散抛石护坡施工应符合下列要求。
1) 抛石厚度应均匀一致，坡面要大体平顺；抛护位置、尺寸应符合设计要求；抛投石料应质地坚硬。
2) 抛石要逐层依次排整，不应有孤石和游石。

### (四) 混凝土预制块护坡

1. 预制块制作

混凝土预制块要求尺寸准确、整齐统一、棱角分明、表面清洁平整。

2. 混凝土预制块贮存、搬运

(1) 混凝土预制块浇筑成型达48h后，应及时堆放，以免占用场地，但堆放时应轻拿轻放，堆放整齐有序。
(2) 混凝土预制块在搬运过程中要切实做到人工装车、卸车。装车时混凝土预制块应相互挤紧，以免在运输过程中撞坏；卸车时做到轻拿轻放，禁止野蛮装卸，不允许自卸车直接翻倒卸混凝土预制块。
(3) 混凝土预制块在运输过程中，司机应做到匀速行驶，避免大的颠簸，确保混凝土预制块不受损坏。

3. 坡面修整及砂垫层铺筑

修坡时应严格控制坡比，坡面平整度应达到规范要求，为使混凝土预制块砌筑的坡面平整度达到规定要求，坡面修整采用人工拉线修整，坡面土料不足部分人工填筑并洒水夯实，使之达到验收条件，随后进行砂垫层铺筑，砂垫层厚10cm，人工挑运至坡面，自下而上铺平并压实。

4. 土工布的铺设

土工布进场后，对其各项指标分析，分析结果符合设计要求方准使用，否则清退出场。

土工布的铺设搭接宽度必须大于40cm，铺设长度要有一定富余量，保证土工布铺设后不影响护坡的断面尺寸，最后将铺设后的土工布用U形钉固定，防止预制块砌筑过程中土工布滑动变形。

5. 混凝土预制块砌筑

混凝土预制块铺设重点是控制好两条线和一个面，两条线是坡顶线和底脚线，一个面是铺砌面。保证上述两条线的顺畅和护砌面的平整，对整个护坡外观质量的评价至关重要。

预制混凝土块砌筑必须按从下往上的顺序砌筑，砌筑应平整、咬合紧密。砌筑时依放样桩纵向拉线控制坡比，横向拉线控制平整度，使平整度达到设计要求。混凝土预制块铺筑应平整、稳定、缝线规则；坡面平整度用2m靠尺检测凹凸不超过1cm；预制块砌筑完后，应经一场降雨或使混凝土块落实再调整其平整度后用M10砂浆缝，勾缝前先洒水，将预制块湿润，用钢丝钩将缝隙掏干净，确保水泥砂浆把缝塞满，勾缝要求表面抹平，整齐美观，勾缝后应及时洒水养护，养护期不少于一周，缝线整齐、统一。

**(五) 钢筋混凝土框架梁内铺混凝土预制块护坡**

在带锚桩的钢筋混凝土框架梁内铺混凝土预制块护坡，应符合下列要求。

(1) 应将打（压）入堤（岸）坡内的锚桩桩顶凿毛。

(2) 堤（岸）坡上的锚定沟及排水盲沟应按设计要求挖好。

(3) 系排梁、锚桩和联系梁应按设计要求浇筑，混凝土施工应符合相关规定。

(4) 框架梁格内土工布铺设和排水盲沟内碎石填放应符合设计要求。

(5) 混凝土预制块铺砌应符合相关规定。

**(六) 生态护坡施工**

1. 直植型生态护坡

直植型生态护坡可采用人工种草、铺设草皮等形式。

人工种草施工应满足下列要求。

(1) 撒播前应将表层整平，并保持坡面土壤湿润。

(2) 种植范围内纵横向尺寸的最大允许偏差为±0.2m。

(3) 种植完成之后应及时进行植草养护，并注意坡面保护。

铺设草皮施工应满足下列要求。

(1) 宜从坡脚向上逐排错缝铺设。

(2) 草皮块与块之间的缝隙宜采用营养土填塞紧密。

(3) 宜采用滚压或拍打方式，使草皮与土壤密切接触。

(4) 草皮切边设置排水沟或布置花坛树坛时，斜切深度宜为0.04~0.05m；铺设草皮范围内纵横向尺寸的最大允许偏差为±0.20m。

2. 附着型生态护坡

常见的附着型生态护坡可采用三维土工网垫、生态混凝土等形式。

三维土工网垫施工应满足下列要求。

（1）网垫宜自上而下顺坡铺设，搭接接头宜由上部网垫压接下部网垫，水平方向宜顺序压垫，搭接长度应符合设计要求。

（2）在坡面顺水流方向铺网，应保持网垫端正且与坡面紧贴，不得悬空、斜歪或有皱褶。

（3）相邻两网垫之间搭接宽度不应小于5cm，当网垫需要上下搭接时，坡上部分应压住坡下部分不小于10cm。

（4）网垫应采用专用竹钉或者U形钉固定，固定钉密度宜为6根/m²，网垫搭接处应加密，钉长不小于20cm，松土处用长钉。

3. 砌块型生态护坡

常见砌块型生态护坡可采用多孔植生砌块、格宾石笼等形式。

砌块型底部宜设置反滤层，也可采用土工布代替反滤层，铺设石料过程中应对土工布进行保护，避免刺破。

多孔植生砌块施工应满足下列要求。

（1）砌块外形的最大允许偏差为±10mm，厚度尺寸的最大允许偏差为±5mm。

（2）砌块搬运、铺设时不应损坏。

（3）砌块铺设布局造型、连接形式、缝宽应满足设计要求。

（4）砌块孔内碎石或种植土应填实，可采用人工插捣密实。

（5）砌块中的植物种子应均匀种植在砌块孔内的种植土上。

（6）种植土填筑和种子铺设均不得损坏已完工的砌块结构。

**二、浆砌石基础**

基础施工在地基验收合格后方可进行。基础砌筑前，应先检查基槽（或基坑）的尺寸和标高，清除杂物，接着放出基础轴线及边线。

砌第一层石块时，基底应座浆。对于岩石基础，座浆前还应洒水湿润。第一层使用的石块尽量挑大一些的，这样受力较好，并便于错缝。石块第一层都必须大面向下放稳，以脚踩不动即可。不要用小石块来支垫，要使石面平放在基底上，使地基受力均匀、基础稳固。选择比较方正的石块，砌在各转角，称为角石，角石两边应与准线相合。角石砌好后，再砌里、外面的石块，称为面石；最后砌填中间部分，称为腹石。砌填腹石时应根据石块自然形状交错放置，尽量使石块间缝隙最小，再将砂浆填入缝隙中，最后根据各缝隙形状和大小选择合适的小石块放入，用小锤轻击，使石块全部挤入缝隙中。禁止采用先放小石块、后灌浆的方法。

接砌第二层以上石块时，每砌一块石块，应先铺好砂浆，砂浆不必铺满、铺到边，尤其在角石及面石处，砂浆应离外边约4.5cm，并铺得稍厚一些，当石块往上砌时，恰好压到要求厚度，并刚好铺满整个灰缝。灰缝厚度宜为20~30mm，砂浆应饱满。阶梯形基础上的石块应至少压砌下级阶梯的1/2，相邻阶梯的块石应错缝搭接。基础的最上一层石块，宜选用较大的块石砌筑。基础的第一层及转角处和交接处，应选用较大的块石砌筑。块石基础的转角及交接处应同时砌起。如不能同时砌筑又必须留槎，应砌成斜槎。

块石基础每天可砌高度不应超过4.2m。在砌基础时还必须注意不能在新砌好的砌体上抛掷块石，这会使已粘在一起的砂浆与块石受震动而分开，影响砌体强度。

### 三、浆砌石挡土墙

浆砌石挡土墙一般采用重力式挡土墙，重力式挡土墙的构造必须满足强度与稳定性的要求，同时应考虑就地取材、经济合理、施工养护的方便与安全。

重力式挡土墙的墙身构造如图 5-7 所示。

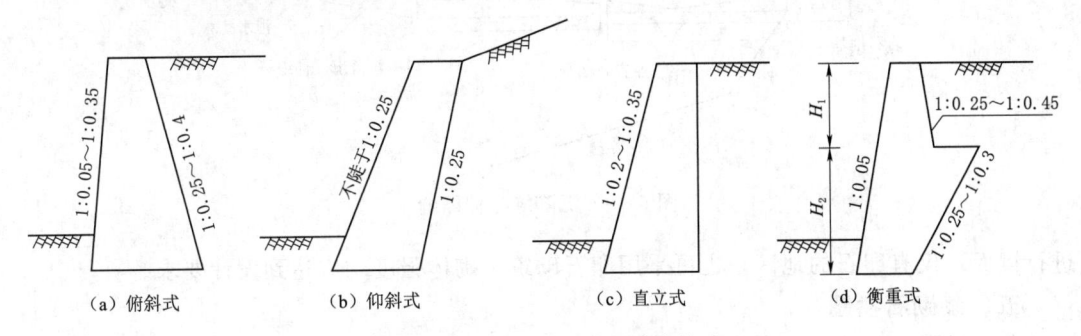

图 5-7 重力式挡土墙的墙身构造

浆砌石挡土墙一般砌筑工艺与浆砌石砌筑工艺基本相同，这里不再赘述。其质量控制要注意：砌筑块石挡土墙时，块石的中部厚度不宜小于 20cm；每砌 3～4 皮为一分层高度，每个分层高度应找平一次；外露面的灰缝厚度，不得大于 4cm，两个分层高度间的错缝不得小于 8cm（图 5-8）。

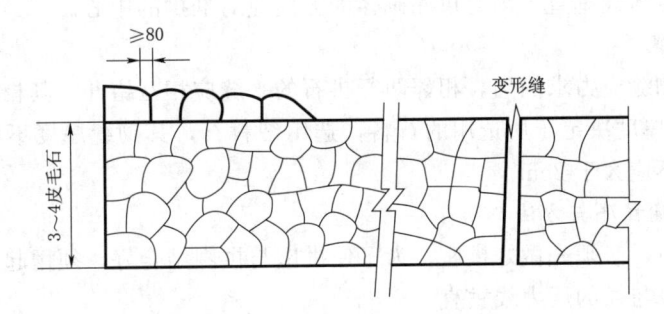

图 5-8 浆砌块石挡土墙立面（单位：mm）

料石挡土墙宜采用同皮内丁顺相间的砌筑形式。当中间部分用块石填筑时，丁砌料石伸入块石部分的长度应小于 20cm。

为避免因地基不均匀沉陷而引起墙身开裂，根据地基地质条件的变化和墙高、墙身断面的变化情况需设置沉降缝。一般将沉降缝和伸缩缝合并设置，每隔 10～25m 设置一道，如图 5-9 所示。缝宽为 2～3cm，自墙顶做到基底。缝内沿墙的内、外、顶三边填塞沥青麻筋或沥青木板，塞入深度不小于 0.2m。

挡土墙应做好排水。挡土墙排水设施的作用在于疏干墙后土体中的水和防止地表水下渗后积水，以免墙后积水致使墙身承受额外的静水压力；减少季节性冰冻地区填料的冻胀压力；消除黏性土填料浸水后的膨胀压力。

### 四、砌石筑墙（堤）

砌石筑墙（堤）宜用块石砌筑；如石料不规则，可采用粗料石或混凝土预制块对砌体

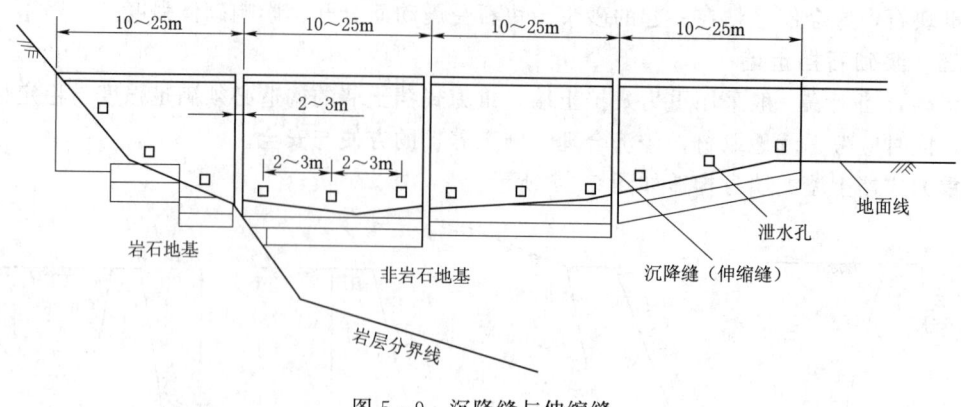

图 5-9　沉降缝与伸缩缝

进行镶面；仅有卵石的地区，也可采用卵石砌筑。砌体强度均应达到设计要求。

**五、浆砌石拱圈**

浆砌拱圈一般选用于小跨度的单孔桥拱、涵拱施工，施工方法及步骤如下。

1. 拱圈石料的选择

拱圈的石料一般为经过加工的料石，石块厚度不应小于 15cm。石块的宽度为其厚度的 1.5～2.5 倍，长度为厚度的 2～4 倍，拱圈所用的石料应凿成楔形（上宽下窄），如不用楔形石块，则应用砌缝宽度的变化来调整拱度，但砌缝厚薄相差最大不应超过 1cm，每一石块面应与拱压力线垂直。因此拱圈砌体的方向应对准拱的中心。

2. 拱圈的砌缝

浆砌拱圈的砌缝应力求均匀，相邻两行拱石的平缝应相互错开，其相错的距离不得小于 10cm。砌缝的厚度决定于所选用的石料，选用细料石，其砌缝厚度不应大于 1cm；选用粗料石，砌缝不应大于 2cm。

3. 拱圈的砌筑程序与方法

拱圈砌筑之前，必须先做好拱座。为了使拱座与拱圈结合好，须用起拱石。起拱石与拱圈相接的面，应与拱的压力线垂直。

当跨度在 10m 以下时，拱圈的砌筑一般应沿拱的全长和全厚，同时由两边起拱石对称地向拱顶砌筑；当跨度大于 10m 以上时，则拱圈砌筑应采用分段法进行。分段法是把拱圈分为数段，每段长可根据全拱长来决定，一般每段长 3～6m。各段依一定砌筑顺序进行（图 5-10），以达到使拱架承重均匀和拱架变形最小的目的。

拱圈各段的砌筑顺序是：先砌拱脚，再砌拱顶，然后砌 1/4 处，最后砌其余各段。砌筑时一定要对称于拱圈跨中央。各段之间应预留一定的空缝，防止在砌筑中拱架变形面产生裂缝，待全部拱圈砌筑完毕后，再将预留空缝填实。

**六、格宾石笼**

**（一）材料**

格宾是由网片、网箱、填充材料等集成而成的结构体。

格宾网片按生产工艺和用途不同分为机编网片和无锈熔接网片两种。

（1）机编网片。机编网片是将具有高强度、耐损、抗腐蚀性能的网丝和边丝采用专用

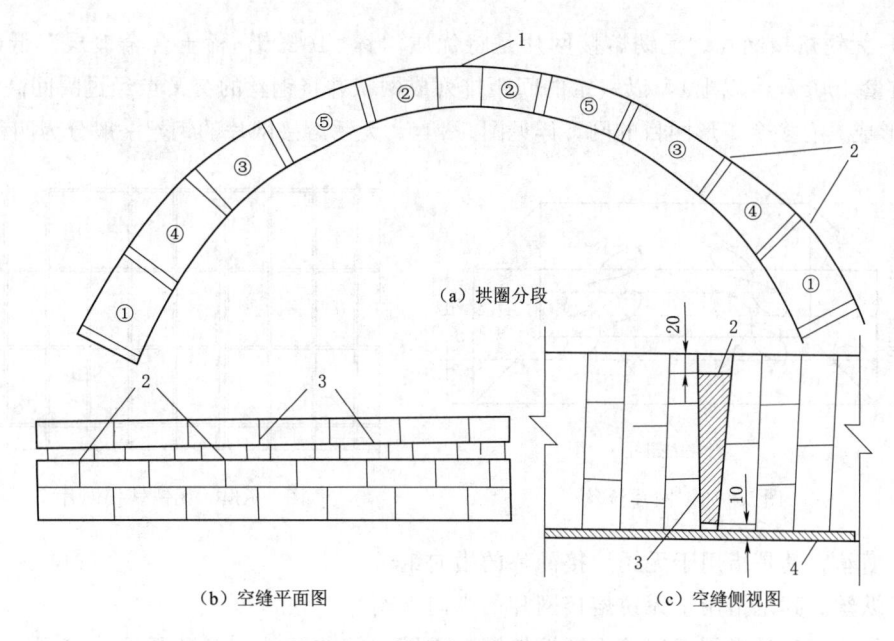

图 5-10 拱圈分段及空缝结构图
1—拱顶石；2—空缝；3—垫块；4—拱模板；①②③④⑤—砌筑顺序

设备编织成具有多个六边形网目的网，详见图 5-11。

机编网片的编织丝按网片编织部位分为四种：网丝、边丝、绑扎丝、网片拉丝。

格宾网丝是具有高强度、耐磨损、抗腐蚀性能的用于机编格宾网的编织丝，或用于无锈熔接网的熔接丝。

1) 网丝。其是指用于编织格宾网片边框"内部"的编织丝，详见图 5-12。

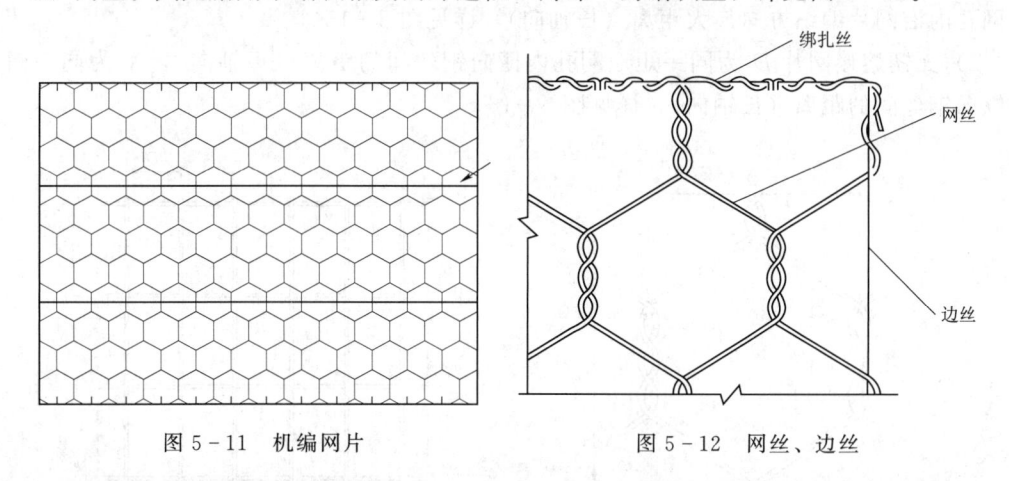

图 5-11 机编网片

图 5-12 网丝、边丝

2) 边丝。其是指用于编织格宾网片"边框"的编织丝。

3) 绑扎丝。其是指用于连接格宾网片或格宾箱体间的编织丝，起到格宾"由片状到单箱"或"由单箱到群箱"的作用。

4) 网片拉丝。其是指用于连接格宾网箱前、后网片之间的水平连接丝，起到减小网箱变形的作用，详见图 5-13。

（2）无锈熔接网片。无锈熔接网片是将优质"锌-10％铝-稀土合金镀层"低碳钢丝（镀层质量 400g/m² 以上），以一定的间距排列成网状并将钢丝的交叉点经过瞬间高压熔接在一起形成具有多个矩形网目的网，详见图 5-14。无锈熔接网片的钢丝一般分为四种。

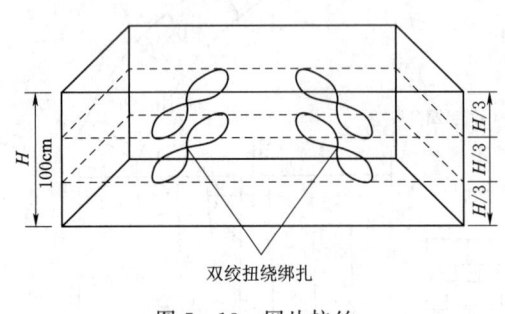

图 5-13 网片拉丝

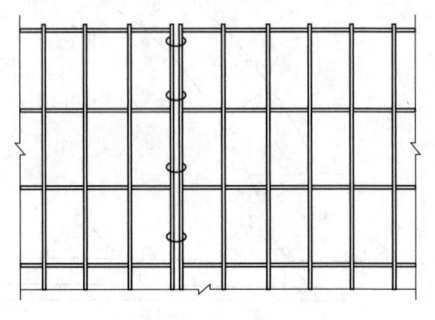

图 5-14 无锈熔接网片

1）横丝。其是指用于无锈熔接网片的横向钢丝。

2）纵丝。其是指用于无锈熔接网片的纵向钢丝。

3）扣件。其是指用于连接无锈熔接网片或箱体间的配件，起到无锈熔接网"由片状到单箱"或"由单箱到群箱"的作用。

4）网片拉丝。其是指用于连接无锈熔接网箱前、后网片之间的水平连接丝，起到减小网箱变形的作用。

（3）网目尺寸。格宾网孔的大小，一般用 $D \times X$ 表示。网目尺寸大小主要取决于格宾工程用途、部位、填充料、造价等因素。

1）机编网片 $D$ 为同一网孔内双绞钢丝绞合处中心线之间的距离（短轴向），$X$ 为同一网孔内沿网片编织方向最大距离（长轴向），详见图 5-15。

2）无锈熔接网片 $D$ 为同一矩形网孔内横向钢丝间的距离（短轴向），$X$ 为同一网孔内纵向钢丝间的距离（长轴向），详见图 5-16。

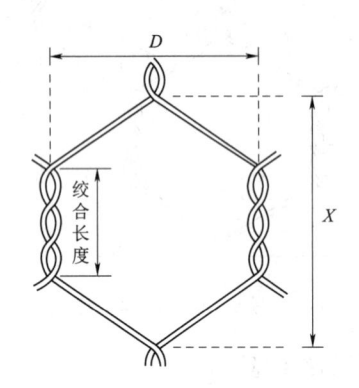

图 5-15 机编网片网孔尺寸、绞合长度

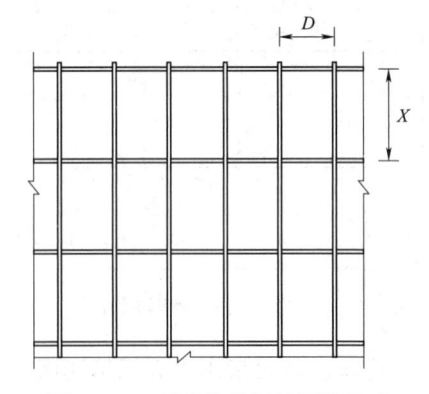

图 5-16 无锈熔接网片网孔尺寸

（4）绞合长度扭曲长度。机编网片网孔中沿网片编织方向（$X$ 方向）网丝缠绕段的长度，常见的绞合长度一般为 3 圈。

(5) 钢丝网的网片拉伸强度抗拉强度。取 1m 宽的网片沿编织方向（$X$ 方向）进行拉伸，当网片中第一根网丝断裂时的强度读数，其单位为 kN/m。

(6) 格宾箱体。格宾箱体是格宾网片在工厂或施工现场经裁剪、拼装、绑扎封口而成的矩形箱。其分为两种：一是网垫，二是网箱。

网垫用于河道、沟道、渠道、水库、蓄水池、湖泊等水利工程的护坡格宾箱体，其厚度（$H$）一般为 30cm、40cm，详见图 5-17。

网箱用于河道、沟道、渠道、水库、蓄水池、湖泊等水利工程护坡之下的格宾基础，或用于垂直挡墙表面及其基础的格宾箱体，其高度（$H$）一般为 50cm、100cm，详见图 5-18。

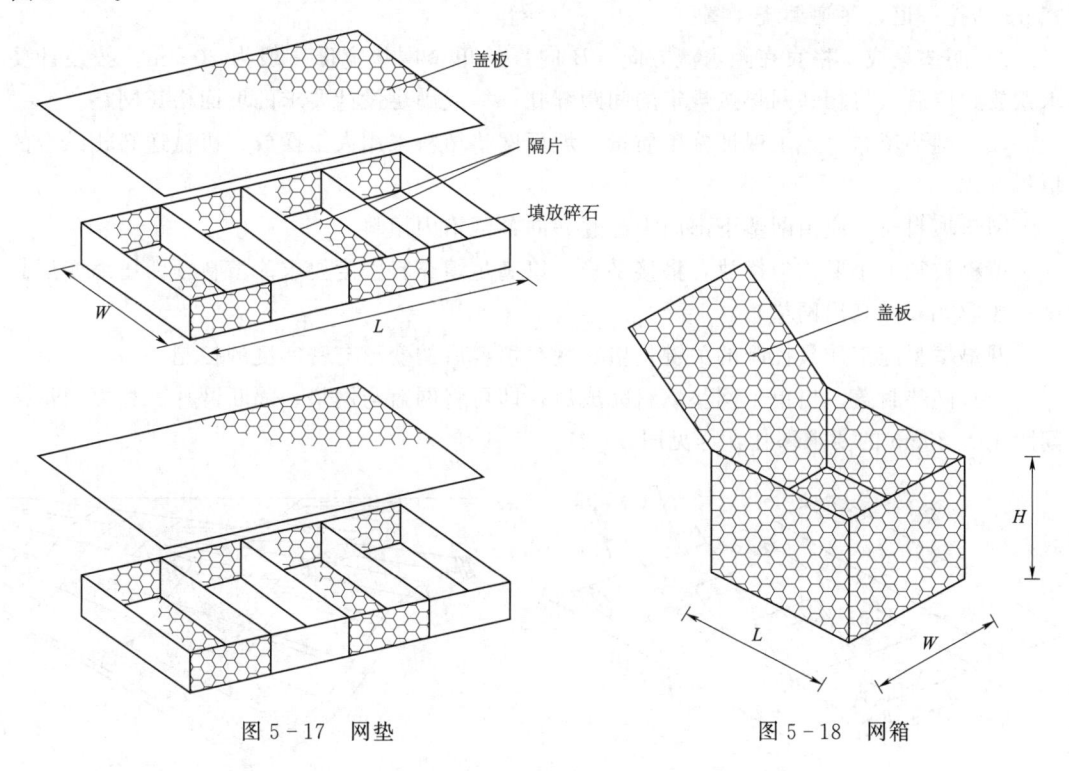

图 5-17 网垫

图 5-18 网箱

(7) 填充材料。格宾网垫、格宾网箱内填充卵石或块石。

卵石、鹅卵石为粒径为 6~20cm 的无棱角的天然粒料。

块石是经开采并加工而成的粒径大于 20cm 的石料。

(8) 土工布及复合土工膜。土工布又称土工织物，由合成纤维通过针刺或编织而成的透水性合成材料，用在格宾体与地基土之间，起到反滤作用。

复合土工膜是土工布和聚乙烯膜复合到一起的防渗材料，用在格宾体与地基土之间，起到防渗作用。复合土工膜常用的形式有一布一膜、二布一膜。

**（二）格宾施工**

1. 网垫施工

(1) 施工工序。格宾网垫应在坡面整修验收合格后进行铺设安装，其工序流程详见图 5-19。

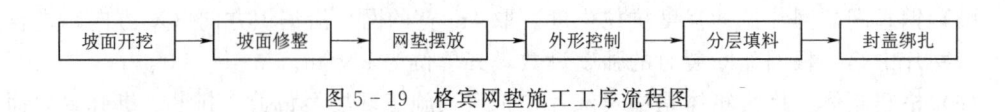

```
坡面开挖 → 坡面修整 → 网垫摆放 → 外形控制 → 分层填料 → 封盖绑扎
```

图 5-19  格宾网垫施工工序流程图

(2) 网垫组装。

1) 单个网垫。首先，在河道、沟道、渠道、水库、蓄水池、湖泊工程的坡面地基上，或坡面附近的场地上，将网垫半成品的隔片与网身调整成 90°；其次，按规定的绑扎间距要求用绑扎丝绑扎，在设计坡面位置上组装成单个网垫，详见图 5-20。

2) 绑扎要求。在隔网与网身的四处交角各绑扎一道；在隔网与网身交接处，每间隔 15cm 绑扎一道，每道缠绕 4 圈。

3) 网垫集成。格宾在顺水流方向（$B$ 向）的单个网垫宽度一般为 200cm，按设计要求摆放到位后，将相邻网垫按规定的间距绑扎，集成满足设计要求的坡面格宾网垫。

(3) 网垫填料。为了保证施工质量，坡面网垫填料采用人工摆放、机械送料相结合的填料方式。

网垫填料时，应由网垫下部向上部逐一向各网格内填料。

填料粒径大小要均匀摆放，搭接平稳，以满足填充料密度要求。填料预留压缩变形高度一般取 3cm（高出网垫）。

网垫填料施工质量控制的关键是格宾网垫填料后的变形与密实度的控制。

(4) 网垫封盖。当单个网垫填料完成后，即可将网盖与网垫、隔断网片、相邻网垫按间距 15～20cm 的要求绑扎，详见图 5-21。

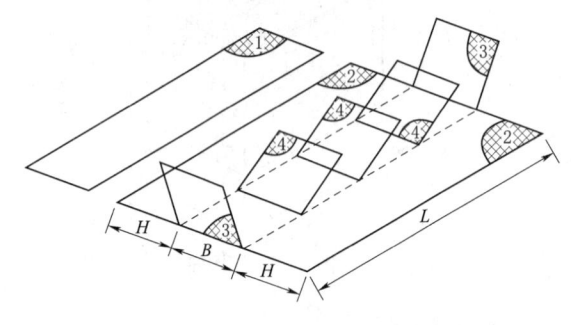

图 5-20  格宾网垫展开图
1—网盖；2—网身；3—端网；4—隔网；$L$—网箱长度；$B$—网箱宽度；$H$—网箱高度

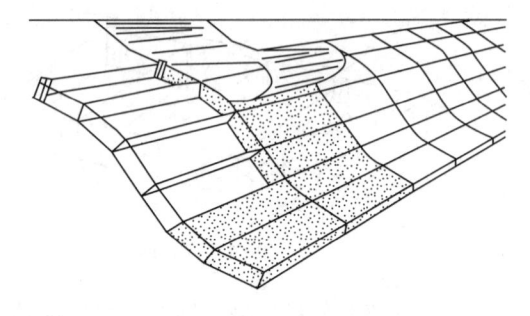

图 5-21  格宾网垫铺设示意图

2. 网箱施工

(1) 施工工序。

1) 格宾网箱主要用于护坡的基础部位，其施工前应结合不同水环境特点的河道、沟道、渠道湖泊景观水道的水特点，提出围绕排水、基槽稳定为主的施工组织设计。

2) 在有导流的条件下，应将工程段落的水导流至其他沟道或上下游，以减少来水量，降低作业面水位。

3) 针对河道、沟道、渠道、湖泊景观水道基础施工排水、基槽稳定实际状况，基础网箱施工分为干法施工和水下施工两种，其工序流程详见图5-22和图5-23。

图5-22 格宾网箱基础干法施工工序流程图

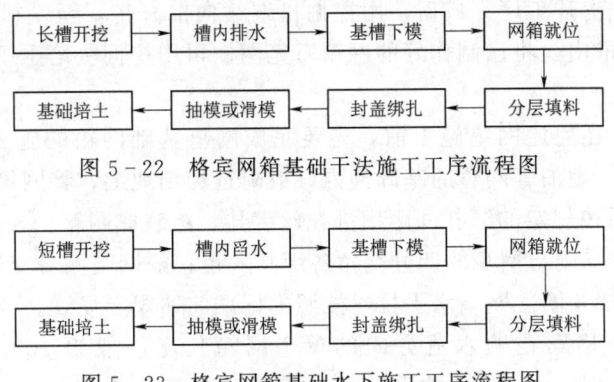

图5-23 格宾网箱基础水下施工工序流程图

（2）网箱干法施工。干法施工是指通过排水措施后，基槽内积水深度小于30cm，且基槽稳定，没有明显流土、流沙现象的作业方式。

（3）网箱水下施工。水下施工是指场地排水困难，基槽内积水深度大的场合。此时基槽开挖一般采用"短槽"式，长度约为3～5m。具体做法如下。

1）基槽开挖，形成局部围堰。根据基础宽度和深度，采用与基础宽度相近的挖掘机铲斗，沿纵向预挖长3m的基槽，形成局部围堰。基槽开挖弃土就近堆放至基槽临水侧，形成小围堰，并进行适当拍压密实，减少外水漏入基槽。在开挖基槽时及时控制基础高程。

2）基槽舀水。基槽成型后，用挖掘机铲斗将已开挖的基槽内的积水快速舀出。

3）基槽下模。快速将事先准备好的钢制滑模起吊至已开挖好基槽内，采取机械和人工相结合摆正滑模，再次确定高程。

4）模内网箱就位。将绑扎好的2m×1m×1m（长×宽×高）的网箱摆放至滑模内，为了保证网箱在填充石料时不变形，用直径3cm钢管横担于网箱上沿中间位置，将网箱两侧撑开，如图5-24所示。

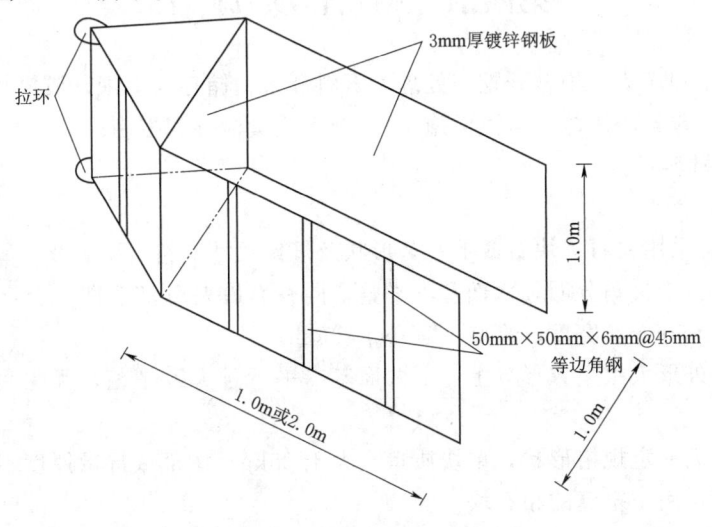

图5-24 钢制滑模图

5) 网箱填料。用挖掘机向网箱内缓慢填充石料，待石料填满后封盖绑扎。

6) 撤模培土。上述工序完成后，用挖掘机继续向前开挖，至基槽高程合格后，将滑模撤走至开挖的基槽内，将已制作好的网箱石笼两侧再用挖掘机培土压实。

(4) 网箱组装。

1) 单个网箱。在前述网垫施工前，先要完成网垫基础网箱的施工。一般先在河道、沟道、渠道、水库、湖泊等网垫的基础槽内，或附近的场地上，将网箱半成品的隔片与网身调整成90°，之后按规定的绑扎间距用绑扎丝绑扎，组装成网箱。

2) 绑扎要求。隔网与网身的四处交角各绑扎一道；隔网与网身交接处，每间隔15cm绑扎一道，每道缠绕4圈。网箱水平拉丝按照本标准前述规定设置。

3) 网箱集成。格宾在顺水流方向的单个网箱长度一般为100～200cm、宽80～100cm、埋深100～150cm，在其按设计要求摆放到位后，要将相邻（上、下，左、右）网箱的边丝按规定的间距用绑扎丝绑扎，拼装成基础的连续网箱。

(5) 网箱填料。网箱填料除满足前述网垫填料的基本要求外，还应符合以下要求：①应依次、均匀、分批向各网箱内填料，严禁将单个网箱一次性填满。②对于高度不小于100cm的网箱，要结合设置的水平拉丝，采用分层填料的方式填筑，避免网箱产生超规定的变形。③为了使外露格宾网箱工程的外观平顺、美观，对有特殊要求的网箱，施工时应在有防变形支撑措施下填充石料。

(6) 网箱封盖。当单个网箱按照要求完成填料后，即可将网盖与网箱边丝、相邻（上、下，左、右）网箱之间的边丝按要求绑扎在一起，绑扎间距15～20cm。

3. 挡墙施工

格宾挡墙施工除参照前述网垫、网箱施工要求外，还要按照格宾挡墙专项设计与施工要求进行。对于水景观要求较高的城市河道护岸挡墙的外露面，可以考虑采用无锈熔接网，但必须经充分论证后酌情选用。

## 第四节　砌石坝施工

砌石坝施工程序为：坝基开挖与处理，石料开采、储存与上坝，胶凝材料的制备与运输，坝体砌筑（包括防渗体、溢流面施工），施工质量检查和控制。

### 一、筑坝材料

**（一）石料**

(1) 石料可采用料石、块石或毛石，形状及规格尺寸应符合下列规定。

1) 粗料石：应棱角分明，六面基本平整，同一面最大高差不宜大于石料长度的3%，石料长度宜大于50cm，宽度、高度不宜小于25cm。

2) 块石：外形大致呈方形，上、下两面基本平行且大致平整，无尖角、薄边，块厚宜大于20cm。

3) 毛石：无一定规格形状，单块质量宜大于25kg，中部或局部厚度不宜小于20cm。

4) 塞缝石：用于塞缝的小石块。

(2) 石料应质地坚硬、完整，不应出现剥落层或裂纹。

(3) 各种成品石料，应根据其品种、规格应分别堆放，堆放场地应平整、干燥，排水畅通。

**(二) 混凝土预制块**

(1) 混凝土预制块可用作砌石坝面石，其形状、规格和强度等指标，应符合设计要求。

(2) 外购的混凝土预制块应有产品质量证明文件，在使用前应进行复检。

(3) 现场制作混凝土预制块，应符合下列要求。

1) 制作场地应平整、坚实，宜硬化且排水良好。

2) 模具尺寸应符合设计要求，模具的刚度、强度应满足预制块制作质量要求。

3) 混凝土应按批准的配合比拌制。

4) 单块预制块应一次浇筑成型，应及时养护，时间不应少于28d。

5) 预制块表面应平整，外露面应光滑，其他面应粗糙，不宜有开裂、蜂窝。

(4) 混凝土预制块堆放、运输，应符合下列规定：

1) 预制块脱模应在混凝土强度达到2.5MPa，且表面、棱角不因脱模而受损。

2) 预制块移动、堆放及运输应达到设计强度的70%。

3) 应采取合适的运输方法，根据受力特点确定支承及起吊位置。

**(三) 胶结材料**

(1) 砌石坝的胶结材料可采用水泥砂浆和一、二级配混凝土。

(2) 水泥宜选用普通硅酸盐水泥；当环境水对砌体的胶结材料有硫酸盐侵蚀时，宜采用抗硫酸盐硅酸盐水泥；当受海水、盐雾作用时，宜采用矿渣硅酸盐水泥。

(3) 胶结材料宜掺入适量的掺和料和外加剂。掺和料宜采用粉煤灰，外加剂的品种和掺量应根据工程技术要求和环境条件，经试验确定。

(4) 胶结材料的配合比，应符合下列规定。

1) 强度等级和保证率应符合设计规定。

2) 应进行配合比设计及试验。

3) 水泥砂浆的稠度宜为4~6cm；混凝土的坍落度宜为5~8cm。

4) 当原材料发生变化时，应重新进行配合比设计及试验。

(5) 胶结材料的拌制应符合下列规定。

1) 宜集中机械拌制，遵守签发的配料单进行，随拌随用，在初凝前使用完毕。

2) 外加剂溶液称量的允许偏差为±1%，水泥、砂、石称量的允许偏差为±2%。

3) 砂浆拌和时间不应少于2min，混凝土拌和时间应符合《水工混凝土施工规范》(SL 677—2014) 中的相关规定。

4) 拌和过程中，根据气候条件定时检测骨料含水率，气候条件变化较大时，应加密检测次数。

5) 当砂的细度模数变化超过±0.2，砂的含水率变化超过±0.5%或砾（碎石）的含水率变化超过±0.2%时，应及时修正胶结材料的配合比。

(6) 胶结材料的运输应符合下列要求。

1) 不同品种的胶结材料应分别选择相适应的设备进行运输。

2）应减少胶结材料的转运次数和运输时间。

## 二、石料开采与上坝

浆砌石坝所采用的石料有料石、块石和片石。料石一般用于拱结构和坝面栏杆的砌筑，块石用于砌筑重力坝内部，片石则用于填塞空隙。石料大小应根据搬运条件确定，大、中、小石应有一定比例。坝面石料多采用人工抬运，石块质量以不超过80～200kg为宜。

砌石坝坝面施工场地更狭窄，人工抬运与机械运输混合进行，运输安全问题大。布置料场时，应尽可能将料场布置在坝址附近，最好在河谷两岸各占所需石料的一半，以便从两岸同时运输上坝。为了避免采料干扰，料场不应集中在一处，一般要选择4个以上料场，且应高出坝顶，使石料保持水平或下坡运输。为方便施工，应在坝址两岸100m范围的不同高程处设置若干储料场，用以储存从料场采运来的石料。储存的石料应是经过石工筛选可以直接用于砌筑的块石或加工好的条石。

石料上坝采用人工抬运，既不安全且劳动强度大，应考虑用架子车、拖拉机等机具运输。上坝路可沿山体不同高程布置。也可先用机具将石料运至坝脚下，再用卷扬机提升至坝顶，如图5-25、图5-26所示。石料上坝前应用水冲洗干净，并使其充分吸水，达到饱和。

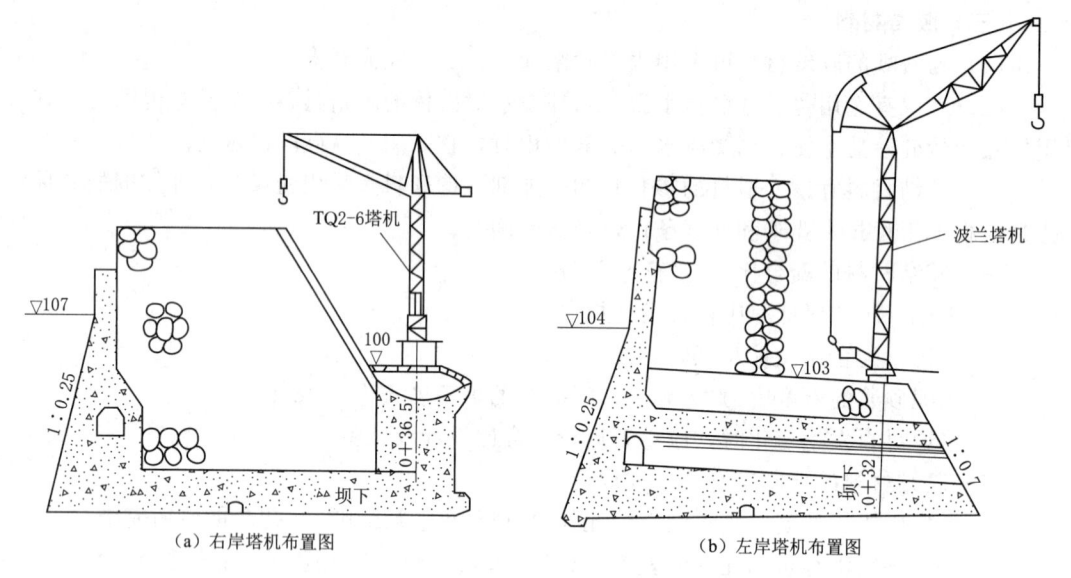

(a) 右岸塔机布置图　　(b) 左岸塔机布置图

图5-25　某砌石坝塔式起重机运输上坝布置示意图（单位：m）

## 三、坝体砌筑

坝基开挖与处理结束经验收合格后，即可进行坝体砌筑。块石砌筑是砌石坝施工的关键工作，砌筑质量直接影响到坝体的整体强度和防渗效果。故应根据不同坝型，合理选择砌筑方法，严格控制施工工艺。

**（一）浆砌石拱坝砌筑**

（1）全拱逐层全断面均匀上升砌筑。这种方法是沿坝体全长砌筑，每层面石、腹石同时砌筑，逐层上升。一般采用一顺一丁或一顺二丁砌筑法。如图5-27（a）所示。

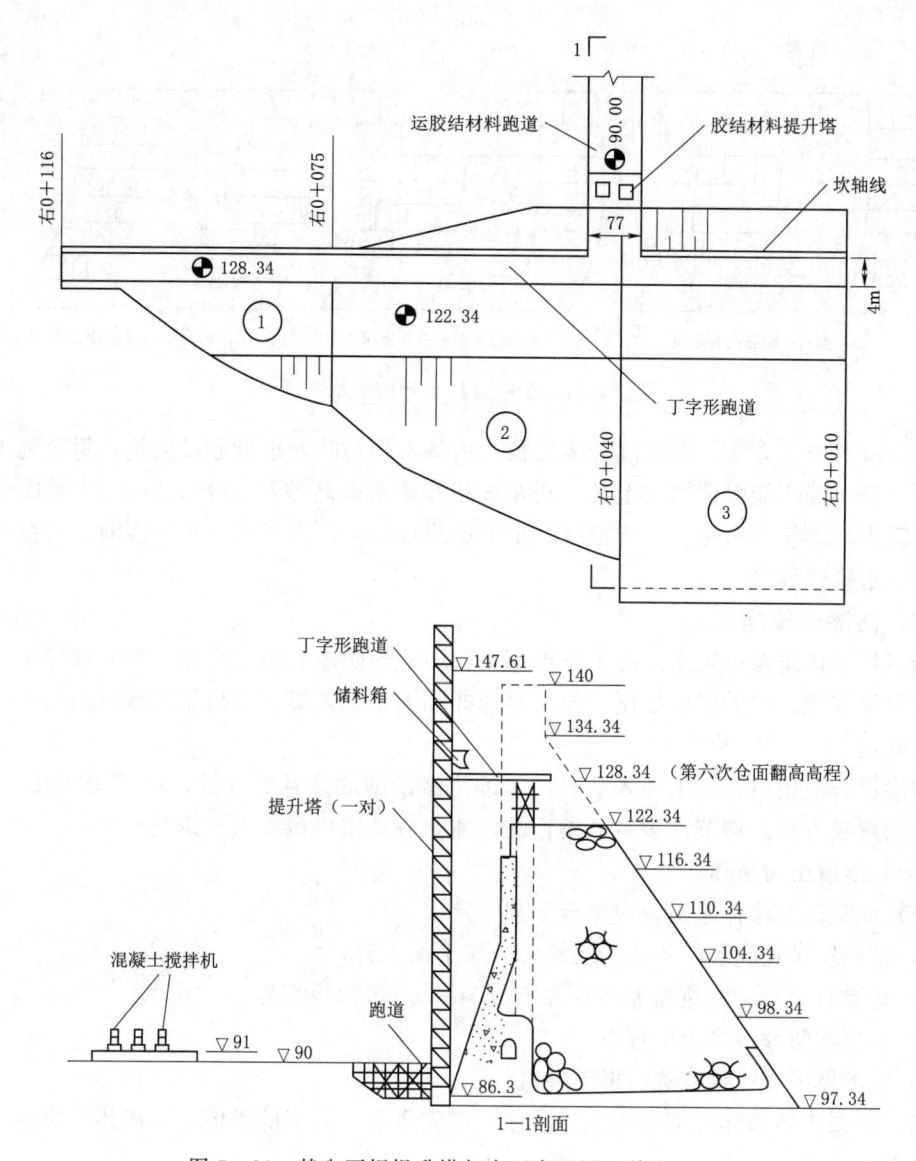

图 5-26　某砌石坝提升塔与仓面布置图（单位：m）

（2）全拱逐层上升，面石、腹石分开砌筑。沿拱圈全长先砌面石，再砌腹石。这种方法用于拱圈断面大、坝体较高的拱坝，如图 5-27（b）所示。

（3）全拱逐层上升，面石内填混凝土。沿拱圈全长先砌内外拱圈面石，形成厢槽，再在槽内浇筑混凝土。这种方法用于拱圈较薄、混凝土防渗体设在中间的拱坝，如图 5-27（c）所示。

（4）分段砌筑，逐层上升。将拱圈分成若干段，每段先砌四周面石，然后再砌筑腹石，逐层上升。这种方法适用于跨度较大的拱坝，便于劳动组合，但增加了径向通缝。

**（二）浆砌重力坝砌筑**

重力坝体积比拱坝大，砌筑工作面开阔，一般采用沿坝体全长逐层砌筑，平行上升，

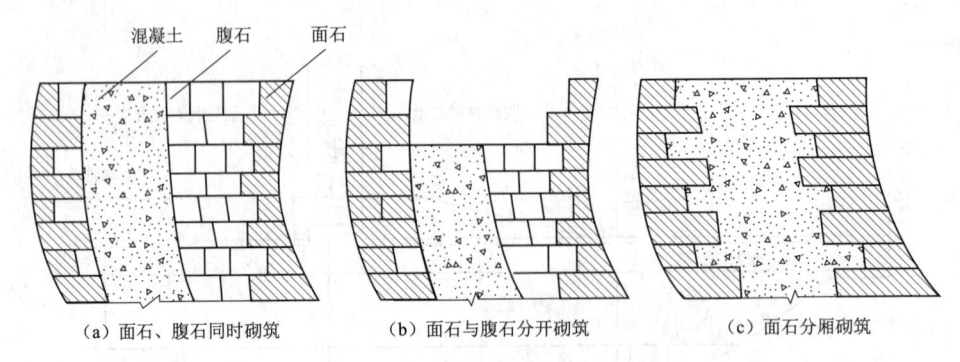

(a) 面石、腹石同时砌筑　　(b) 面石与腹石分开砌筑　　(c) 面石分厢砌筑

图 5-27　全拱逐层上升砌筑示意图

砌筑不分段的施工方法。但当坝轴线较长、地基不均匀时，也可分段砌筑，每个施工段逐层均匀上升。若不能保证均匀上升，则要求相邻砌筑面高差不大于1.5m，并做成台阶形连接。重力坝砌筑，多用上下层错缝，水平通缝法施工。为了减少水平渗漏，可在坝体中间砌筑一水平错缝段。

### 四、防渗设施施工

砌石坝坝体防渗可采用混凝土防渗面板、混凝土防渗心墙、坝体自身防渗等形式。

防渗设施施工时的温度控制、原材料选择和施工工艺等，应根据防渗设施的结构类型来进行确定。

防渗设施应按设计要求伸入基岩，邻近防渗设施的建基面开挖，应采用浅孔、密孔、少药量的爆破方法，遇节理裂缝极发育的岩体，应预留机械或人工撬挖层。

#### （一）混凝土防渗体

(1) 混凝土防渗体施工，应符合下列规定。

1) 宜分块跳仓浇筑，各块的浇筑应分层平衡上升。

2) 防渗心墙每层浇筑高度不宜大于1.5m，防渗面板宜为2～4m。

3) 不应在防渗混凝土中埋石。

4) 防渗体的施工缝应进行凿毛冲洗。

(2) 混凝土防渗体与砌石的施工顺序，应先砌石，后浇防渗体。防渗体的浇筑，宜略低于砌石面。

(3) 重力坝的防渗心墙施工，宜符合下列规定。

1) 在坝体和防渗心墙均不设永久横缝时，宜采用竖向施工缝分仓跳块浇筑施工，缝距宜为9～12m，缝面不凿毛，可设1～2道止水片止水或按施工缝处理。

2) 在坝体不设永久横缝，防渗心墙设永久横缝时，并与上游砌石体贯通，缝距宜为10～20m，竖缝按结构缝处理，缝间填塞沥青油毡并设置橡胶止水带止水。

3) 在坝体设永久结构缝时，其缝距宜为心墙缝距的两倍，并按结构缝要求进行处理。

(4) 拱坝的防渗心墙施工，应符合下列规定。

1) 采用窄缝跳块浇筑时，施工缝宜为窄缝，不凿毛，宜按缝距为10～20m跳块浇筑，并在气温低于年平均温度时进行封缝灌浆。

2) 采用宽缝跳块浇筑时，宽缝面预留凹槽或锯齿形槽，缝宽宜为0.8～1.0m，缝距宜为 10～20m。宽缝应人工凿毛、冲洗。宽缝回填混凝土应在低温季节进行浇筑。

3) 宽缝跳块浇筑宜与不分缝薄层通仓浇筑相结合。每年高温季节坝体预留宽缝，次年低温季节对宽缝进行封拱回填；低温季节心墙浇筑和坝体浇筑通仓进行，不留宽缝。

4) 混凝土防渗面板施工应采取分缝跳块浇筑方式，分缝间距宜为 10～20m。

### （二）坝体自身防渗

(1) 坝体自身防渗应采用混凝土作为胶结材料，并使用机械振捣。

(2) 坝体自身防渗时，每砌高 4～5m，应进行钻孔压水试验，透水率不合格的砌体应进行补强灌浆处理。

(3) 采用水泥砂浆勾缝防渗时，应符合下列规定。

1) 勾缝砂浆的抗渗强度等级应符合设计要求。

2) 勾缝砂浆可选用 1∶1.0～1∶2.0 之间的水灰比。

3) 砂浆应单独拌制，分次填浆、分次压实。

4) 采用其他材料防渗时，应通过试验确定，满足设计要求。

### （三）止水设施

止水设施采用金属止水片时，应符合下列规定。

（1）金属止水片应平整，表面的浮皮、锈污、油漆、油渍等应清除干净，砂眼、钉孔等应予补焊。

（2）金属止水片的衔接，按其厚度可分别采用折叠、咬接或搭接。搭接长度不应小于 20mm。咬接或搭接应双面焊缝。

（3）不应出现水泥浆进入止水片凹槽内的现象。

## 第五节 防冲体及沉排施工

### 一、防冲体施工

#### （一）散抛石施工

1. 抛石网格划分

水下抛石护岸施工一般采用网格抛石法，即施工前将抛石水域划分为矩形网格，将设计抛石工程量计入相应网格中去，在施工过程中再按照预先划分的网格及其工程量进行抛投，这样就能从抛投量和抛投均匀性两方面有效地控制施工质量。

水下抛石施工一般采用抛石船横向移位方式完成断面抛石，抛石施工时，石料从运石船有效装载区域两侧船舷抛出，因此，抛投断面的宽度与抛石船有效装载长度基本相同。为便于网格抛石施工，取网格纵向长度与抛石断面宽度一致较为合理。施工通常采用的钢质机动驳船，其甲板有效装载长度约为 18～20m，网格纵向长度可参考这一数值。

抛石护脚单元工程的划分沿岸线方向一般跨 2 个设计断面，总长为 80m，抛石区域宽度一般约为 50～60m。将单元纵向长度按 4 段等分为网格纵向长度，刚好 20m，与一般抛石船有效工作长度一致，也符合验收规范对测量横断面间距的要求。网格横向长度根据抛石区域宽度在 5～10m 范围内选取，为避免网格过密，宜取为 10m。

综合考虑以上因素，对于一般抛石护脚单元推荐按 20m×10m（纵向×横向）划分网格。

2. 施工测量放样

(1) 建立测量控制网。首先布设施工控制网。控制网在转折处设一控制点，直线段每200m左右设一点，控制点等用混凝土护桩，并做明显标志，以防止破坏。

(2) 施工测量。测设水下抛石网格控制线。依据设计图纸给定的断面控制点和抛石网格划分，结合岸坡地形，采用全站仪精确定位，确定抛石网格断面线上的起抛控制点和方向控制点，每个控制点均应设置控制桩表示，见图 5-28。

图 5-28 中，$C$ 点为网格线上的起抛控制点，是确定和测量抛石网格横向间距的基点；$D$ 点为网格线方向参考点，确定横向网格线的延伸方向。$C$、$D$ 点间保持一定距离 $L$，$L$ 值应适当取大，以保证控制精度。若起抛控制点 $C$ 因地形原因设置标记有困难，则可以向岸坡方向适当平移。抛石网格控制标记设置应牢靠，要便于观测使用，施工中要注意妥善保护。

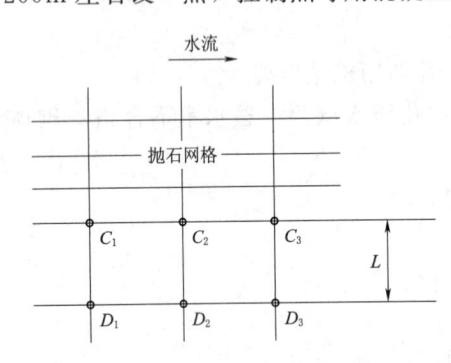

图 5-28 抛石网格控制点布置示意图
$C$—起抛石控制点；$D$—方向控制点

3. 抛投试验

抛石定位船定位时，需要根据块石入水后的漂距来确定其定位偏移量。抛石漂距可以在施工过程中随时通过抛投实测方法确定，但在一般施工过程中，如果要求定位船每次定位都通过抛石实测来确定漂距，那么定位过程会过于烦琐，也会严重影响施工效率。因此，施工中通常的做法是在正式抛石前先进行抛投试验，通过实验获得在施工水域内不同质量块石在不同流速和水深时的落点漂移规律，在此基础上得到适用于该水域的漂距计算经验公式或经验数据查对表格。实际施工中，当定位船需要在某一抛投位置定位时，只需测量该位置水深和流速，即可利用经验公式或表格，直接计算或查取漂距值，作为定位依据。

抛投试验的做法如下：先对试验区域内的水的流速、水深进行测量，再对每个典型的块石进行称重，然后测定单个块石的漂距，如此重复对不同质量的块石在不同流速、不同水深条件下进行漂距的测定，测出多组数据，最后整理出试验成果。在此基础上通过对试验成果的分析，选择合适于施工水域的经验公式的系数 $k$ 值，或编制适用于该具体工程的"抛石位移查对表"。

4. 水下断面测量

水下抛石层厚度是护岸工程质量验收的检测项目之一，检测值通过抛前、抛后水下地形测量结果分析计算得出。

抛前地形测量应在正式抛石前进行，抛石后的地形测量应在跑时候立刻进行，以使其成果较真实地反映抛前、抛后的实际情况。水下抛石地形测量除按 1∶200 的比例绘制平面地形图外，还应按规定沿岸线 20~50m 测一横断面，每个横断面间隔 5~10m 的水平距离应有一个测点，对抛前、抛后及设计抛石坡度线套绘进行对比，要求抛后剖面线的每个测点与设计线相应位置的测点误差为±30cm。

5. 定位船定位

定位船一般要求采用 200t 以上的钢质船，从定位形式上可分为单船竖一字形定位、单船横一字形定位和双船 L 形定位三种，如图 5-29 所示。

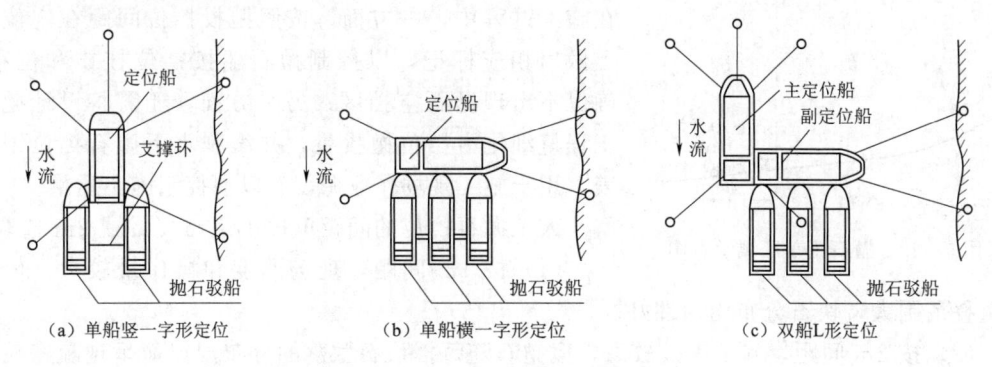

图 5-29　定位船定位形式

(1) 单船竖一字形定位主要适用于水流较急的情况，船只水流定位较为稳定、安全，一次只能挂靠 1~2 艘抛石驳船进行抛投。定位船沿顺水方向采用"五锚法"固定，在船首用一主锚固定，在船体前半部和后半部分别用锚呈八字形固定，靠岸侧采用钢丝绳直接固定于岸上。利用船前后齿轮绞盘绞动定位锚及钢丝绳使定位船上、下游及横向移动。

(2) 单船横一字形定位主要适用于水流较缓的情况，一次可挂靠多艘抛石驳船进行抛投。定位船采用"四锚法"固定，在船体迎水侧及背水侧分别用两根锚呈八字形斜拉固定，靠岸侧两根锚直接固定于岸上。

(3) 双船 L 形定位综合了前两种定位方式的优点，采用的是将两条船固定成 L 形，主定位船平行于水流方向，副定位船垂直于水流方向。其适用于不同流速，一次可挂靠多艘抛石驳船进行抛投。主定位船采用"五锚法"固定于江中，副定位船采用"四锚法"固定，靠江心方向固定于主定位船上，靠岸侧固定于岸上。在同一抛投横断面位移时，主定位船固定不动，绞动副定位船使其上、下游及横向移动。

准确定位之前，须进行水深、流速等参数的测量，以便计算漂距，确定抛投提前量。

6. 石料计量

水下抛石的石料计量可以采用体积测量方法，也可以采用质量测量方法。两者之间换算：对于一般石料（花岗岩，质量密度约 $2.65t/m^3$），在自然堆码状态下通过测量堆码外形尺寸所得体积与石料实际质量间的关系（容重）约为 $1.7t/m^3$。

体积测量方法（量方法）就是在船上直接量出石料体积，再按石料堆放的空隙率，折算出最后的验收方量，其主要优点是验收方法简单、速度快，缺点是空隙率难以确定、矛盾多。

质量测量方法（称重法）就是将船上的石料全部过磅称重，再按 $1.7t/m^3$ 折合成验收方量，其主要优点是数量准确合理，缺点是过磅速度慢，不能满足施工进度的要求。

7. 抛石挡位划定和挂挡作业方法

根据实验和经验的总结，在抛石船船舷处于平行于水流方向时，人工抛投石块覆盖区域的宽度一般为船舷下向外约达 1~2m，见图 5-30。

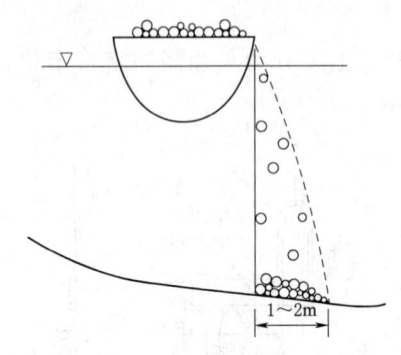

图5-30 抛石覆盖区域示意图

为避免抛石过程中抛石位移间距过大,出现块石抛投不均匀,甚至出现空缺的情况,一般在施工前,均应预先按照抛石覆盖宽度指定抛石横向位移挡位。在施工过程中,一方面,按照抛投挡位间距在定位船上做出相应标记,以控制抛石船按挡位挂靠和位移,确保不出现抛石空挡区;另一方面,还需将设计抛石工程量细化为挡位抛投量,并编制水下抛石挡位记录表,用于施工现场作业调度,以便控制施工质量。

人工抛石挡位的间距可按 1m、1.5m 或 2m 选取。

(1) 按 1m 间距,现场调度和操作量较大,但每挡重叠范围大,块石分布均匀性好。

(2) 按 2m 间距,施工工效较高,但抛石随每挡块石散落的分布规律而呈现疏密波动变化。

(3) 按 1.5m 间距,优劣介于以上两种情况。在网格工程量统计时可能会由于网格的行宽度与挡位间距不是整倍数关系而需要对挡位抛石量进行比例分配,影响统计结果的直观性。

抛石护岸施工有时受工程量大、工期紧等因素制约,需要进行多作业面、高强度施工,导致施工现场情况复杂,准确而有序的现场施工调度是保证施工质量的关键。因此,需要注意以下事项。

(1) 定位船上挡位标记与抛石船挂靠时的对应关系必须事前明确规定,并在施工中严格执行。

(2) 当抛石船两侧需要同时抛投时,则按两侧船舷实际对准的挡位标记进行记录,如有少量误差,可适当兼顾。

(3) 挡位抛石量由施工员现场在挡位抛石量分解表相应空格内及时累加,达到设计量时即指挥抛石船位移。

(4) 如抛石船有效长度小于网格长度,则在抛投过程中采取弥补措施,如将抛石船沿纵向适当位移抛投,或由其他抛石船补抛局部区域等。若抛石船有效长度超过网格长度,则应要求施工人员将块石抛入网格范围内。

(5) 抛石船上的石方量如需分割,则由施工员现场估测后做出标记,并指挥完成。

(6) 各档位石方量误差按±5%控制。

8. 抛石作业

抛石作业一般采用经过培训、具有抛石作业资格的人员实施人工抛投。抛石工人作业时须穿戴救生衣。在施工强度较大的区域施工,亦可采用小型船载挖掘机抛投。抛投施工必须服从现场施工员、质检员的指挥调度,服从旁站监理人员的监督管理。

(1) 开工前,施工单位的施工员、质检员应到岗,否则,现场监理人员可指示暂缓开工。

(2) 抛石施工前,应检查各项准备工作及相应工作表格是否准备好。抛投顺序安排是否符合从上游向下游依次抛石的规定。定位船上的挡位划分标记是否完备正确。

（3）挡位抛投量和网格抛投量应依据设计方量进行控制，按照"总量控制、局部调整"的原则施工。施工控制中应贯彻"接坡石抛足、坡面石抛匀、备填石抛准，对突出坡嘴处控制方量，对崩窝回流区适当加抛，尽量保证水下近岸水流平顺"的设计意图。实抛过程中，应通过挡位抛石的正确调度，使网格的设计抛石量误差控制在 $0\sim+10\%$ 以内。

（4）在抛投作业中，现场监理工程师应对抛投过程进行旁站，检查定位船定位记录和抛石船的挂挡抛石记录，并予以签证。对于机械抛投，应监督挖掘机手严格按设计量和船载石方量标记分层挖抛，保证平缓移车和均匀抛投到位，严禁沿船舷推块石入江；对于人工抛投，应服从施工员现场调度，严格控制挡位内超抛或欠抛现象。对因船型不一致（主要是前舱距不一致）或抛石船搭接不好而产生的漏抛区位，以及现场观察分析有欠抛现象的部位，应及时采取措施补救。

（5）完成一个单元的全部抛石断面（段）施工后，应及时进行单元工程量汇总，按照抛石现场原始记录"水下抛石挡位抛石量记录表"数据，汇总为单元网格工程量，填写"抛石网格工程量统计表"，并由监理工程师签证，作为单元工程验收和工程量支付的依据。

### （二）石笼防冲体施工

当现场石块体积较小、抛投后可能被水冲走时，可采用抛投石笼的方法。

抛投石笼应从险情严重的部位开始，并连续抛投至一定高度。可以抛投笼堆，亦可普遍抛笼。在抛投过程中，需不断检测抛投面坡度，一般应使该坡度达到 1:1。

应预先编织、扎结铅丝网、钢筋网或竹网，在现场充填石料。石笼体积一般应达到 $1.0\sim2.5 m^3$，具体大小应视现场抛投手段而定。

抛投石笼一般在距水面较近的坝顶或堤坡平台上，或船只上实施。船上抛笼，可将船只锚定在抛笼地点直接下投，以便较准确地抛至预计地点。在流速较大的情况下，可同时从坝顶和船只上抛笼，以加快抛投速度。

抛笼完成以后，应全面进行一次水下探摸，将笼与笼接头不严之处用大石块抛填补齐。

### （三）土工袋（包）防冲体

在缺乏石料的地方，可利用草袋、麻袋和土石编织袋充填土料进行抛投护脚。在抢险情况下，采用这一方法是可行的。其中，土工编织袋又优于草袋、麻袋，相对较为坚韧耐用。

每个土袋重量宜在 50kg 以上，袋子装土的充填度为 $70\%\sim80\%$，以充填沙土、砂壤土为好，充填完毕后用铅丝或尼龙绳绑扎封口。

可从船只上或从堤岸上用滑板导滑抛投，层层迭压。如流速过高，可将 2~3 个土袋捆扎连成一体抛投。在施工过程中，需先抛一部分土袋将水面以下深槽底部填平。抛袋要在整个深槽范围内进行，层层交错排列，顺坡上抛，坡度 1:1，直至达到要求的高度。在土袋护体坡面上，还需抛投石块和石笼，以作为保护。在施工中，要严防坚硬物扎破、撕裂袋子。

### （四）抛柳石枕

对淘刷较严重、基础冲塌较多的情况，仅石块抢护，因间隙透水，效果不佳。常可采用抛柳石枕抢护。

柳石枕的长度视工地条件和需要而定，长10m左右，最短不小于3m，直径0.8～1.0m。柳、石体积比约为2：1，也可根据流速大小适当调整比例。

推枕前要先探摸冲淘部位的情况，要从抢护部位稍上游推枕，以便柳石枕入水后有藏头的地方。若分段推枕，最好同时进行，以便衔接。要避免枕与枕交叉、搁浅、悬空和坡度不顺等现象发生。如河底淘刷严重，应在枕前再加第二层枕。要待枕下沉稳定后，继续加抛，直至抛出水面1.0m以上。在柳石枕护体面上，还应加抛石块、石笼等，以作为保护。

选用上述几种抛投物料措施的根本目的，在于固基、阻滑和抗冲。因此，特别要注意将物料投放在关键部位，即冲坑最深处。要避免将物料抛投在下滑坡体上，以加重险情。

在条件许可的情况下，在抛投物料前应先做垫层，可考虑选用满足反滤和透水性准则的土工织物材料。无滤层的抛石下部常易被淘刷，从而导致抛石的下沉崩塌。当然，在抢险的紧急关头，往往难以先做好垫层。一旦险情稳定，就应立即补做此项工作。

## 二、沉排施工

### （一）铰链混凝土块沉排

根据需要，先进行混凝土铰链排系排梁等施工，再进行混凝土铰链排的沉放施工。

沉排采用机械化施工，水上部分可由人工配合施工。混凝土铰链排的沉排施工按纵向自上游下游往下上游进行。混凝土铰链排为先浇筑系排梁，预制混凝土排体由自卸汽车或运输船运至工地现场拼装，排体沉放主要采用两艘甲板驳船施工。

排体混凝土块在混凝土预制厂预制，由10t自卸汽车或运输船运至工地现场拼装。沉排船由两艘400t甲板驳船连接，船面设钢平台，近岸侧焊制圆弧形钢滑板。船上设拉排梁、卡排梁、拉排卷扬机及提升机械等。另配起重船、运输船、拖轮，用于运输和拼装排体单元。

沉排按纵向自下游往上游进行。施工时，沉排船要准确定位。先在沉排船上铺洒滑石粉，起重船将排体单元吊至沉排船上，排首与系排梁相对，提起卡排梁利用起重船锚机使沉排船向江心移动，排体单元经圆弧形钢滑板徐徐沉入水下。拉排梁用于控制下滑速度，卡排梁卡住排体单元的最后两行排体，以连接下一排体单元，如此反复，直到全部沉放完成。排体沉放完成后，挂接在水位变幅区已铺好的最下一行排体上。

施工时视水位情况，陆上沉排部分可采用人工铺设。对常年水位变幅区，先铺无纺布，在无纺布以上铺0.3m厚的碎石，再压上排体。水位变幅区以下排体下面铺设涤纶布，与排体一起施工。

### （二）土工织物软体沉排

1. 施工准备

（1）水下地形测量。由于险工段的水下地形变化较大，施工时的地形可能与设计资料有较大差别，所以一般在正式施工前应测量水下地形，作出平面图和断面图。

（2）坡面处理。为使排体与地面接触良好，应使之尽量平整。特别是当存在陡坎或过大的坑洼时，可采取抛填土枕（袋）或不带尖刺的碎石整平。

（3）备料。对于沉排施工，充分备料至关重要，否则由此造成停工将大大影响沉排质量。特别是在深水条件下进行大面积冰上施工的情况下,排体在冰上停留时间过长将产生过大变形,甚至塌落。

(4) 施工机械设备和施工队伍。不同的沉排形式和施工方法,所需的机械设备和数量不同。如整体软排水中沉放需要大型船只,冰上沉排只需简单的工具。因此,应根据具体情况确定施工安排,准备所需的设备和组织施工队伍。

2. 排布与网绳制作

排布可在工厂或现场制作,应采用尼龙线缝合方法连接。现场缝合用手提式缝合机,缝合强度不宜低于母体强度80%。布排时,接缝应在受力小的方向,如图5-31所示。

冰上和浅(旱)滩地铺排时,在按设计要求范围内清除尖刺物、平整好冰面的地面后,按要求间距布设纵横网绳,再铺上事先制好的排片(或就地缝排布),并在结点处用尼龙绳将绳网与排布缠结在一起。采取水中铺排时,则事先将网绳与排布按同样方法连接。采用套筒固定网绳时,则将网绳穿入套筒中。

充砂模袋式软体排亦可在工厂或现场制作。模袋式软体排可用类似人工混凝土模袋的方法缝制,也可采用塑料销方法控制厚度。后者曾在汉江航道整治工程中试用,并称为砂垫软体排,如图5-32和图5-33所示。

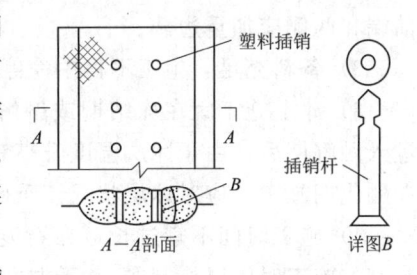

图5-31 软体排缝合示意图

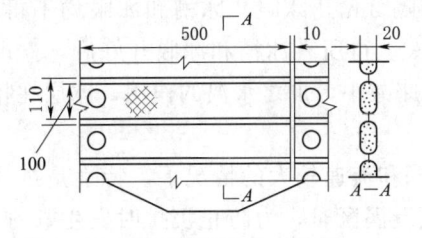

图5-32 单个模袋尺寸(单位:cm)

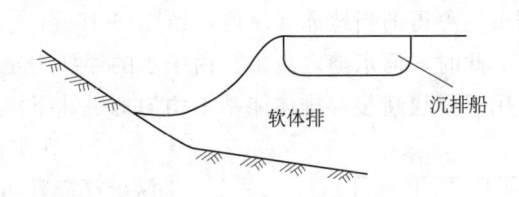

图5-33 护岸软体排沉放示意图

3. 排体沉放

(1) 浅滩作业。浅滩作业是指流速小、水深不大于1m或干滩条件下进行软体排施工,其中也包括闸下游和导流低坝上下游无水或浅水情况。

在旱滩情况下,施工简单,各道工序都可在现场用机械或人工完成。但排布必须及时保护,不得暴露时间过长。在浅水的条件下,将排头固定在岸坡上,顺坡向河中牵拉,然后在船上抛投压载。

(2) 船上沉排。水上沉排一般都是采用船上沉排。岸坡软体排的沉放一般是单块排的排首一端固定在岸坡上,然后,沉排船逐渐后退,直至将全部排长落在岸坡上。依此自下游向上游逐块沉放。如图5-34所示,整体压载(如联锁板块)的软体排,在船上将压载与排布连好,同时沉放。若用散载,则先

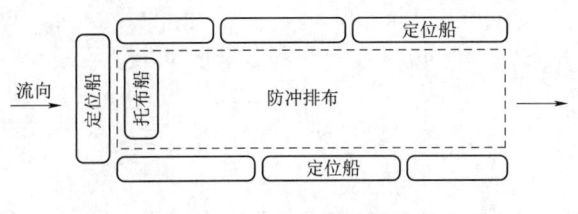

图5-34 水上定位沉排示意

将拼好的单块排布放在驳船上捆扎预压块，叠好，再按以上方式沉排，然后抛压重或在沉排过程中散抛，最后补抛。充砂软体排可在排袋沉放过程中同时充砂。

(3) 卷筒沉放法。水深和流速小，排长不大（一般20m以内）时，可在船或木排上设一滚筒，将软排卷在滚筒上，一端固定于岸坡上或水底，拉动滚筒或靠自重顺坡下滑将排布展开，再抛压载。这种方法所用的排宽受卷筒宽度限制不能过大，搭接较多。

(4) 冰上沉排法。北方寒冷地区进行河岸底脚软体排防护时，利用冬季河流结冰的特点，采取冰上沉排是最为简单有效和节省的办法，冰上施工主要应注意如下几点。

1) 铺排、压载、沉排均在冰上一次完成，排体应连成整体并具有一定的柔性。排的前端和两侧应加重边载。

2) 备料充足，施工不得中途停工。

3) 冰上施工宜在冻结期或融解初期进行，此时冰层厚度逐渐增加到当地最大冰厚。进入融解期后，由于冰层温度升高和结构变化，加之冰厚逐渐减薄，承载力大为降低。若在融化期施工，应对冰层状况慎重研究；尽量缩短施工期。

4) 施工时间不宜过长，在石笼压载的情况下，冻结期施工时的冰厚以不小于50cm为宜，施工时间以控制在10天左右为宜。

5) 软体排沉放前，排首应牢固地锚固在岸坡上，以防排体沉放时滑入水中。

6) 冰上沉排宜采取强迫沉排方法，特别是在深水中和单块排体面积很大的情况下，以控制排体能均匀下沉，加快沉排速度。强迫沉排法是在排体制好后，即同时在其上下游两侧开冰槽，排尾前端约0.5m处沿宽度方向每隔2m开冰眼。冰槽和冰眼均不得打穿，根据事先测得的当地冰层厚度，留10~15cm左右。待所有冰槽和冰眼开好后，立即同时打穿。此时，河水随之溢出。由于水的浮托力迅速减小，加之水温的作用，冰层在排体压重作用下很快断裂，排体能基本均匀地迅速下沉。

7) 在水深和流速较大的情况下，特别是排体上游端处于急流或漩涡区时，为防止沉排时发生卷排事故，可在排体上游角或排角及排边设一根或多根拉绳，拉绳穿过冰底，固定在距排角一定距离的冰面上，如图5-35所示。

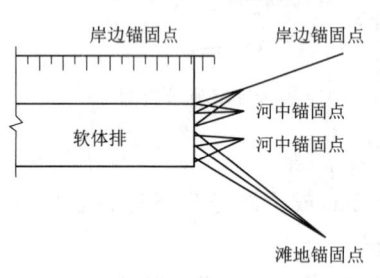

图 5-35 排端拉锚示意图

冰上沉排还有自然沉排方法，即在开江前几天在冰上制排，待冰融开河时排体逐步下沉。这种方法宜在流速较小（一般不大于0.6m/s）、水深不大（一般在3m以内）的情况下采用。

# 第六章

# 疏浚与吹填工程施工

## 第一节 概 述

### 一、疏浚与吹填工程的内容

**（一）疏浚工程的内容**

疏浚工程是利用机械设备进行水下开挖，达到行洪、通航、引水、排涝、清污及扩大蓄水容量、改善生态环境等目的的一种施工作业。

**（二）吹填工程的内容**

吹填工程是由疏浚土的处理发展而来的，是利用机械设备自水下开挖取土，通过泥泵、排泥管线及船舶输送方式输送以达到填筑坑塘、加高地面或加固、加高堤防等目的的一种施工作业。

### 二、疏浚土的工程特性及分级

**（一）疏浚土的工程特性**

疏浚土的工程特性直接影响疏浚机具的挖掘、提升、输送及泥土处理的难易程度，是投标报价以及选择挖泥设备的重要依据。疏浚土的工程特性以疏浚土的工程特性指标来判定。

1. 液性指数 $I_L$ 和锥体沉入土中深度 $h$（mm）

液性指数 $I_L$ 是判断黏土和粉质黏土的软硬状态、表示天然含水率与界限含水率相对关系的指标。

对于黏土和粉质黏土，液限指其从可塑状态变到流动状态的界限含水量。通过现场实验，对黏土和粉质黏土液限测量时锥体沉入土中深度 $h$ 的观察，可以判断其含水量是否超过其液限（$h=10$mm 的含水量），当 $h>10$mm 时，说明其含水量超过其液限，处于流动状态；当 $h<10$mm 时，说明其含水量小于其液限，可根据 $h$ 的大小判断黏土和粉质黏土的状态。表 6-1 列出土的状态与液性指数 $I_L$ 和锥体沉入土中深度的关系，以供参考。

表 6-1 　　　　　　　　　　黏土和粉质黏土的液性指数

| 液性指数 $I_L$ | $I_L \leqslant 0$ | $0 < I_L \leqslant 0.25$ | $0.25 < I_L \leqslant 0.75$ | $0.75 < I_L \leqslant 1$ | $I_L > 1$ |
|---|---|---|---|---|---|
| 锥体沉入土中深度 $h$/mm | <2 | 2～3 | 3～7 | 7～10 | >10 |
| 土的状态 | 坚硬 | 硬塑 | 可塑 | 软塑 | 流动 |

**2. 相对密度 $D_r$ 和贯入击数 $N_{63.5}$**

(1) 相对密度 $D_r$ 用来衡量无黏性土（砂）的松紧程度。$D_r$ 值与砂的松紧程度关系见表 6-2。

表 6-2　　　　　　　　　　砂的相对密度 $D_r$

| 相对密度 $D_r$ | $0<D_r\leqslant 0.33$ | $0.33<D_r\leqslant 0.67$ | $0.67<D_r\leqslant 1$ |
|---|---|---|---|
| 砂的松紧程度 | 疏松 | 中密 | 密实 |

(2) 贯入击数 $N_{63.5}$ 是用现场实验的方法来判断黏性土和砂的密实程度。表 6-3 反映了贯入击数 $N_{63.5}$ 的大小与黏性土和砂密实度之间的关系。

表 6-3　　　　　　　　黏性土和砂的贯入击数 $N_{63.5}$

| 贯入击数 $N_{63.5}$ | $\leqslant 10$ | 10~15 | 15~30 | 30~50 |
|---|---|---|---|---|
| 黏性土和砂的密实度 | 松散 | 稍密 | 中密 | 紧密 |

**3. 饱和密度 $P_f$**

饱和密度 $P_f$ 是指疏浚土间隙充满水时的密度，常和液性指数 $I_L$、贯入击数 $N_{63.5}$、相对密度 $D_r$、锥体沉入土中深度 $h$ 综合判断疏浚土的工程级别。贯入击数 $N_{63.5}$ 和液性指数 $I_L$ 是判断疏浚土工程级别的主要指标。

**（二）疏浚土的分级**

疏浚土的分级见表 6-4。

表 6-4　　　　　　　　　　疏 浚 土 的 分 级

| 级别 | 符号 | 土的分类定名 | 液性指数 $I_L$ | 锥体沉入土中深度 $h$/mm | 贯入击数 $N_{63.5}$ | 相对密度 $D_r$ | 饱和密度 $P_f$/(g·cm$^{-3}$) |
|---|---|---|---|---|---|---|---|
| 1 | CHO<br>MHO | 有机质高液限黏土<br>有机质高液限粉土 | ≥1.50<br>1.50~1.0 | >10 | 0<br>≤2 | — | ≤1.55<br>1.55~1.70 |
| 2 | CLO<br>MLO | 有机质低液限黏土<br>有机质低液限粉土 | 1.00~0.75 | 7~10 | ≤4 | — | 1.80 |
| 3 | CH<br>CL<br>MH<br>ML | 高液限黏土<br>低液限黏土<br>高液限粉土<br>低液限粉土 | 0.75~0.25 | 3~7 | 5~8 | — | >1.80 |
|   | SM<br>SC | 粉土质砂<br>黏土质砂 | — | — | ≤4 | $0<D_r\leqslant 0.33$ | 1.9 |
| 4 | CH<br>CL<br>MH<br>ML | 高液限黏土<br>低液限黏土<br>高液限粉土<br>低液限粉土 | 0.25~0 | 2~3 | 9~14 | — | 1.85~1.90 |
|   | SM<br>SC<br>SW | 粉土质砂<br>黏土质砂<br>级配良好砂 | — | — | 5~10 | $0.33<D_r\leqslant 0.67$ | 1.90 |

续表

| 级别 | 符号 | 土的分类定名 | 液性指数 $I_L$ | 锥体沉入土中深度 $h$/mm | 贯入击数 $N_{63.5}$ | 相对密度 $D_r$ | 饱和密度 $P_f$/(g·cm$^{-3}$) |
|---|---|---|---|---|---|---|---|
|  | CH | 高液限黏土 | 0.25～0 | 2～3 | 9～14 | — | 1.85～1.90 |
| 5 | SM<br>SC<br>SF<br>SW | 粉土质砂<br>黏土质砂<br>含细粒土砂<br>级配良好砂 | — | — | 10～30 | $0.67<D_r\leqslant 1$ | 2.00 |
|  | CL | 低液限黏土 | <0 | <2 | 15～30 | — | 1.90～2.00 |
| 6 | SF<br>SP | 含细粒土砂<br>级配不良砂 | — | — | 15～30 | $0.67<D_r\leqslant 1$ | 2.00 |
|  | CH | 高液限黏土 | <0 | <0 | 15～30 | — | 1.90～2.00 |
| 7 | SM<br>SC<br>SP | 粉土质砂<br>黏土质砂<br>级配不良砂 | — | — | 15～30 | $0.67<D_r\leqslant 1$ | 2.05 |
| 8 | SM<br>SC<br>SP<br>GM<br>GC | 粉土质砂<br>黏土质砂<br>级配不良砂<br>粉土质砾<br>黏土质砾 | — | — | 30～50 | $0.67<D_r\leqslant 1$ | >2.05 |
| 9 | GF<br>GP | 含细粒土砾<br>级配不良砾 | — | — | 15～30 | — | >2.05 |
| 10 | GW | 级配良好砾 | — | — | 30～50 | — | >2.05 |
| 11 | SICb<br>SIB<br>CbSI<br>BSI<br>Cb<br>B | 卵石混合土<br>漂石混合土<br>混合土卵石<br>混合土漂石<br>卵石（碎石）<br>漂石（块石） | — | — | 30～50 | — | >2.05 |

## 第二节 疏浚与吹填设备

### 一、绞吸式挖泥船

绞吸式挖泥船是利用吸扬原理来挖泥的。绞吸式挖泥船有两个主要部件：绞刀和泥泵。安装在吸泥入口处的绞刀用来搅动松软的泥土或切削坚硬的泥土，以便使泥土适宜于用水力方法进行输送。泥泵是将泥土从管内吸起并通过排泥管系对泥土进行输送。图6-1是绞吸式挖泥船的总布置图。在施工时，绞吸式挖泥船利用两根设置在艉部的定位桩，使挖泥船一步一步向疏浚工作面前移，在每个挖泥位置，挖泥船依靠抛在挖泥区域两侧的边锚从一端向另一端摆动；摆动时是以其中一根艉部的定位桩为中心的。桥架上的绞刀和吸泥管可通过绞动钢缆进行升降。

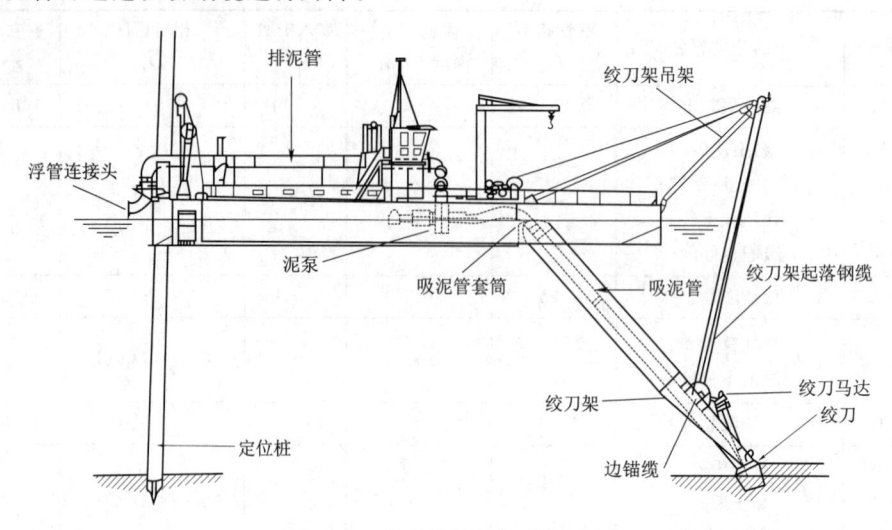

图 6-1 绞吸式挖泥船总布置图

## 二、链斗式挖泥船

链斗式挖泥船主要的疏浚部件是斗链。斗链是由与一条环形链节连接在一起的许多泥斗所组成的。链节则支承在一个称为斗桥的刚性可升降支座上。斗链是由安装在斗桥顶部固定端的上导轮驱动的，在斗桥的下端有一个下导轮。斗桥的这一端可通过绞动钢缆进行升降。

斗链下端（图 6-2）挖入泥面。这种类型的挖泥船有若干个泥斗同时进行挖掘，因为每次至少有三个或更多的泥斗同时接触泥层。挖掘动力是由上导轮传给斗链，然后再传给挖泥面处的泥斗。泥斗的外缘对泥土起切割作用。在切割岩石时通常使用较小的带齿泥斗，这样可增加作用在待挖物质上点压力，使斗链转动，并把斗桥下端下降到所需要的深度便可挖泥。由斗链上单个泥斗所装载的泥土，沿斗桥向上输送到上导轮处，然后倒入溜泥槽内。该溜泥槽朝向挖泥船旁靠着的泥驳的这一侧。为了不断地获得挖起的泥土，挖泥船借助边锚缆从挖槽的一端向另一端横移，而且也通过艏缆

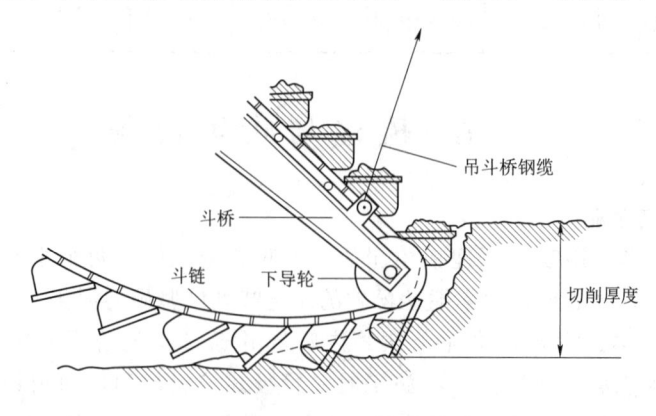

图 6-2 斗链下端

逐步前移。使用艄缆是为了将挖掘时所产生的反作用力传至河底。图6-3是链斗式挖泥船的总布置图。

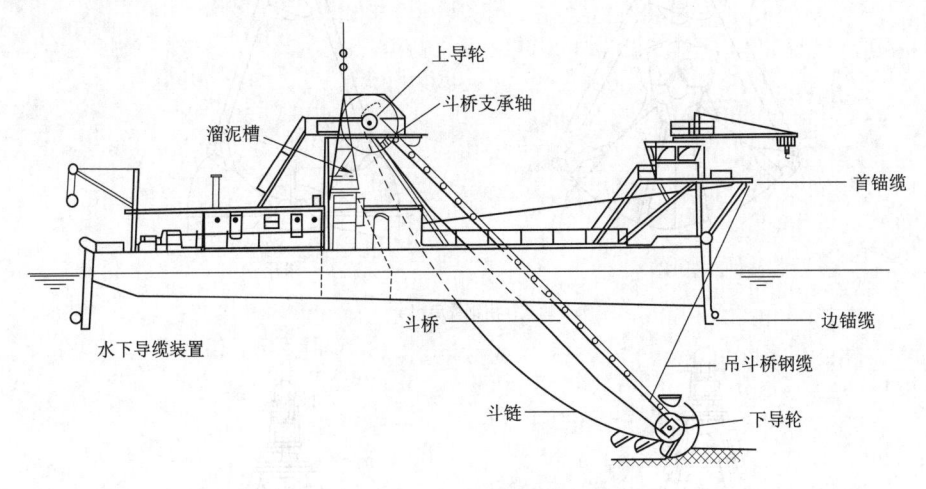

图6-3 链斗式挖泥船总布置图

### 三、自航耙吸式挖泥船

自航耙吸式挖泥船是一种装有吸泥管的自航海轮，吸泥管可伸出舷外或通过船体内的开槽进行耙吸。吸泥管下端是耙头，它能大量吸入底质。船载泥泵产生抽吸作用，并将泥土排入到本船的泥舱中，如果是边抛式耙吸挖泥船，则直接向舷外排泥入海。图6-4是耙吸式挖泥船的总布置图。

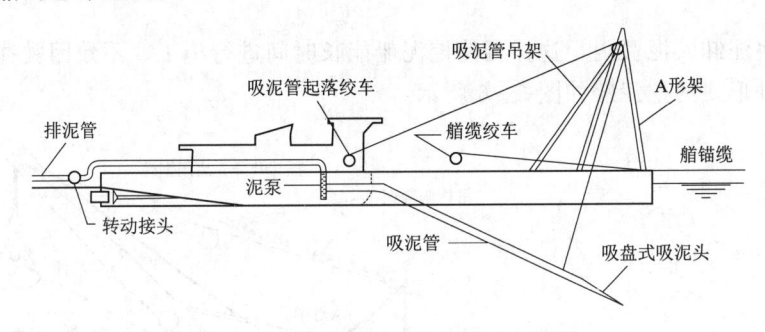

图6-4 自航耙吸式挖泥船总布置图

### 四、抓斗式挖泥船

抓斗式挖泥船通过旋转吊机将抓斗放入水中或从水中提起进行作业。抓斗可制作成多种型式（图6-5），各种抓斗的基本原理相同。将张开的抓斗下放到待挖的底质上，抓斗的重量使它获得部分贯入力，并用机械方法使抓斗的斗体闭合。通常向上提拉闭斗缆索使抓斗的两个斗体切入土中，这样就使相对的两个斗体产生水平方向的作用力。通常的抓斗型式有挖泥抓斗，带齿抓斗、挖石抓斗、"仙人球"抓斗等，以适应不同的底质。

抓斗挖泥船也有建造成自航装舱式的，这些挖泥船自己装舱、起锚和驶向抛泥区。当其回到挖泥现场后，需要重新抛锚或起锚。目前大多数抓斗式挖泥船是使用安装在浮箱上

(a) 蛤式：用钢缆启闭

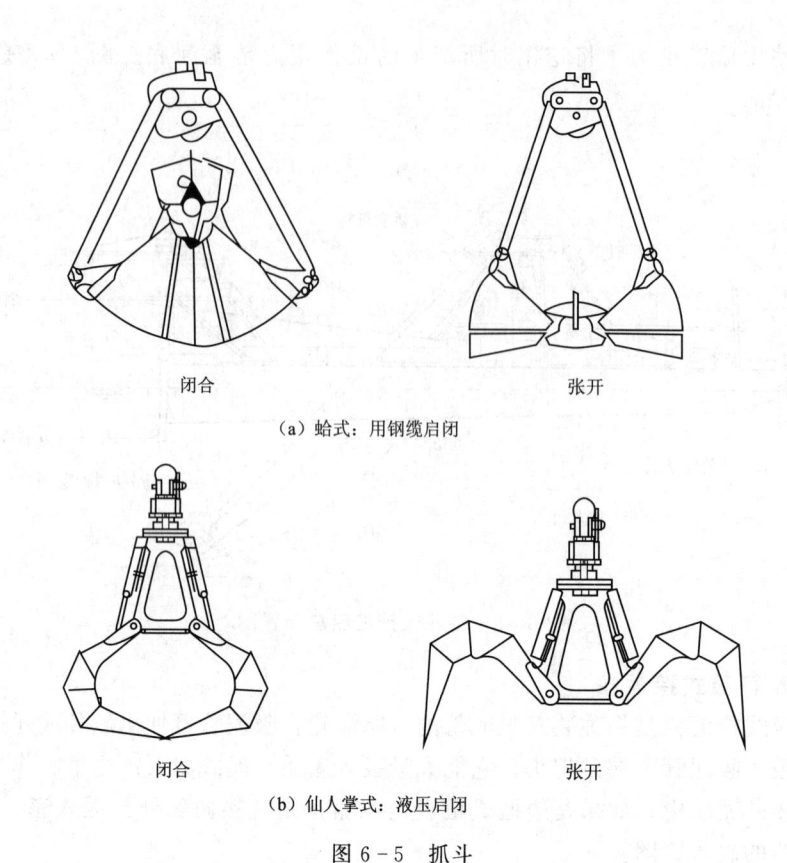

(b) 仙人掌式：液压启闭

图 6-5 抓斗

的抓斗吊机将泥卸入泥驳内，这样可使挖泥船能长时间进行施工，不致因驶往抛泥区而影响施工。这种形式的挖泥船如图 6-6 所示。

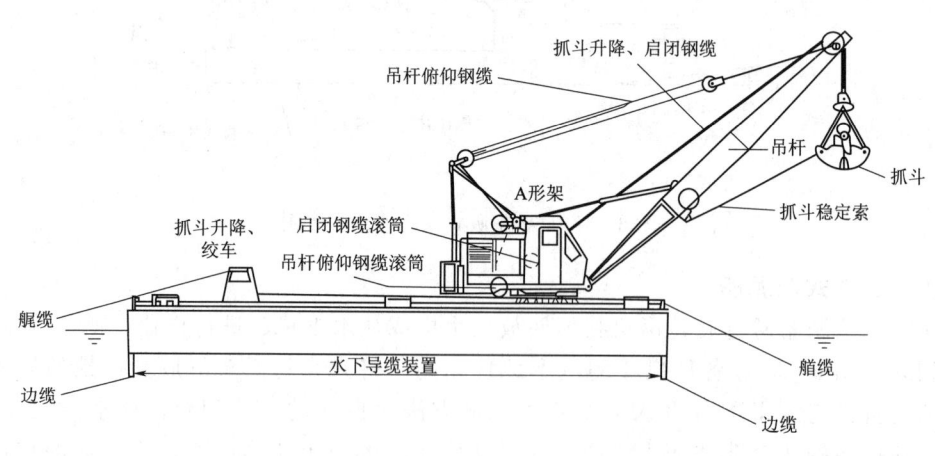

图 6-6 抓斗式挖泥船

### 五、铲斗式挖泥船

铲斗式挖泥船是一种漂浮式正向铲。铲斗向前挖入土中或挖入开挖面中（图 6-7）。铲斗安装在一根铰接刚性臂的末端，并由主起升钢缆提供挖掘能量。铲斗的前缘往往由加设斗齿的加强切削刃所组成。斗齿的作用是将挖掘力集中为较高的点载荷，这样便能剥离和挖掘较硬的泥土。将铲斗背部的斗门打开便可卸泥。

典型的铲斗式挖泥船如图6-8所示。由于铲斗对土壤施加很大的水平力，因此船体必须设定位桩，以免使锚缆承受反作用力。标准的施工方法是用铲斗挖掘泥土并将其提出水面，吊杆旋转大约90°，将泥土卸入系靠在挖泥船旁的泥驳里。在挖毕铲斗所及范围内全部泥土后，将铲斗放至河底，收起定位桩，然后用斗臂作为杠杆使挖泥船前移。

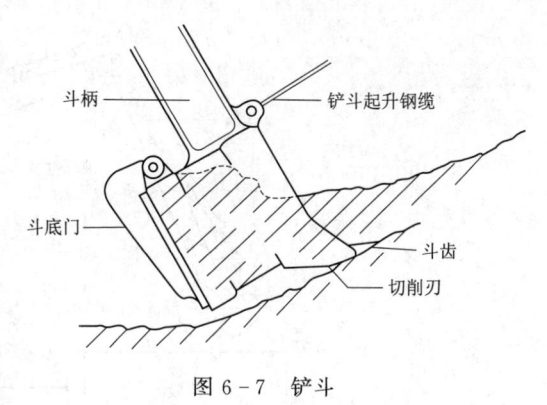

图6-7 铲斗

### 六、反铲式挖泥船

反铲式挖泥船基本上是一种安装在浮箱上的反铲挖掘机。反铲铲斗的工作方式是：挖掘时铲斗朝向挖掘机运动，于是，在开挖一个工作面时，铲斗便从工作面的顶部挖入土中；或者，当挖掘机位于工作面之上时，铲斗就由工作面的底部向上挖掘。反铲由牵引索驱动或者直接由液压装置驱动，后者现在是最普通的型式。铲斗的外缘起切削刃的作用。在斗缘上安装斗齿以便增加作用在待挖底质上的点压力。

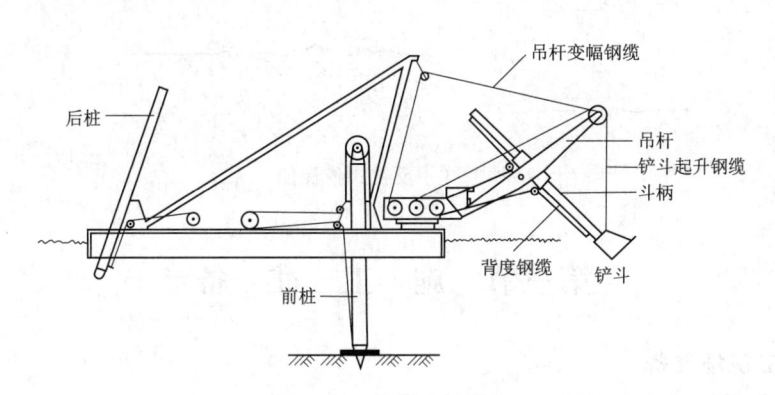

图6-8 铲斗式挖泥船

反铲式挖泥船与铲斗式挖泥船类似，每挖完一斗必须将铲斗提出水面，待挖掘机旋转一个适当的角度后，再将泥卸入系靠在挖泥船旁的泥驳里。挖泥船可利用挖掘臂或锚缆的拖曳自行移动。反铲式挖泥船的总布置图如6-9所示。

### 七、泥浆泵浚河设备

泥浆泵疏浚河道使用的设备是泥浆泵机组，泥浆泵机组包括泥浆泵、高压清水泵、动力机、管路系统、控制系统等。泥浆泵机组的工作原理是：先利用高压清水泵将水加压，再通过皮管、喷枪（喷枪由操作人员控制）将高压水枪冲向河中淤泥，使淤泥稀释成浆状流体并流向泥浆泵，然后在泥浆泵作用下，浆状流体通过皮管被输送到指定位置，从而达到疏浚河道、清除淤泥的目的。

图 6-9 反铲式挖泥船

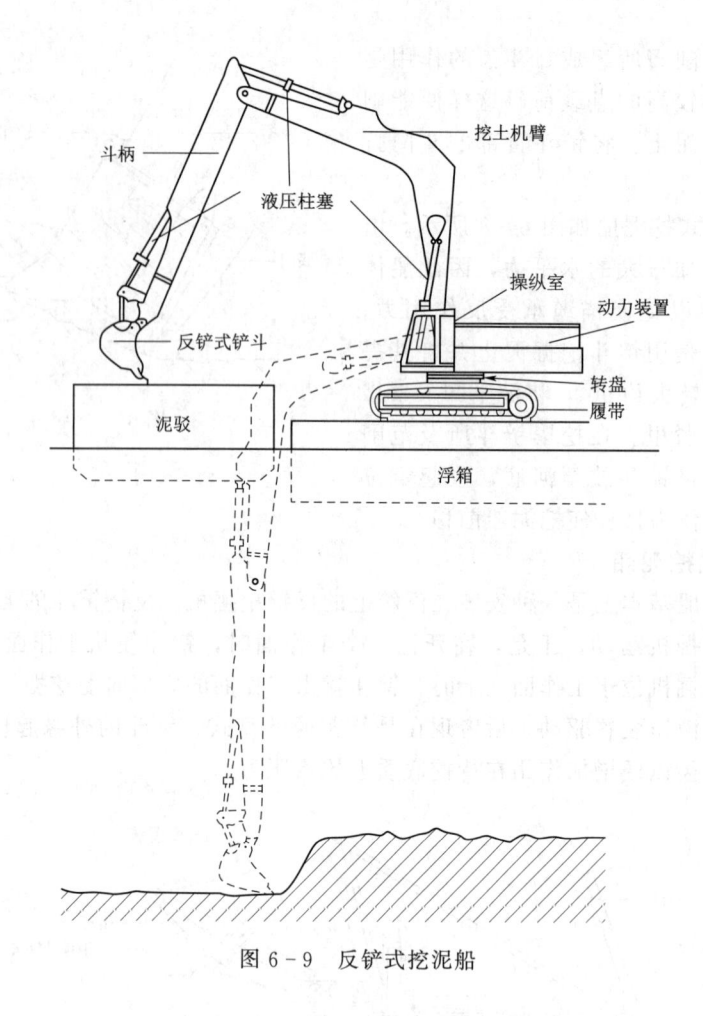

## 第三节 施 工 准 备

### 一、施工现场准备

**(一) 施工现场准备内容**

(1) 疏浚区、吹填区、取土区障碍物的清除。

(2) 落实施工船舶停泊和补给码头。

(3) 落实施工通道。

(4) 选择施工船。

(5) 准备物料堆场船舶停泊和避风锚地,并办理相关手续。

(6) 落实用水用电。

(7) 落实现场通信手段,配备水上交通船舶和陆地交通用车。

(8) 落实施工现场管理机构生活设施和办公用房。

(9) 工前测量。

(10) 施工放样。

(11) 设立 PNNS 参考台。
(12) 需要准备的其他工作等。

**(二) 前期测量与施工放样**

1. 前期测量的内容及要求

前期测量的内容包括平面控制点、水准点、水尺的复核和施工区地形及浚前水深复测。前期测量的要求如下。

(1) 施工区地形复测、浚前水深复测的成图比例、测量方法和精度应与设计阶段相同。

(2) 疏浚区或取土区的测量范围包括设计疏浚区或取土区及其边坡线外图上 30mm；吹填区的测量范围包括吹填区、排水口和围堰坡脚外 20mm。

(3) 对回淤明显或规模较大、工期较长且有一定回淤的疏浚区域，可按施工顺序，分区、分段在接近工程开工时进行。

(4) 复核结果和复测成果须报项目法人或监理工程师审核批准。

2. 施工放样及施工标志设立的内容及要求

(1) 施工放样前应对平面控制网点进行检查复核。

(2) 当现有控制网点不足时，应按图根点测量要求布设三角网、导线网或利用 RTK-DGPS 加密图根点作为施工的平面控制点。

(3) 施工放样的内容包括开挖边线的放样、开挖中心线的放样、疏浚设备的定位、各种管线的安装放样、围堰轴线、坡脚线的放样等。

(4) 施工放样测点的高程精度不应低于四等水准测量精度要求。

(5) 需分区、分条开挖时，应根据施工船舶的不同需要，进行施工放样。

(6) 在湖泊等开阔水域施工时，各组标志上安装颜色相同的旗帜与单面定光灯，相邻组标志的旗帜与灯光以不同的颜色标示。

(7) 水下障碍物采用标杆或浮标标示出分布范围。

(8) 水下抛泥区用浮标或岸标指示出范围与抛泥顺序。

(9) 由疏浚施工区通往抛泥区、吹填区和避风锚地的通道可根据航行的需要设置助航标志。

**(三) 其他准备工作**

1. 水位站的设立及要求

(1) 施工区附近设立水尺或水位站，并配备向挖泥船通报水位的装置，水尺的零点与设计采用基准面一致。

(2) 水尺设置在临近施工区、便于观测、水流平稳、波浪影响小和不易被破坏的地方，必要时加设保护桩与避浪设施。

(3) 水面横向比降大于 1/10000 时，在施工河段两侧分别设立水尺，施工区水位与测量点水位按水尺读数进行内插。

(4) 水尺零点与挖槽设计底高程一致。

(5) 水位通报及时、准确。人工通报精确到 0.1m，自动遥报精确到 0.01m。

2. 埋设沉降及位移观测设备，并对观测仪器进行标定

具体设置参见第二章第四节施工围堰的有关内容。

## 二、施工设备调遣

### (一) 一般规定

1. 施工船舶调遣满足的要求

(1) 各种证书齐全、有效，满足航区安全航行的要求，并经过船检部门的检验和海事部门的批准。

(2) 大型设备的水上拖带发布航行通告，船舶吃水、规格尺寸和拖缆长度应符合当地海事部门的要求和相关规定，并符合沿途航道、桥梁、跨江（河）架空线路等的通过条件。

2. 施工船舶的调遣采用的方式

(1) 自航挖泥船、自航泥驳、拖轮、工作艇在本船舶规定的适航区域内，可采用自航方式。

(2) 非自航挖泥船和非自航泥驳等辅助船舶，可采用拖轮拖带方式或装船（驳）运输方式。

(3) 小型挖泥船、辅助工程船、拼装式挖泥船、浮筒（体）、排泥管及其他配套设备，当不具备水上调遣条件或经济上不合理时，可采用陆运方式调遣。

### (二) 海上调遣

1. 总体部署与安排

调遣前应查看调遣线路，制订调遣方案、调遣计划与安全措施，并向当地海事部门提出申请，按照船舶设计使用说明书、结构特点及有关部门规定进行封舱与船舶编队，落实调遣组织等准备工作。

2. 封舱措施

(1) 露天甲板和上层建筑甲板上的各种开口均应关闭，排水设备等应符合船检部门现行标准的有关规定。

(2) 所有露天甲板上的舱口、人孔、门、天窗、舷窗、油舱孔、通风筒、空气管等，必须全部水密密封，或准备随时水密封闭，并做好有效防护。必要时应对门窗做冲水试验。干舷甲板以下的舷窗均应在外侧用钢板或其他结构物做有效防护。

(3) 锚链孔应配备防水压板，锚链筒应使用防水物堵塞并包扎封严，在海浪冲击下海水不得进入锚链舱，不得影响紧急抛锚。无人随船的被拖船锚链孔应水密封闭。

(4) 主甲板舷墙的排水门必须开动灵活，甲板上的流水孔也必须保持畅通。

(5) 所有舷边的进水孔、排水孔均应保持有效。

(6) 所有舱壁的水密门必须关闭。

(7) 所有水柜、双层底、干舱和人盖孔均应用螺栓紧固，并水密。

(8) 所有干舱、空舱、油水舱、双层底舱、污水沟均应有测量装置，其在甲板上的测量管系封盖应保持水密。舱底污水沟里的积水应清理排干。

(9) 拖航时，不用的舷外阀门和舷侧阀门均应关闭。

(10) 油舱、水舱及压载水舱应根据装载规定和稳性要求进行调整、装满或排尽，影

响船舶稳性的舱底水应清除。

（11）无人随船的被拖船，应关闭除航行灯外所有电源、油源、气源和水源。

3. 设备加固措施

（1）绞吸式与斗轮式挖泥船：将定位桩倾倒在甲板支架上，并加以固定，绞刀桥梁提升至水面以上，插好保险销，两侧楔紧；有抛锚杆的将两侧抛锚杆收拢并与船体系紧；横移锚提放至甲板上牢固置放，船上可活动的机具、部件、器材、物品绑扎牢固或焊牢。如泥泵处于非完好状态，吸排泥口以铁板封堵。

（2）链斗式挖泥船：斗链不得自由下垂低于船底，且牢固系在斗桥上；斗桥升至最高位置且用保险绳系牢，并在其燕尾槽上搁置坚固枕木，将斗桥固定楔紧。

（3）抓斗式、铲斗式挖泥船：将抓斗、铲斗拆卸下来并牢固置放于合适部位；吊架放低、搁牢；吊机用钢索固定。

（4）泥驳的泥门关紧，并加保险销子固定。

（5）小型辅助船、浮筒及排泥管等设备，可以装在货驳或其他船舶上调遣。

4. 调遣途中的有关规定

（1）调遣途中，非自航式挖泥船上的工作人员须离开本船，只留少数有经验的船员在主拖轮上，负责检查和联系。

（2）被拖船舶备有灯光、信号及其他通信联络方式。

（3）拖航期间应定时向有关主管部门报告航行情况与所在方位。

5. 装半潜驳拖运

除应符合上述有关规定外，还需符合下列要求。

（1）布墩。

1）根据计划装驳的各船舶、设备、管线的结构，外部轮廓尺寸、重量及潜驳载重量、结构尺寸等画出布置图与总平面布置图、线型图，并提交给承运方准备布墩工作。

2）布墩工作结束后对船舶舭装相对位置进行核对，确保无误。

（2）装卸驳。

1）装卸驳前须到当地海事部门申请下潜水域，选择下潜水域时，须满足潜驳吃水、水下地形、地质、流速、风浪等条件的要求。

2）下潜在5级风以下时进行。

3）装驳先装水上设备后装散件，卸驳时先卸散件后卸水上设备。

4）装卸时设专人统一指挥，避免碰撞，确保设备安全。

**（三）内河调遣**

1. 准备工作

在调遣线路调查中，内河除具有足够的航行尺度外，对沿途桥闸、架空电力、通信线路的净空以及水位变化等资料，均要取得可靠的数据。

2. 船舶拖带方式及拖带编队

（1）内河调遣可采用吊拖、傍拖、顶拖等方式。长距离拖带时，将挖泥船绞刀架、泥斗、斗桥放在与行驶方向相反的一面。

（2）两栖式清淤机采用傍拖式拖带，航行前收拢转腿，四支脚和铲斗一半放于水面以上，工作装置放在正中，斗杆弯成 90°。

(3) 船队外围尺寸不能超过航道允许尺度。

(4) 最大、最坚固的船只安排在队首，其余船只按大小顺序向后排列。

(5) 船队内各船舶之间联结牢固，横向缆绳拉紧，纵向缆绳处于松弛状态。

(6) 挖泥船队穿过浅水湖面水产养殖区时，须解编分批拖带，每批拖带长度以 40～50m 为准。并采取一轮领拖，另一轮吊艄顶推的方式。

3. 浮筒管线拖带

(1) 仔细检查浮筒，不能有松散、破损、漏水等现象。

(2) 浮筒分段组排，排与排之间、浮筒与排泥管、排泥管之间连接牢固，浮筒与浮筒之间用铁链或钢缆进行连接。分排长度要符合海事部门的规定。

(3) 被拖浮筒要按有关要求设置灯光信号，保证航行安全。

(4) 被拖浮筒后须安排一机动船进行监视，发现问题及时处理。

4. 拖航人员职责

被拖船舶上安排有经验的船员值班，负责检查与联系。挖泥船上须备有抛锚设备，并能随时抛锚，机舱抽排水系统保持完好。

### (四) 陆上调遣

1. 准备工作

(1) 对运输线路进行查勘，查明公路等级、弯道半径、坡度、路面宽度和状况、桥涵承载等级和结构形式，以及所穿越的桥梁、隧道及架空设施的净空尺寸等，对不能满足大件运输要求的路段和设施，须采取切实可行的措施，并经有关部门核准。

(2) 根据可拆卸设备的部件尺寸、重量及运输条件，选择合理的运输方式和工具，落实运输组织、制定运输计划，联系运输车辆。

(3) 主要设备拆卸前按设计图纸绘制部件组装图。

(4) 设备拆卸后核定组装件的尺寸及重量，并编号、登记、造册。对精密部件、仪器及传动部件，按设备使用说明书规定，清洗加油，包扎装箱。

(5) 需要跨越铁路时，要向铁路有关部门申请核准具体跨越铁路的时间，运输车辆须集中准时通过。

(6) 采用铁路运输时须向主管部门申请承运车皮和装卸场地、装卸设备、装卸时间等。

2. 组装场地条件

(1) 场地大小满足车辆运输、部件堆放，以及必要的车间、仓库、生活用房等要求。地面高程要高于组装期间河、湖最高水位。

(2) 设置滑道的水域在满足船舶能沿滑道下水并拖运到施工作业场所的同时，水深条件要考虑船舶下水滑行的下冲力所要增加的尺度。滑道不能过短，坡度在 1：20～1：15 之间，或根据船舶要求专门设计。

3. 运输要求

设备装车系缚须牢固、稳妥，载运途中要严格遵守交通运输部门的有关规定。

## 第四节 辅助工程施工

### 一、施工围堰
#### （一）围堰设计
围堰设计包括围堰平面布置、围堰结构形式和筑堰堰材料的选择，堰身设计及修筑技术要求等内容。

(1) 围堰平面布置应符合下列要求。

1) 围堰应布置在地形平整、土质较好且比较稳定的地段，并充分利用四周的高冈、土埂、旧堤等地形、地貌。应避开软弱地基、深水地带、强透水地基及有暗沟的地带，当无法避免时，应提出处理措施。

2) 要求平顺，尽量避免出现折线或急弯。

3) 临水围堰走向应尽可能与水流、潮流方向一致。

4) 应布置在不占耕地或少占耕地的地段。

5) 对要求分区、分期完成弃土或吹填土的围堰，应根据需要布设隔堤。

(2) 围堰结构形式和筑堤材料的选择与确定应符合下列要求。

1) 因地制宜，就地取材。根据工程具体情况经过技术经济分析比较，综合确定围堰结构形式。对离工农业区、生活区、交通要道等较近的工程应提高围堰的设计标准。

2) 对陆地围堰可选择土围堰、混合材料围堰、袋装土（砂）围堰等形式。

3) 对大、中型滩涂造地与临水吹填的永久性工程，宜选择抛石围堰、重力式围堰；在水深小于2m的江、河、湖、库的浅水滩，当滩地土质为粉细砂土时，也可选土工布袋充填砂围堰，但应采取防波浪、防水流冲刷、侵蚀的技术措施。

4) 对小型或临时性临水吹填工程，可采用桩膜或袋装土（砂）围堰。

5) 临时性围堰可采用桩膜或袋装土（砂）。

6) 对同一围堰可根据现场具体条件采用不同型式，但在变换处应做好连接处理，必要时应设过渡段。

7) 筑堰材料中所使用土工合成材料，应符合《土工合成材料应用技术规范》（GB/T 50290—2014）的要求。

(3) 堰身设计应符合下列要求。

1) 应遵循安全稳定、经济实用、满足要求、便于施工的原则。

2) 应确定断面型式、顶宽、边坡、堰顶标高、防渗技术措施等内容。

3) 筑土围堰断面宜采用梯形，堰高大于4m时应按堤防标准设计，设计应符合《堤防工程设计规范》（GB 50286—2013）要求。

4) 滩涂上的堰身设计还应符合《滩涂治理工程技术规范》（SL 389—2008）要求。

5) 围堰顶宽与边坡应根据筑堤材料和方式确定，可参照表6-5选择。采用机械施工以及堰顶有通车要求的，可根据需要适当加宽。遇软弱地基、填筑材料较差时，可根据经验或稳定计算确定。

表 6-5　　　　　　　　　　　　　土石围堰尺寸

| 材料类别 | 边坡 内 | 边坡 外 | 顶宽/m | 备注 |
|---|---|---|---|---|
| 混合土 | 1:1.5 | 1:2.0 | 1.0~1.2 | 临水坡局部防护 |
| 砂性土 | 1:1.5~1:2.0 | 1:2.0~1:2.5 | 1.0~2.5 | 袋装土（砂）防护或土工布防护 |
| 黏性土 | 1:1.5 | 1:2.0 | 1.0~2.0 | 临水坡局部防护 |
| 袋装土（砂） | 1:0.5 | 1:2.0 | 1.5~2.0 | 背水坡或坡顶防老化防护 |
| 片、块石 | 1:0.5 | 1:1.0 | 0.8~1.2 | 临水坡应设防渗层 |

6）船闸两侧、码头及挡土墙后侧陆地吹填，若以建筑物作围堰时，应对建筑物进行防渗检查和抗滑稳定验算，如存在安全隐患或有影响吹填质量因素时，应制定相应技术措施。

7）堰顶标高应按下式计算：

$$H_y = h_1' + h_2' + h_3' \tag{6-1}$$

式中　$H_y$——堰顶标高，m；

　　　$h_1'$——沉淀富裕水深，m，可按吹填土颗粒粗细选取，取值范围为 0.2~0.5m；

　　　$h_2'$——风浪及安全超高，m，可按吹填区位置和面积大小选取，内陆采用 0.2~0.5m，沿海采用 0.5~1.0m；

　　　$h_3'$——围堰沉降量，m。

8）围堰应满足闭气防渗要求，对有护坡、护顶要求的应制订相应技术措施，具体可参照现行相关标准条文。

9）围堰应进行防渗与抗滑稳定性计算，对堰基为软弱土层和密实度较低的土质围堰，还应进行沉降量计算。

（二）围堰的类型及适用条件

围堰按其筑堰材料可分为土围堰、石围堰、袋装土围堰、土工纺织袋围堰、草木围堰、桩膜围堰等。常用围堰的类型及适用范围见表 6-6 选择。

表 6-6　　　　　　　　　　　　　围堰类型及适用范围

| 围堰类型 | 适用条件 | 示意图及优、缺点 |
|---|---|---|
| 土石围堰 | 筑堰土源丰富，机械施工方便，堰底地基稳定且不透水 | 优点：适用广泛、施工方便简单，材料容易选择，便于加高<br>缺点：断面大，受自然条件影响因素多 |

续表

| 围堰类型 | 适用条件 | 示意图及优、缺点 |
|---|---|---|
| 草木围堰 | 吹填高度较小且工程量不大、筑堰土源不丰富、需从场外远距离运土的临时工程 | 优点：断面小、造价低，筑堰材料容易选择<br>缺点：施工质量不易控制，不便于机械化施工 |
| 土工纺织袋围堰 | 围堰底基础处在软弱地基上且筑堰土源不丰富、工程量较大。适用于海边滩涂并配合挖泥船施工。充填料必须是有足够透水性的粉砂、细砂或中粗砂 | 优点：可在浅水滩涂、淤泥地基上修筑。施工速度快，质量容易控制，工程造价相对低<br>缺点：编织布抗拉强度和充填料必须满足设计要求，潮汐区或受水流冲击区域施工控制难度大 |
| 桩膜围堰 | 适用于围堰底基础处在软弱地基上且筑堰土源不丰富、适用于河、海滩涂且水深3m以内，流速小于1m/s时施工 | 优点：适合于浅水中修筑和人工作业，技术难度小，施工速度快<br>缺点：受自然条件影响因素多，施工工序较复杂，不宜深水筑堰 |

## 二、排水系统

排水系统包括泄水口、退水沟渠两部分，泄水口按结构可分为敞开式溢流泄水口和闸箱式（含埋管式）泄水口。

**(一) 泄水口**

(1) 泄水口位置应根据吹填区的地形、地貌、几何形状、泥浆输入速度、排泥管线布置以及对周围建筑物和环境影响等具体情况确定。

1）应远离排泥出口。
2）宜布置在泥浆不易流到的死角处。
3）应远离码头、航道、桥涵、道路、村镇。
4）宜布设在工农业和生活用水取水口下游较远位置。
5）应远离养殖场，无法避免时应采取必要的防护措施。

6) 在沿海地区，泄水口还应布设在受涨潮水流影响较小的位置。

7) 泄水口处尾水含泥量应不大于规定的数值。

(2) 泄水口应安全稳固、科学合理、便于施工、易于维护，并能有效调节吹填区水位，拼装式泄水口还应易于拆迁，便于重复使用。

(3) 泄水口形式应根据工程规模、设计要求、现场条件、挖泥船生产能力等因素进行选择，可采用开敞溢流式或闸箱式（含竖井式），对小型工程也可采用堰内埋管式。

(4) 开敞溢流式堰顶高度宜设计成可逐步加高的形式，堰顶过水宽度应满足相应水力计算的要求。

(5) 闸箱式与堰内埋管式泄水口的过水断面面积可按排泥管断面面积的4~6倍取值，间歇性吹填的过水断面面积可适当减小。

(6) 开敞溢流式堰表面应有防冲刷措施，外坡脚应有消能设施；对闸箱式泄水口基础应制订防冲措施。

**（二）退水沟渠**

(1) 布置原则：与自然地形条件和地势高差相一致，应力求短和顺直，尽可能利用弃土（吹填）区附近原有的排水通道；新建排水沟应选择在土质密实、稳定性较好的地段，并应以挖土为主，尽量减少填方段长度及填土高度；应尽量少占农田或不占农田，方便施工并便于维护和管理；设计无要求时，排水沟出口位置应符合规范的有关规定。

(2) 过水断面水力计算：退水沟渠过水断面应按照明渠过流条件计算校核，并在各跌水处采取防冲刷措施；退水沟渠过水断面面积可按下式确定：

$$S_g = \frac{nkQ(1-P)}{R^{2/3}J^{1/2}} \qquad (6-2)$$

式中　$S_g$——退水沟过水断面面积，m²；

$R$——退水沟水力半径，m；

$n$——退水沟糙率，可按水力学糙率表查定；

$J$——退水沟底纵向坡度；

$k$——修正系数，根据经验一般取 1.1~1.3；

$Q$——吹填区泥浆输入总量，m³/s；

$P$——输入泥浆的平均浓度，%。

(3) 退水沟渠顶超高值：

退水沟渠流量<2m³/s，超高值为0.35m；

退水沟渠流量2~10m³/s，超高值为0.4~0.6m。

(4) 施工要点。

1) 退水渠与泄水口连接应选择在下游水流较平缓的位置，在泄水槽末端水跃扩散段必要时应修筑临时过水围堰，以减少对退水沟渠的冲刷。

2) 退水渠头部应设渐变段，渐变段长度视水量大小而定，必要时应做防冲护坡。

3) 渠道土方开挖时应严格控制沟底纵坡及断面边坡的坡度变化，沟壁边坡与沟底应修理平整、密实，对土质松散的区段应采取防护措施，避免冲刷、坍塌情况的发生。

## 三、排泥管线敷设

### (一) 管线布置原则

(1) 遵循安全、经济、环保、平顺和易于实现的原则。

(2) 平面布置按吹填顺序统筹考虑。

(3) 平面布置根据施工船舶的总扬程,取土区至吹填区的距离、地形地貌,施工区的水位或潮汐变化等因素综合考虑确定。

(4) 降低与交通及其他施工的干扰,在保证吹填质量的前提下减少安装和拆卸的次数。

(5) 根据所架设区域和排压情况选择管线型式和材料规格的要求。排泥管的种类及适应情况见表6-7,常用钢质排泥管的分类及适应范围见表6-8。

表6-7　　　　　　　　　常用排泥管道种类及适用情况

| 管道类型 | 优　点 | 缺　点 | 主要适用范围 |
|---|---|---|---|
| 钢管 | 耐高压、耐撞击、易修补、价格低 | 易腐蚀 | 所有排泥管道 |
| 聚氨酯橡胶管 | 耐腐蚀、耐磨性好、柔韧性较强 | 价格高、磨阻大、易老化、无法修补 | 挖泥船吸泥伸缩管、水上浮管、水下柔性潜管 |
| 塑料(高密度聚氯乙烯)管 | 重量轻、磨阻小 | 易老化、不耐撞击、耐磨性差、修补困难 | 岸管 |
| 尼龙(或改性尼龙)管 | 重量轻、磨阻小、耐磨性好 | 易老化 | 岸管 |

表6-8　　　　　　　　　钢质排泥管分类及适用范围

| 类型 | 优　点 | 缺　点 | 适用范围 | 常用尺寸/m |
|---|---|---|---|---|
| 法兰式管 | 可充分利用管道长度 | 法兰易受损变形、螺栓孔锈蚀扩大、使用较费工时 | 所有排泥管道 | 4、6、12 |
| 直筒式管 | 结构形式简单、造价低、拆装方便 | 需用扩口式胶管连接、管线阻力大、费用高 | 水上浮管 | 4、6、12 |
| 球形接头式管 | 抗风浪性强、管线较顺畅 | 结构形式复杂、造价高、磨阻大、维修量大 | 水上浮管 | 12、18、24 |
| 承插式(快速接头)管 | 拆装方便 | 对场地平整度要求较高 | 岸管 | 6、12 |

### (二) 陆上排泥管

**1. 陆上排泥管敷设的技术要求**

陆上排泥管敷设技术要求见表6-9。

表6-9　　　　　　　　陆上排泥管敷设技术要求

| 项目 | 技　术　要　求 |
|---|---|
| 管线选择 | 1. 敷设前必须以排泥管道进行检查,已破损和严重锈蚀、磨损的管件修补前不得使用;<br>2. 排泥主管线应按照新旧和磨损程度依次连接敷设,对埋入地下、跨越公路、堤防以及穿越市区、村镇、景区等处的排泥管,要选用较新的管道与管件,并保证接头坚固严密,无漏水、漏泥现象 |

续表

| 项目 | 技术要求 |
|---|---|
| 水陆接头入水角度 | 1. 在狭窄水域施工、当挖槽窄长以及挖槽距岸边较近、水上管线活动范围往往较小，为避免浮管出现死弯，入口岸管一般与挖槽方向呈45°左右的角度；<br>2. 当水上管线活动范围较大时，入口角度可根据开挖区与水陆接头的相对位置做适当放大，一般应控制在90°以内 |
| 水陆接头间距 | 当开挖段较长，需要敷设一条以上的岸管或设置多个水陆接头时，接头间距可按下式进行控制：<br>$$L = K' \times [(0.8L_0)^2 - L_1^2]^{1/2}$$<br>式中 $L$——接头间距，m；<br>$L_0$——浮管长度，m；<br>$L_1$——开挖中心线到岸边的最大垂直距离，m；<br>$K'$——折算系数，双向施工，水陆接头入口角度在90°左右，取2.0，水陆接头入口角在45°左右，取1.5 |
| 管道支撑 | 支撑排泥管的基础、支垫物、支架等必须牢固可靠，不能出现晃动，歪斜等现象，以避免造成排泥管接头的损坏 |
| 管口位置 | 应尽量远离泄水口且离开围堰内坡角不小于10m |
| 敷设高程 | 排泥管在弃土（吹填）区内的敷设高程应高于吹填控制高程，以防止管线在吹填过程中被淤埋 |
| 其他 | 1. 排泥管口如需加装喷口，喷口直径应通过计算确定；<br>2. 排距较长、地形起伏变化较大时，除在管线最高处安装呼吸阀外，还应每隔500m安装一个呼吸阀 |

2. 特殊情况下的管线敷设

（1）排泥管穿越较宽沟渠、水塘时，一般应敷设在管架或浮体上。管架的结构形式可参见图6-10。

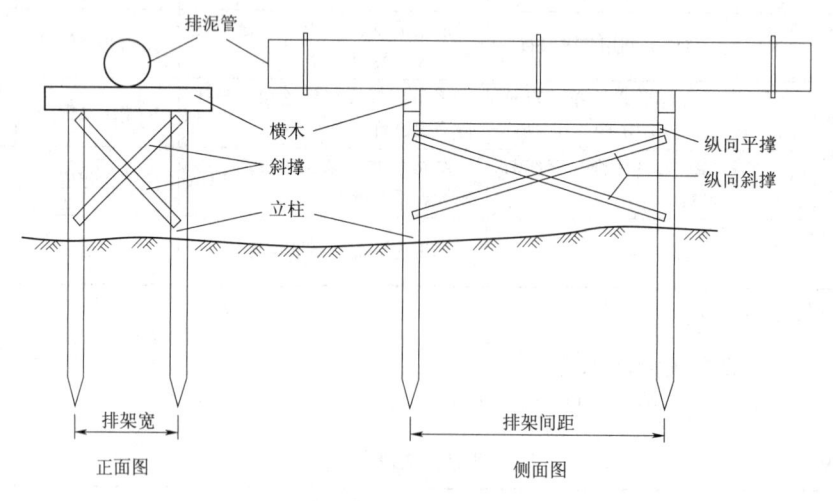

图6-10 排泥管管架结构示意图

（2）排泥管必须穿越公路、铁路时应向有关主管部门提出申请，申请中需注明穿越的具体位置、时间与方式，获准后方可实施。排泥管穿越普通公路时，可采用全埋、半埋或明敷方式，但管道两侧车辆上下的坡度不能得大于1∶6，以免造成汽车底盘与排泥管相碰；排泥管穿过高速公路与铁路时，应选择在附近的涵洞或桥下穿过。

### (三) 水上排泥管

**1. 浮管载体的选择**

水上浮管可分为载体浮管和自浮式浮管两种，使用最普遍的是载体浮管。载体按其结构和材料的不同，又可分为浮体和浮筒两种。浮筒为一对由钢板焊接而成的柱形载体，浮体则是近些年才推出的具有良好耐久性与抗风浪性能的一种新型载体，其外壳为中密度聚乙烯，内部充填聚氨酯泡沫，克服了普通钢浮筒易腐蚀、破损、进水下沉、体积大、质量重、陆上转移运输不便、维修工作量大等缺点。浮筒与浮体的特性见表 6-10。

表 6-10　　　　　　　　　　　　浮筒与浮体的特性

| | 形式 | 结构特点 | 优点 | 缺点 | 适用范围 |
|---|---|---|---|---|---|
| 浮筒 | 圆柱形浮筒 | 两端平齐、圆柱形 | 结构简单、制作方便、造价较低 | 阻力大，筒上作业不方便 | 1. 小型挖泥船；<br>2. 水流平缓、风浪较小的水域 |
| | 舟形浮筒 | 两端翘起呈舟形 | 阻力较小 | 结构较复杂、制作不便、造价较高 | 大中型挖泥船 |
| | 横置浮箱式浮筒 | 矩形 | 阻力较小、结构简单、制作方便 | 材料用量大、造价较高 | 1. 大型挖泥船；<br>2. 水流较急、风浪较大水域 |
| 浮体 | 片式浮体 | 一节由上下两片组成 | 抗撞击、拆卸方便、造价较低 | 结构较为复杂 | 1. 大中小型挖泥船；<br>2. 风浪较大水域；<br>3. 急流水域使用时应与浮筒进行阻力计算对比 |
| | 筒式浮体 | 为整体结构 | 结构简单 | 拆装不便 | |

**2. 水上排泥管敷设技术要求**

水上排泥管敷设技术要求见表 6-11。

表 6-11　　　　　　　　　　　　水上排泥管敷设技术要求

| 主要工序 | | 主要技术要求 |
|---|---|---|
| 管线组装 | 连接形式 | 水上浮筒间应采用柔性连接，以适应水流、风浪的影响 |
| | 管道及载体连接 | 能连接前应对排泥管道、浮筒或浮体进行全面检查，不得使用破损和严重锈蚀、磨损或老化的管件；对破损、漏水、倾斜的浮筒或浮体必须经过修补方可使用 |
| | 管道固定 | 排泥管间及排泥管与浮筒或浮体之间必须连接牢固，以避免泥浆泄漏或浮筒（浮体）窜位与翻转 |
| | 安全措施 | 浮筒之间及船体与船尾后第一组浮筒间应以铁链或钢缆连接，以防止施工过程中排泥管脱开造成海事事故 |
| 管线布置 | 水陆接头位置和数量选择 | 选择时既要考虑工程的要求，还应考虑到现场的具体情况，如吹填区形状、岸管的敷设条件、取土区的位置及范围等，有条件时应尽可能布设在水下地形变化平缓、风浪、水流影响较小的位置 |
| | 水陆管线间的连接 | 应采用柔性连接，柔性管段的长度应根据水位变化幅度确定 |

续表

| 主要工序 | | 主要技术要求 |
|---|---|---|
| 管线布置 | 长度确定 | 水上排泥管磨阻较大，因此在满足工程要求的前提下，应尽可能缩短其长度。一般情况下，水上管线的使用长度可按挖泥船船尾至水陆接头处或与潜管接头处最长直线距离的1.2～1.3倍进行控制；在风浪、水流流速较大的施工水域，以300～500m长为宜 |
| | 水上排泥措施 | 当直接由浮筒进行水上排泥时，出口处应加装一个30°或45°弯管和直径合适的喷口，以减小出口水流对浮管的反向冲击，并增加泥浆落点的距离，避免浮头搁浅或淤埋 |
| | 安全措施 | 水上浮筒夜间每隔50m距离应安装一盏中心光强度不低于3cd的白光环照灯或防雨闪光灯 |
| | 管道固定 | 浮筒应力求平顺，并抛锚固定。抛锚的数量、角度、位置应合理，避免造成弯多、弯急或胶管弯折的情况 |

3. 管线锚的抛设

（1）管线锚的选择。锚的种类较多，不同类型的锚对于不同土质具有不同的抓力。在急流或风浪较大水域施工时，管线锚的选择更应慎重，如果选择不当，不仅会影响生产的顺利进行，而且还可能会带来一系列的安全隐患。常用管线锚的技术性能见表6-12。

表6-12　　　　　　　　　常用管线锚的技术参数

| 名称 | 结构特点 | 抓重比 | 适用土质 | 示意图 |
|---|---|---|---|---|
| 浦尔锚<br>（Pool anchor） | 锚爪为中空式，结构轻、抓力较大，缺点是锚尖开档大，锚易翻转 | 6～3 | 一般性质 | |
| 巴尔特锚<br>（Baldt anchor） | 锚爪较短、较窄，锚爪上的结构物阻碍入土，锚尖开档较大，锚易翻转。可根据需要对锚爪进行加长与加宽，增加抓重比 | 4～2 | 一般性质 | |
| 双爪海军锚 | 结构简单，较稳定，一般不会翻转。土质适应性好，抓力产生快 | 8～2 | 一般性质与硬土 | |
| 单爪海军锚 | 结构简单，土质适应性好。一般不可对锚爪进行加大改造，否则可能会产生负爪角，影响入土 | 4～2 | 一般性土与硬土 | |
| 丹福斯锚<br>（Danforth anchor） | 为大抓力锚，锚爪与锚杆较长，拉力较大时杆易弯曲，锚爪与锚掌约占锚重的60%。锚掌较低，在硬土上易滑动，难入土 | 15～7 | 一般性土 | |
| 布鲁斯锚<br>（Bruce anchor） | 焊接结构、无活动构件，造价较低。锚爪面积较大，锚杆也可入土。爪与杆均可拆卸、可调整 | 28 | 软泥 | |

（2）管线锚的数量配置。管线锚的使用数量及单个锚重应根据施工现场的水文、气象条件以及管线的长度和吃水情况来确定，拟用锚的数量按下列公式计算确定：

$$n = L/L_1 - 1 \tag{6-3}$$

式中　$n$——拟用锚的个数，个；
　　　$L$——浮管总长度，m；
　　　$L_1$——浮管锚拟设置间距，m。

单个锚的重量计算公式：

$$W_1 = k_1 k_2 \rho v^2 A / [1.74 f_m (n+2)] \tag{6-4}$$

式中　$W_1$——单个锚的所需重量，kg；
　　　$\rho$——水流的密度，kg/m³；
　　　$v$——水域最大流速，m/s；
　　　$A$——管线垂直于水流方向的阻力面积，m²；
　　　$f_m$——拟选锚的抓重比；
　　　$k_1$——风影响系数，按风向与风力情况取值，取值范围为 0.9～1.1；
　　　$k_2$——管线阻力系数，浮筒可取 0.7，浮体取 0.85。

（3）管线锚抛设技术要点见表 6-13。

表 6-13　　　　　　　管线锚抛设技术要点

| 项目 | 技 术 要 点 |
|---|---|
| 抛设方向 | 应根据水流流向确定。当受潮汐影响时，一般需做双侧抛设；为单向水流时，可做单向抛设。一般情况下锚的抛设方向应斜向河主槽，与流向成一夹角，以防止水流将浮管压向岸边，造成水陆接头处胶管折断。当直接由浮筒进行水上抛泥时，浮筒末端可采用打桩或抛设反八字锚等措施进行固定，锚须抛设出足够距离以防止锚或缆绳被弃土埋死。水陆接头处浮管抛设八字锚，做双向固定 |
| 锚的间距 | 一般为 40～80m，水流流速及风浪较大时，间距应缩小；水流流速及风浪较小时，间距可加大 |
| 显示标志 | 浮管抛设应系锚漂指示，锚漂的大小和颜色应鲜艳、便于水面上识别，常用色为红色和白色相间 |

## （四）潜管

1. 潜管敷设的条件

（1）疏浚或吹填工程作业，当排泥管线需跨越通航河道或受工况条件影响时，应采取潜管方式，并制定抗浮措施。

（2）水上浮筒过长，为减小排泥阻力，应敷设潜管。

2. 潜管敷设技术要点

潜管敷设技术要点见表 6-14。

表 6-14　　　　　　　潜管敷设技术要点

| 项目 | 技 术 要 点 |
|---|---|
| 潜管组装 | 宜采用钢管为主并用胶管进行柔性连接；在水下地形平坦且软底质的区域也可采用刚性连接。当采用钢管和胶管连接时单组钢管长度视钢管强度、敷设区地形和组装拆卸条件确定，一般情况下可由 20～30m 钢管加一节胶管组成；钢管强度高，单组长度可长；地形起伏大，单组长度宜短 |

续表

| 项目 | 技 术 要 点 |
|---|---|
| 压力试验 | 潜管组装完后应进行压力试验，试验压力应不小于挖泥船正常施工时工作压力的1.5倍，各处均达到无漏气、漏水要求时，方可就位敷设 |
| 潜管沉放 | 1. 潜管沉放期间有碍通航时，应向当地海事部门提出临时性封航申请，经批准并发布航行通告后方可进行；<br>2. 潜管沉放应选择在风浪、流速较小时进行，配备的辅助船舶数量充足，各项准备工作充分；潜管一端注水、一端放气下沉时，应缓慢进行；<br>3. 潜管沉放完毕后，两端应下八字锚固定，人水端设排气阀 |

# 第五节 疏浚工程施工

## 一、施工布置与开工展布

### （一）开挖方向

受水流影响，非自航挖泥船的开挖方向有顺流与逆流之分，这两种方式各有优缺点，见表6-15，施工时应根据具体情况合理选择。从保证施工质量的角度出发，疏浚工程一般宜采用顺流开挖的方式，不过这仅限于流速小于0.5m/s时；当流速不小于0.5m/s时，宜采用逆流开挖。沿海地区受涨、落潮的影响，水流为双向流，在此种情况下根据潮水对挖槽冲刷的影响合理地选择开挖方向，一般选择顺流历时较长，或对挖槽冲刷作用较大的流向为顺流方向。

表6-15 不同开挖方向的施工特点

| 设备类型 | 顺流施工 | | | 逆流施工 | | |
|---|---|---|---|---|---|---|
| | 适用工况 | 优点 | 缺点 | 适用工况 | 优点 | 缺点 |
| 绞吸式 | 1. 淤泥质土；<br>2. 质量要求较高工程；<br>3. 工程量较大，挖槽较长的工程；<br>4. 流速大于挖泥船自然条件适应情况表中规定最大流速的60%时 | 1. 施工超深较小。未被吸走的泥浆可顺流而下，不会回淤到已挖槽内，工程质量较好；<br>2. 有利于引导水流进入挖槽，使挖槽受到自然冲刷，对施工进度和质量有利；<br>3. 对设备安全有利 | 1. 水上管线布置与定位较困难，管线锚多，移锚和放缆工作量较大、管线弯曲较多；<br>2. 流速较大或流向与挖槽交角较大时易走船位，水上管线易成急弯或死弯；<br>3 水上管线易压向船体．影响正常施工生产 | 1. 缓流区；<br>2. 工程质量要求不高的工程 | 1. 水上管线较易布置，定位锚较少，管线舒畅；<br>2. 船位易控制，摆动较灵活 | 1. 易在已挖区域内形成回淤；<br>2. 超深较顺流施工要大；<br>3. 水流较大时设备安全性较差 |
| 抓斗式 | 一般情况下均可采用 | 1. 有利于设备安全；<br>2. 施工质量较易保证 | | 1. 流速很小；<br>2. 水深较浅 | | 1. 水流较大的情况下抓斗抛入水底和起出时易被水流冲入船底、撞击船体；<br>2. 已挖区域易形成回淤 |

续表

| 设备类型 | 顺流施工 适用工况 | 顺流施工 优点 | 顺流施工 缺点 | 逆流施工 适用工况 | 逆流施工 优点 | 逆流施工 缺点 |
|---|---|---|---|---|---|---|
| 链斗式 | 受施工现场地形条件限制，无法实施逆流展布处 | 未被吸走的泥浆可顺流而下，不会回淤到已挖槽内，工程质量较好 | 1. 由于控制船位的尾锚缆长度较短，且锚链易陷入泥中，挖泥船横移困难，挖宽也受到限制，水流较大时边线船位不易控制；2. 流速大时不安全，要停工，影响施工进度；3. 产量不如逆流施工；4. 易形成回淤 | | 1. 斗充泥量较好；2. 船位易控制、横移较方便、前移距离易控制 | 易形成回淤，影响施工质量 |
| 气动泵 | 1. 淤泥质土 2. 密实度较低的泥土或砂 | 挖槽内回淤少，施工质量易控制 | | 采用拖挖法施工时 | 能利用水流冲力增加铲斗充泥量与挖掘长度，提高挖泥效率 | 易形成回淤，影响施工质量 |
| 铲斗式 | 一般条件均可 | 1. 挖槽内回淤少，施工质量易控制；2. 水流对铲斗有推力，挖掘较省力 | 无背度装置时则不能造成背度角，影响铲斗充泥量和挖掘长度 | 一般条件均可 | 能利用水流冲力自行达成较好背度角，增加铲斗充泥量与挖掘长度，提高效率 | 易形成回淤，影响施工质量 |
| 水力冲挖机组 | 削坡作业时 | 能利用水流冲力增加破土力 | 生产效率较逆流施工低 | 一般挖槽作业时 | 生产效率较高 | 易在已挖槽内形成回淤，影响施工质量 |

## （二）分段、分条、分层施工

1. 分段施工

分段施工的条件如下。

（1）疏浚区长度大于水上管线的有效伸展长度或大于抛一次主锚所能挖泥的长度。

（2）挖槽尺度规格不一或工期要求不同。

（3）设计疏浚区相互独立。

（4）疏浚区转向曲线段。

（5）纵断面上土层厚薄悬殊或土质出现较大变化。

（6）受航行或水上建筑物等因素的影响和制约。

分段施工的技术要点如下。

（1）区段的划分在满足设计要求的同时，应从提高功效、便于控制等方面进行综合考虑，合理确定。

(2) 两段之间应重叠一个长度，以保证搭接处的施工质量。重叠长度受土质、水文、土层厚度等多种因素影响，应根据具体情况制定。对质量要求较高的工程应进行实地测量，测量困难时或质量要求不高时，按下列条件确定。

单向开挖：重叠长度＞1.5倍土体分层厚度

双向开挖：重叠长度＞0.4倍挖宽

2. 分条开挖

分条开挖的条件如下

(1) 疏浚区宽度大于挖泥船一次最大挖宽。

(2) 疏浚区横断面土层厚薄悬殊。

(3) 挖槽横断面为复合式。

(4) 工期要求不同。

(5) 应急排洪、通水、通航工程。

分条开挖的技术要点如下。

(1) 采用钢桩定位的绞吸式挖泥船其分条宽度宜等于钢桩中心到绞刀水平投影长度；分条的最大宽度不得大于挖泥船一次开挖的最大宽度，分条最小宽度应大于挖泥船的最小挖宽，流速较大时应减小分条宽度；绞吸式挖泥船一次开挖的最大宽度一般为船长的 1.1～1.2 倍，最小宽度等于挖泥船前移换桩时所需要的摆动宽度或船首两侧浮箱外角不碰到岸坡时的最小宽度。

(2) 链斗式挖泥船分条宽度应根据主锚缆抛设长度确定，对 500m$^3$/h 挖泥船挖宽宜控制在 60～100m 范围内，对于 750m$^3$/h 船宜控制在 80～120m，在浅水区施工时，分条最小宽度应满足挖泥船作业与泥驳绑靠和回转所需水域的要求。

(3) 抓斗式挖泥船分条最大宽度不得超过抓斗吊机的有效工作半径；在流速较大的深水区挖槽施工时，分条宽度不得大于挖泥船船宽；在浅水区施工时分条最小宽度也应满足挖泥船作业与泥驳绑靠和旋转的要求。

(4) 铲扬式挖泥船分条宽度应根据铲斗的回旋半径和回转角确定。挖硬质土时回转角应适当减小，挖软泥时可适当增大，但最大不应超过 120°，防止前桩单侧受力过大。

(5) 分条施工时应按照"远土近送，近土远送"的原则，宜从距排泥区较远的一侧开始，依次由远到近分条开挖。

3. 分层厚度及前移距离控制

挖泥船前移距离及一次开挖厚度是影响生产效率和施工质量的两个关键性因素，应综合确定，一般应通过试挖确定。分层厚度及前移距离一般可参考表 6-16。

4. 开工展布

开工展布是指挖泥开工前的准备工作，包括定位、抛锚、架接水上、水下及岸上排泥管线等。进行定位方法有很多种，目前很多已采用 GPS（全球定位系统）来定位，特别是近海航道，其方法简单易行、精度高，是今后发展的方向。下面就将常用挖泥船开工展布主要技术要点见表 6-17。

索铲就位施工前一般需进行走行线修筑、挡淤堤修筑、防洪平台与停机坪修筑以及弃土坑开挖等工作，详见表 6-18。

表 6-16　　　　　　　　　　　　　分层厚度及前移距离控制

| 船型 | | 分层厚度/m | 前移距离/m | 说明 |
|---|---|---|---|---|
| 普通绞吸式 | 带钢桩台车 | 0.5～2.0 倍绞刀直径 | 0.5～0.8 倍绞刀直径 | 坚硬土取较低值，松软土取较高值 |
| | 不带钢桩台车 | 0.5～1.5 倍绞刀直径 | | |
| 斗轮绞吸式 | | 0.5～1.5 倍斗轮直径 | 1/3～2/3 倍斗帮长度 | |
| 链斗式 | | 1～2 倍斗高 | 0.3～2.0 | |
| 抓斗式 | ≤2m³ | 1～1.3 | 0.5～0.7 倍抓斗张开宽度 | |
| | 2～8m³ | 1.3～2.0 | | |
| 铲斗式 | | 背度挖掘法 | | |
| | | 1.8～2.0 倍斗高 | 1.5～2.5 | |
| | | 水平挖掘法 | | |
| | | 2.0 左右 | <5 | |
| 水力冲挖机组 | | 1.0～2.0 | | |
| 气动清淤泵 | | 洞挖法 | 0.7～1.3 倍孔径 | |
| | | 拖挖法 | | |
| | | 0.5～1.5 倍铲斗高 | 0.5～0.8 倍铲斗宽度 | |

表 6-17　　　　　　　　　　　　　常用挖泥船开工展布技术要点

| 船型 | 进点定位 | 锚缆布置 | |
|---|---|---|---|
| | | 技术要点 | 示意图 |
| 绞吸式 | 1. 采用钢桩定位时，当挖泥船被拖至距离挖槽起点 20～30m 时，通知拖轮将航速减至极慢、待船基本停稳后，如为逆流进位可先下放绞刀至水底，暂时固定住船位后，再放下一根定位桩，并抛设左右二个边锚；如为顺流进位可先放下一根定位桩，再抛设左右二个边锚。船位固定好后再逐步将挖泥船调整到位。下放一根定位桩前必须先测量定位桩处水深，确认安全后方可落下，土质松软时需缓降；<br>2. 锚缆定位施工时，待船基本到位并停稳后，如为逆流进位可先放下绞刀至水底，再抛设主锚、边锚和尾锚；顺流进位时可先在距挖槽起点 150m 左右处抛设尾锚，然后绞锚将绞刀调整到起点位置，下放绞刀固定好船位后，再抛设边锚和首锚，抛锚结束后再逐步将挖泥船调整到位 | 1. 采用钢桩定位施工时，一般只需抛设左右横移锚即可，但必须抛设牢固，锚缆一般应抛到距开挖边线 20m 以外处，锚缆的方向以不背不吊为原则，与船首夹角（船体在开挖中心线时）以 80°～90°为宜，逆流施工时，横移锚的超前角不宜大于 30°落后角不宜大于 15°；<br>2. 采用锚缆定位施工时．首锚锚缆长度宜控制在 500～700m，在船身前 80～100m 处设置一条托缆小方驳。尾锚锚缆长度一般可控制在 200～300m，边锚应抛到距开挖边线 50m 以外处，具体应根据锚的类型与工况条件确定，首、尾锚缆的方向应与挖槽中心线平行。边锚锚缆与船体纵轴线的夹角（船体在开挖中心线时）一般以 60°～80°为宜 | |

续表

| 船型 | 进点定位 | 锚缆布置 技术要点 | 示意图 |
|---|---|---|---|
| 抓斗式 | 1. 抓斗式挖泥船进点定位有逆流进位顺流施工、顺流进位顺流施工和逆流进位逆流施工等三种方式。进点定位时，可利用抓斗作临时固定，根据水流、风向和开挖方向等具体情况，依次抛锚展布；<br>2. 如果开挖区流急、水深、风强，船位用抛斗不易固定时，可先在附近缓流区、浅水区或风浪较小的区域抛斗定位，然后抛出顶水锚，再绞锚缆进位；<br>3. 在码头处疏浚时，可先将挖泥船停靠码头，再进行抛锚 | 1. 在双向流水域，挖泥船一般设首锚1只、左右边锚各1只，船尾抛八字锚2只，当流速较大时，尾部可抛设3只锚；<br>2. 在单向流水域，流速较大时，挖泥船一般布设尾锚1只，尾边锚2只，船首抛八字锚2只；<br>3. 开挖滩地，当开挖槽的一侧有岸滩或陆地时，可埋设地垄代替抛锚 | 主锚缆长度一般为200～300m，急流区或底质松软时可加长到300～400m有条件时可一次抛足长度，减少移锚次数。边锚一般应抛出挖槽边线外100m左右 |
| 链斗式 | 1. 挖泥船被拖到或自航到挖槽起始点位置附近时，如为逆流进位，可先下放斗桥至河底临时固定船位，再依次抛主锚、尾锚和边锚；<br>2. 顺流进位时可先在距挖槽起点200m左右处抛设尾锚，然后通过收绞或放松锚缆将船首调整到起点位置，下放斗桥将船体固定后，再抛设边锚和首锚。抛锚结束后再逐步将挖泥船调整到位 | 链斗式挖泥船施工一般需布设6只锚，即：首锚1只、尾锚1只、左右边锚各2只 | |
| 铲斗式 | 1. 一般情况下可采用定位桩定位，即当挖泥船基本到位后，先放下定位桩，然后利用铲斗及前后桩校正船位，最后放下二前桩定位；<br>2. 在风强流急的情况下，可将锚缆和定位桩配合使用；<br>3. 在土质坚硬，如开挖碎石，用定位桩很难定位时，可将桩升起，抛设首锚一只，前后边锚各两只，采用五锚法定位 | 锚缆布置可参照链斗式挖泥船 | |

表 6-18　　　　　　　　　　　　索铲施工展布技术要点

| 主要工作内容 | 技 术 要 点 |
|---|---|
| 走行线修筑 | 1. 走行线应力求平整，并具有足够的承载能力，走行线的承载力与土质和土壤的含水率密切相关，修筑前应通过土工试验确定；<br>2. 一般需高出水面1.5m；<br>3. 外边线距开挖边线不小于1.5～2m |
| 挡淤堤修筑 | 1. 为防索铲弃土时泥浆流回挖槽及冲刷走行线，影响施工质量与设备安全，施工前须修筑挡淤堤；<br>2. 挡淤堤高度应与弃土量相适应，顶宽一般为0.5m。挡淤堤中心线与走行线间距离除应满足机身回转、弃土半径与弃土容量的要求外，还应使牵引绳与挡淤堤在卸泥时不受影响 |
| 防洪平台修筑 | 1. 在汛期有可能被淹没的地段，要根据施工进度和水文资料，预先沿河堤每隔一段距离填筑一座防洪平台，以确保洪水来临时设备能够迅速、安全地转移到防洪平台上；<br>2. 防洪平台顶部高程要高于设计防洪水价位。 |
| 弃土坑开挖 | 当弃土地势较高、开挖方量较大或在索铲走行线的起始与末端弃土场容量不足时，可预挖弃土坑，弃土坑的开挖可与挡淤堤的修筑相结合。 |

## 二、疏浚工程施工方法

### (一) 一般规定

(1) 挖泥船的选择应综合工程特点、工程量、工期、土质、水文、气象、水深条件和疏浚土管理方式等因素，并结合疏浚设备技术性能确定。

(2) 施工前应结合现场条件和工程特点，研究当地相应的法律、法规和规范，在施工组织设计的基础上细化工艺方案和参数；施工中应遵循在保证设备安全和工程质量的前提下提高产量、降低成本和缩短工期的原则，严格执行操作规程，控制施工参数的准确运行和不断校核优化；新设备投入施工或新辟地区工程开工之初应收集各项施工信息和进行必要的施工测定。

(3) 施工中应定期进行水深检测，检测周期视施工设备、方法及施工阶段确定，施工后期特别是扫浅阶段检测周期应缩短，施工测量按现行行业标准《疏浚与吹填工程技术规范》（SL 17—2014）的有关规定执行。

(4) 挖泥船施工定位精度应满足工程质量的要求；挖泥船宜采用GPS定位，也可采用前方交会等方法定位。

(5) 施工中水位站应保持与挖泥船的通信联络畅通，并按时向挖泥船准确通报水位。

(6) 挖泥船挖掘机具下放深度应根据水位变化情况及时调整。

(7) 挖槽边坡应根据设计要求计算放坡宽度，按矩形断面开挖；若泥层较厚，应分层按阶梯形断面开挖；边坡分层的台阶厚度应依据土质及挖泥船性能设定。

### (二) 施工方法

1. 绞吸式挖泥船工

绞吸式挖泥船的施工方法见表6-19。

表 6‑19　　　　　　　　　　　　　　　　绞吸式挖泥船的施工方法

| 施工方法 | | 方法要点 | 适用范围 | 优点 | 缺点 | 示意图 |
|---|---|---|---|---|---|---|
| 常用施工方法 | 主副桩横挖法 | 以一根钢桩为定位主桩，另一根钢桩为副桩，主桩前移时始终保持在挖槽中心线上 | 对不同土质及质量的工程均适用 | 开挖质量好，不易漏挖或重挖 | 操作较双主桩横挖法复杂 | |
| | 双主桩横挖法 | 以两根钢桩轮流作为摆动中心 | 适用于挖掘松散土壤，对挖槽质量较高的工程不宜使用 | 操作简便 | 由于摆动中心不一致，造成两侧重挖与漏挖 | |
| 锚缆施工方法 | 四锚横挖法 | 挖泥船抛主首锚1只，前边锚2只，后边锚1只，利用船尾水上管线作后边锚，以首锚为摆动中心 | 1. 有主、边锚缆绞车的挖泥船；2. 流速较大，流向与挖槽方向基本一致 | 1. 抗风浪；2. 水流适应性好；3. 挖宽较钢桩定位横挖法大 | 1. 占用施工区域大，对交通有一定影响；2. 挖泥船平面位置控制精度差；3. 操作复杂；4. 劳动强度大 | |
| | 五锚横挖法 | 挖泥船抛首锚1只及边锚4只，以主锚为摆动中心 | 1. 有主、边锚缆绞车的挖泥船；2. 风浪较大内陆水域；3. 流速较缓内陆水域 | 1. 抗风浪；2. 水流适应性好；3. 挖宽较钢桩定位横挖法大 | 1. 占用施工区域大，对交通有一定影响；2. 挖泥船平面位置控制精度差；3. 操作复杂；4. 劳动强度大 | |
| | 六锚横挖法 | 挖泥船抛首、尾锚各1只，边锚4只，以首锚为摆动中心 | 1. 有主、边锚缆绞车的挖泥船；2. 受潮汐影响的水域 | | | |
| 特殊施工方法 | 浅区落桩法 | 先以钢桩定位横挖法向前开挖生产，当前进大半个船位时，向后退回一个半船位，再向前开挖，如此反复循环。退船位可采用旋摆法 | 1. 需赶潮施工的工程；2. 开挖区域较软弱，易出现漏桩情况而无法到达设计深度的工程；3. 设计开挖深度超过挖泥船最大挖深，且水深有一定变化的工程 | 克服了传统赶潮施工法（六锚横挖法）的缺点 | 每次退船后均需开挖船槽，土质较硬时生产效率受影响 | |

续表

| 施工方法 | | 方法要点 | 适用范围 | 优点 | 缺点 | 示意图 |
|---|---|---|---|---|---|---|
| 特殊施工方法 | 定位桩台车快速换桩法 | 始终以一根钢桩定位开挖，前移时以刀头定位，提起定位桩，收回台车后落桩，前移 | 仅适合带定位桩台车的挖泥船 | 操作简单，生产效率高 | 受风浪，水流方向影响较大，船位易发生偏离 | |

### 2. 抓斗式挖泥船施工方法

抓斗式挖泥船施工方法见表6-20。

表 6-20　　　　　　　　抓斗式挖泥船施工方法

| 施工方法 | 生产要点 | 适用范围 | 优点 | 缺点 |
|---|---|---|---|---|
| 排斗挖泥法 | 由外向里依次下斗，每完成一个挖宽后，前移船位，进行下排开挖，斗间和排间需重叠一定宽度 | 土质密实度一般，且土层较厚，质量要求较高的工程 | 1. 操作方法简单、连贯；2. 开挖质量易于控制 | 土质出现变化时，斗间与排间重叠宽度要随时调整，生产效率与质量受到影响 |
| 梅花形挖泥法 | 挖泥时不连续下斗，斗与斗之间留有一定的间隔，前移之后，挖第二排斗时，在原第一排两斗之间下斗，使所挖泥面呈梅花形的土坑 | 土质松软，泥层厚度小的工程 | 超深小 | 土质不均匀时，开挖质量不易控制 |
| 切角挖泥法 | 从土层堑口处起挖，由里往外排斗，使每斗抓到堑口 | 坚硬土质 | 生产效率高 | 易发生翻斗情况 |
| 留埂挖泥法 | 挖泥时不连续进关。而是跳一关，退一关，间隔开挖 | 坚硬土质 | 生产效率高 | 操作复杂，易出现超挖和漏挖 |

### 3. 链斗式挖泥船施工方法

链斗式挖泥船施工方法见表6-21。

表 6-21　　　　　　　　链斗式挖泥船施工方法

| 施工方法 | | 方法要点 | 适用范围 | 优点 | 缺点 |
|---|---|---|---|---|---|
| 常用施工方法 | 斜向横挖法 | 挖泥船纵向中心线与挖槽中心线成一较小角度横移 | 1. 水域及水文条件较好，挖泥船不受挖槽宽度和边缘水深限制；2. 开挖质量较高的工程 | 挖掘阻力小、充泥量足，挖边缘时易达到质量要求，斗链不易脱缆出轨 | 操作较复杂 |
| 特殊施工方法 | 平行横挖法 | 挖泥船纵向中心线平行于挖槽中心线而横移 | 流速较大的水域 | 水流适应性好 | 泥斗充泥量少，横移阻力大 |
| | 扇形横挖法 | 挖泥铅首部横移，尾部基本不动 | 适宜在挖槽狭窄，边界处水深小于挖泥船吃水的情况 | 操作方法简便 | 挖宽小 |
| | 十字形横挖法 | 挖泥船中部基本保持在原地，船首向一边横移，船尾向另一边横移 | 挖槽边缘水深小于挖泥船吃水，挖槽宽度小于挖泥船长度 | | 操作方法复杂，两侧帮靠的泥驳受水深限制 |

### 4. 铲斗式挖泥船施工方法

铲斗式挖泥船施工方法见表 6-22。

表 6-22　　　　　　　　　　铲斗式挖泥船施工方法

| 施工方法 | 方法要点 | 适用范围 | 优点 | 缺点 |
|---|---|---|---|---|
| 背度挖泥法 | 转盘式固定吊杆挖泥船在铲斗下放后，利用背度绳尽量将铲斗向后拉向船体，形成一个背度角（一般为13°~15°），利用船体的重量推压铲斗，切入河底进行挖掘 | 较厚土层，层厚可达3~4m | 生产效率较高 | 易产生一定超深 |
| 水平挖掘法 | 全（半）旋转台式挖泥船在切削过程中，随时推压铲斗，使铲斗轨迹保持水平 | 1. 开挖质量较高的工程；<br>2. 爆破后的碎石层 | 开挖质量好 | 操作较复杂，挖掘厚度受限制 |

### 5. 气动泵施工方法

气动泵施工方法见表 6-23。

表 6-23　　　　　　　　　　气动泵施工方法

| 施工方法 | 方法要点 | 适用范围 | 优点 | 缺点 |
|---|---|---|---|---|
| 洞挖法 | 采用梅花形布置洞位，边挖边下放气动泵，达到要求深度后，移至下一洞位 | 1. 松散的砂；<br>2. 流塑性淤泥；<br>3. 密实度较低的泥土；<br>4. 土层内障碍物处 | 1. 操作方法简单；<br>2. 生产效率较高 | 土质不均匀时，开挖质量不易控制 |
| 交叉洞挖法 | 挖完一洞后，跳挖下一洞，待洞壁浸水松软，坍塌后再开挖未挖洞穴 | 砂质黏土 | 生产效率较高 | 定位精度要求较高 |
| 拖挖法 | 在泵口处加装铲刀和牵引缆绳，铲刀通过牵引开挖土层 | 密实度较高的泥土、砂以及黏性土 | 开挖质量较好 | 操作方法较复杂 |

### 6. 两栖式清淤机施工方法

两栖式清淤机是一种水陆两用疏浚设备，一般采用退步法施工，即在挖完船前方可挖范围内的泥土后，向后倒退一定距离，再继续进行下一步挖掘。当挖槽宽度小于设备最大挖宽时，采用退步法单向作业；当挖槽宽度超过设备最大挖宽时，采用单侧卸土双向作业。两栖式清淤机的前移或后退一般采用爬行的方法，不同的地形条件采用不同的爬行方式，详见表 6-24。

表 6-24　　　　　　　　　　两栖式清淤机爬行方式

| 地形条件 | | 爬行方式 | 说　明 |
|---|---|---|---|
| 地势平缓场地 | | 两腿爬行 | 1. 爬行时严禁用挖掘装置助爬，以免损坏铲斗和臂杆；<br>2. 支腿的旋转不可转到极限位置 |
| 坡地 | $\alpha \leqslant 15°$ | 四支腿爬行 | |
| | $15° < \alpha \leqslant 25°$ | 支腿卷扬交替助爬 | |
| | $25° < \alpha \leqslant 30°$ | 先修坡，后视坡度大小选择爬行方式 | |
| | $\alpha > 30°$ | 另选地点 | |

## 7. 喷水冲淤船施工方法

采用喷水冲淤船进行诱导性疏浚时，施工技术要点见表6-25。

表6-25　　　　　　　　　　喷水冲淤船施工技术要点

| 项 目 | 技 术 要 点 |
|---|---|
| 作业时机 | 宜在洪水期进行，并采取"峰前诱导拉砂，峰后诱导归槽"的作业方法 |
| 作业方向 | 1. 应分段实施；<br>2. 流速较大且船体不易控制时宜自下而上进行；<br>3. 流速较小时可自上而下进行 |
| 喷水方向 | 1. 主河道清淤时，水枪应尽量接近河床，射流方向应尽可能与主流方向一致；<br>2. 封堵岔道串沟时，射流方向应与水流方向相反 |
| 挖泥船行进速度 | 作业时行进速度应视水流条件而定：<br>1. 流速较大时，船应慢速行驶；<br>2. 流速较小时，船速应快 |

## 8. 索铲施工方法

索铲是一种用钢索提拉铲斗的土方挖掘机械，适用于小型河道、水渠、基槽等的开挖、疏浚，可自一岸开挖或两岸对挖成河。一般采用由近而远，先挖水上、后挖水下的开挖顺序，即先挖前一停机位置，再挖坡脚线附近部分、后挖河中部分、最后挖靠近机身的边坡部分。对塌坡严重的地段，应采用由远至近的顺序施工，并尽量在远处提斗。索铲施工常用方法见表6-26。

表6-26　　　　　　　　　索铲施工方法

| 类 型 | 方 法 要 点 | 适 用 范 围 |
|---|---|---|
| 牵引甩斗法 | 在卸土回转过程中，收紧牵引绳将泥斗拉向机身，当回转到挖泥位置时，将牵引绳突然放松，靠泥斗重量摆向远处下斗 | 开挖河（渠）槽远处按回转落斗法开挖挖不到的部分。要求操作人员须有熟练的操作技术和丰富的经验 |
| 惯性抛斗法 | 在卸土回转时，放松牵引绳，利用机械回转的惯性将泥斗抛到远方要开挖的位置上 | |
| 回转落斗法 | 卸土后回转到开挖位置并停止转动，然后落斗进行开挖 | 开挖机身附近在回转半径内的土方 |

### （三）施工机械选择

不同类型的挖泥机具对不同的土质都有其各自的适应性和局限性，因此在施工中应根据疏浚土的可挖性和可输送性选择不同的挖泥机具，以提高挖泥船生产效率。绞吸式与抓斗式挖泥船挖泥机具可参照表6-27进行选择，抓斗式挖泥船抓斗斗齿种类及其适用范围见表6-28。

表6-27　　　　　　　　　　挖泥机械选用

| 土 类 | 绞吸式挖泥船 | 抓斗式挖泥船 |
|---|---|---|
| 淤泥，淤泥质土、松软土、松散砂 | 冠形平刃绞刀 | 大斗容平口斗 |
| 黏土、亚黏土、中等密实土、砂 | 冠形方齿绞刀、斗轮式绞刀、冲水式绞刀 | 带齿抓斗 |

续表

| 土 类 | 绞吸式挖泥船 | 抓斗式挖泥船 |
|---|---|---|
| 硬质土 | 冠形尖齿绞刀、斗轮式绞刀、冲水式绞刀 | 重量较大，斗容较小的全齿斗 |
| 紧密砂、砾石、风化岩石 | 冠形活络齿绞刀 | 重型活络全齿斗 |

表 6-28　　　　　　　　　抓斗斗齿种类及其适用范围

| 齿型 | 钝齿形 | 利齿形 | 齿形 | 錾形 | 锥形 |
|---|---|---|---|---|---|
| 图示 | | | | | |
| 适用土质 | $N<4$，特别适用于软泥、粉质土等 | $4<N<15$，黏土、粒径均匀的细砂等 | 软泥、粉质土、爆破后的碎块石或混凝土等 | $15<N<40$，密实砂、硬塑黏土、崩塌后的软砂岩、风化岩等 | $15<N<40$，密实砂、硬塑黏土、崩塌后的软砂岩、风化岩等 |

注　$N$——标准贯入击数。

### （四）施工工艺的选择

施工工艺选择见表 6-29。

表 6-29　　　　　　　　　施 工 工 艺 选 择

| 施工工艺 | 淤泥 | 流砂 | 淤泥质黏土 | 砂土 | 硬质土 |
|---|---|---|---|---|---|
| 绞吸式 | 1. 绞刀选用低转速，流塑性淤泥也可不转；<br>2. 前移距离、横移速度及一次开挖厚度可加大；<br>3. 流塑性淤泥可定吸 | 1. 绞刀选用低转速；<br>2. 可定吸 | 1. 绞刀选用高转速；<br>2. 横移速度宜慢；<br>3. 排泥管中流速宜高 | 1. 绞刀选用低转速；<br>2. 前移距离、横移速度及一次开挖厚度需控制，不宜过大 | 1. 绞刀转速不宜高；<br>2. 前移距离、横移速度需减小 |
| 抓斗式 | 1. 宜采取梅花形下斗挖泥法；<br>2. 快放斗、快合斗、慢提斗 | 1. 宜采取梅花形下斗挖泥法；<br>2. 快放斗、快合斗.慢提斗 | 1. 宜采取排斗挖泥法；<br>2. 快放斗、慢合斗、快提斗 | 1. 宜采取排斗挖泥法；<br>2. 快放斗、慢合斗、快提斗 | 1. 宜采取切角或流埂挖泥法；<br>2. 慢放斗、慢合斗、慢提斗 |
| 链斗式 | 斗速可加快 | 斗速可加快 | 斗速应降低 | 斗速可加快 | 斗速应控制在最慢 |
| 铲斗式 | 1. 梅花形下斗挖掘；<br>2. 快挖、慢起 | 1. 梅花形下斗挖掘；<br>2. 快挖、慢起 | 1. 慢挖、快起；<br>2. 每次开挖厚度与每斗装斗量适当减少；<br>3. 斗间重叠宽度适当减小 | 1. 采取排斗挖掘法；<br>2. 快挖、快起 | 1. 采取隔斗挖掘；<br>2. 慢挖、快起 |

### （五）高岸土开挖

在一些疏浚与吹填工程中常会遇到水上方开挖，如开挖运河、船坞、切割引航道边滩等，存在抛锚、横移作业困难和高边坡坍塌安全等问题，坍塌土过多不仅会掩埋机具，还会产生不利的冲击波，造成破坏。

施工中采取的主要技术措施有以下几种。

（1）水上方超过 4m 时，应先采取措施降低其高度，然后再开挖，以保证安全。常用的方法有：

1）陆上机械开挖降低高度；

2）松动爆破预先塌方降低高度。

（2）开挖分层的厚度要合理，在保证挖泥船吃水与最小挖深的情况下，尽量减少第一层的开挖厚度。

（3）挖泥船每次前移距离与开挖厚度要小于正常值，通过减少前移距离和开挖厚度的方式，以减小土体的坍塌量。

（4）变通条开挖为短条开挖，以减小两侧土体坍塌对挖泥船造成的冲击，并减小横移拉力。

（5）在受潮位影响的区域施工，要利用高潮位时开挖上层，低潮位时再开挖下层；上层开挖要尽量安排在白天通视条件较好时进行。

（6）应加强船头与岸上的观察，掌握土体的坍塌规律，发现问题，及时采取避让措施。

### （六）环保疏浚

环保疏浚技术作为湖泊河流污染综合治理技术体系的重要组成部分，是环境工程技术之一，是底泥污染控制的一项十分有效的措施。

1. 环保疏浚与普通疏浚工程的区别

环保疏浚与普通疏浚工程的区别见表 6-30。

表 6-30　　　　　　　　　环保疏浚与普通疏浚工程的区别

| 项目 | 环保疏浚 | 普通疏浚 |
| --- | --- | --- |
| 目的 | 清除河道、湖泊受污染底泥 | 开辟具有一定尺度的水域或改善水域条件 |
| 生态要求 | 为水生物恢复创造条件 | 无 |
| 疏浚范围 | 依受污染底泥的分布而定，一般不开挖未受污染的土层 | 满足设计要求的尺度 |
| 疏浚土土质 | 一般为流塑状淤泥 | 复杂多样 |
| 疏浚土厚度 | 一般小于 1m | 一般大于 1m |
| 施工精度 | 允许超深值一般为 0.1m 左右 | 允许超深一般在 0.4m |
| 疏浚设备 | 环保船，设备配置自动化，精确程度要求高 | 普通挖泥船 |
| 泥浆扩散 | 开挖过程有严格要求 | 基本无要求 |
| 底泥处置 | 泥、水根据受污染程度进行不同的特殊处理 | 泥、水分离后做一般性堆置 |
| 余水排放 | 要求较高，余水中不同污染物的含量一般都有明确要求，污染物总含量一般要求控制在 200mg/L | 无规定或仅要求余水中泥浆含量 |
| 工程监控 | 专项分析、严格控制 | 一般性常规控制 |

## 2. 环保疏浚的技术特点

由于环保疏浚的主要目的是去除污染底泥，因此疏浚深度一般小于1m，相比于普通的疏浚工程来讲，环保疏浚属于"薄层疏浚"，为了尽量不破坏正常底泥层，同时减小疏浚工程量，在环保疏浚的勘测、施工过程中要求提高相应的精度。一般平面精度小于1m，垂直精度小于0.1m。

其次，由于底泥中含有大量细小颗粒，在施工过程中要采取有效途径来控制污染底泥的扩散和输送过程中的二次污染。

## 3. 环保疏浚设备

与传统的疏浚设备相比，环保疏浚设备具有以下明显的特点。

（1）疏浚设备外形尺寸小，可陆运，一般设计最大挖深不超过15m。

（2）挖掘生产率一般不超过$500\sim600m^3/h$。

（3）疏浚设备配备较高精度的挖深控制及平面定位系统。

（4）具有防止二次污染的功能。

环保疏浚设备的组成：一般环保疏浚设备由水下污染物的挖掘设备、输送设备、二次污染扩散控制设备、挖泥精度控制设备等部分组成。另外，有些环保疏浚设备还配备了污染物的后处理设备，如净化、干化和资源化利用设备等。

## 4. 环保疏浚工程施工技术

环保疏浚工程大多采用绞吸式挖泥船进行施工，施工技术要点见表6-31。

表6-31  环保疏浚技术要点

| 主要工序 | 技 术 要 点 | 目 的 |
| --- | --- | --- |
| 设备配置 | 采用定位桩台车系统 | 提高开挖精度与泥浆吸入浓度 |
|  | 采用环保性绞刀头或在普通绞刀头上安装环保防污罩 | 防止泥浆扩散、减少开挖过程中的二次污染 |
| 开挖区防护 | 挖泥船周围需根据水流流向或风向等具体情况设置防污帘 |  |
| 底泥开挖 | 1. 采用差分全球定位系统（DGPS）进行平面定位 | 提高平面定位精度 |
|  | 2. 设立高精度水位遥报系统 | 提高竖向定位精度，减少对未污染土层的破坏，提高疏浚的有效性 |
|  | 3. 提高挖泥船深度指示器精度 |  |
|  | 4. 采用剖面仪 |  |
|  | 5. 建立电子图形系统和污染底泥三维数据模型 |  |
|  | 6. 在设备性能允许的前提下尽量提高泥浆的吸入浓度 | 减少余水排放和处理量 |
|  | 7. 以较低的绞刀转速生产，必要时可刮吸或直吸 | 减少对底泥的扰动，减少开挖过程中的二次污染 |
| 底泥输送 | 排泥管出口处安装泥浆扩散与减速装置 | 减小泥浆在排泥场内的流速，加快沉淀速度 |
|  | 远距离输送采用封闭式接力 | 避免输送过程中的二次污染 |
| 排泥场设置 | 排泥场内设置子堰或篱笆墙 | 延长泥浆流程、降低泥浆流速，促使泥浆在排泥场内沉淀 |
|  | 排泥场底部为透水层时应在底部采取铺设防渗膜等措施 | 避免对周围地下水造成污染 |

续表

| 主要工序 | 技 术 要 点 | 目 的 |
|---|---|---|
| 余水排放 | 采用投放化学药品促沉的方法进行余水处理，投药工艺以排泥管内投药为主，并通过实验确定能够满足要求的投药参数。当后期排泥管口距退水口较近，靠投药仍不能满足余水排放指标时，应立即停机，并在退水口附近和退水渠内进行紧急投药。用药品有聚丙烯酰胺及硅藻土等 | 促使泥浆沉淀，减少余水中污染物的含量 |
| | 常在退水渠口外围设置防护屏 | 防止污泥在受纳水体中扩散 |

### （七）疏浚土的处理

疏浚土处理包括弃土方式和处理方法。

**1. 弃土方式**

疏浚弃土根据不同的工程目的、不同的地形地貌、不同的环境条件和不同的挖泥船类型可分为多种方式，详见表 6-32。

表 6-32　　　　　　　　　疏 浚 土 弃 土 方 式

| 弃土方式 | | 适 用 范 围 | 技 术 要 求 |
|---|---|---|---|
| 水下弃土 | 深海弃土 | 1. 沿海港口、航道和大中型河道入海口疏浚整治工程；<br>2. 但对于疏浚弃土中含有有毒有害物质时，应采用陆域弃土方式，以便对有害物进行有效控制 | 弃土时应采用 GPS 海上定位系统准确定位，开底式卸泥或用管道排泥 |
| | 河道深槽排泥 | 1. 疏浚区离河道深槽较近，离陆域较远或陆域无可利用的弃土场的情况；<br>2. 弃土区及其周围有水质要求，弃土污染会影响水生动、植物生长繁衍，不应选择河道深槽排泥方式 | 1. 排泥区的容量应大于设计弃土总工程量，且卸泥后不能影响河槽的行洪断面和通航要求；<br>2. 当用泥驳或自航式挖泥船抛泥时，排泥区所需最小水深应满足有关规定；<br>3. 采用管道水下排泥时。应防止锚缆和管道口淤埋，有通航要求的河道，水面浮管及作业船舶不得影响正常通航，否则应采取必要避航措施；<br>4. 卸泥区周围须设置明显标志，标示出卸泥范围与卸泥顺序，以利于作业时控制 |
| 陆域弃土 | 浅滩弃土 | 1. 疏浚河段岸滩宽阔，地势平坦，疏浚开挖区离拟定的弃土区应大于 500m；<br>2. 采用绞吸（斗轮）式挖泥船或水力冲挖机组进行开挖施工；<br>3. 开挖弃土余水不会造成弃土区周围的环境污染 | 1. 需按有关规定修筑围堰、泄水口、排水渠等；<br>2. 对余水排放有要求时，应采取相应措施，使余水排放满足规定的要求；<br>3. 具体施工技术可参照吹填工程施工相关技术要求 |
| | 弃土造地 | 1. 待疏浚区域附近有可利用的空闲地；<br>2. 待疏浚区域附近可以修筑围堰的低洼地、取土坑；<br>3. 待疏浚区域附近可利用现有堤防和周围可形成部分天然屏障的丘壑区；<br>4. 废弃的河汊等 | |
| | 堤防内外填塘淤背 | 1. 待疏浚区域附近堤防外有低洼坑塘；<br>2. 待疏浚区域附近有需加固堤防 | |

### 2. 处理方法

疏浚弃土处理根据不同的土质、环境以及使用需求可分为疏浚土的利用和疏浚土的改良两大类。处理的原则是：总的处理费用低，资源占用少，尽量减小对环境的污染和对自然生态的影响。

（1）疏浚土利用。其主要指采用陆域弃土方式时，用疏浚弃土来吹填低洼地和废弃的坑塘，以及工农业、生活、交通、旅游、环保用地，或利用疏浚土充当建筑材料、肥料等。

1）填坑塘。填堵低洼地、取土坑和废弃的河汊、水塘等。

2）做肥料。当弃土的有机质含量大于10%时，可采用脱水固化方法，将弃土做肥料使用。

3）作建材。当弃土的黏粒含量大于30%时，可利用弃土料烧制土砖或用作防渗填料。

4）筑台地。当弃土为黏性的团状结构时，可堆筑人工假山或台地；砂性或混砂黏性弃土可根据需要用来填筑工农业生产、生活、交通及环保等用地。

（2）疏浚土改良。疏浚土改良的目的一是使弃土尽快密实，弃土场地得到重新使用；二是对含有有毒有害物质的弃土进行隔离、覆盖，防止其有害物质扩散而污染环境。

1）密实法：①对于砂性弃土而言，经搬运搅动和水力冲填后比较容易密实，通常采用直接排水法、振动密实法、化学或水泥灌浆法等方法来加速弃土的密实；②对于颗粒较细的淤泥和黏性弃土，可根据不同的使用要求，采用不同的密实固结方法。如堆载排水固结法、真空预压法、附加荷载法、电渗法和化学稳定法。

2）隔离法：①对于含有有毒有害物质的弃土的堆放场地首先应保证四周围堰的安全牢固，防止溃坝或泥浆溢流造成污染物扩散；②应让污染泥浆在弃土场内充分沉淀。使余水排放符合国家与地方有关环境保护的要求与规定。国内外对弃土场的余水排放要求与规定大都由当地政府部门根据本地条件和需要制定，尚无统一标准，测定余水质量的参数也不一。我国主要采用余水中悬浮颗粒浓度（g/L）作为水质控制标准；③对排水固结后的弃土表面用自然土覆盖。以利于土地重新使用。

## 第六节 吹 填 工 程 施 工

### 一、一般规定

（1）吹填施工应对进度、质量进行全过程监控，并重点对吹填流失量与沉降量进行观测，统筹协调施工船舶作业、排泥管线布设、围埝及排水口的施工；

（2）吹填距离超过吹填施工船舶的最大合理吹距时宜采用接力泵；

（3）吹填管线的规格和质量应适应吹填土质、流量和排压的要求；施工中应对管线进行跟踪检测，因磨耗致管线质量难以满足吹填要求时，应提前更换。

### 二、吹填施工分类

根据施工设备和吹填土的输送方式的不同，可将吹填施工分为管道直输型和组合输送型，具体的介绍详见表6-33。

表 6-33　　　　　　　　　　　吹填施工的分类

| 施工方法 | | 方法要点 | 方法特点 | 适用范围 |
|---|---|---|---|---|
| 管道直输型 | 单船直输型 | 吹填土的开挖和输送由绞吸式挖泥船直接完成 | 开挖、输达、填筑三道工序连续进行，生产效率高、成本低 | 土源距吹填区较近，运距在绞吸船的正常有效排距之内的工程 |
| | 船泵直输型 | 在排泥管线上装设接力泵，由绞吸式挖泥船开挖取土，输送则由接力泵辅助完成 | | 土源距吹填区较远，运距超过绞吸式挖泥船的正常有效排距且水上运距不太长（小于2km）的工程 |
| 组合输送型 | | 先由斗式挖泥船开挖取土，再由驳船运送到集砂池，最后由绞吸船（或吹泥船、泵站）输送到吹填区 | 开挖、输送、填筑三道工序由多套设备组合完成，工序重复，生产效率低，成本较高 | 土源距吹填区较远，且水上运距较长的工程 |

### 三、吹填施工原则

（1）吹填施工应根据合同要求和疏浚取土区与吹填区距离选择吹填方法和配置设备。施工前应结合现场条件和工程特点在施工组织设计的基础上细化取土、吹填和管线架设方案，并应符合下列规定。

1）设备选择应根据工程规模、吹填厚度、施工强度、吹距、吹填土挖掘输送难度和吹填区容量、平整度要求等因素综合考虑确定。

2）取土区的分区、分层应按照泥泵处于较佳的工作区域且吹填土质满足工程要求，根据设备性能、输泥距离分配、土质分布等因素确定。

3）吹填区的分区、分层应按照保证吹填质量和工期要求、低成本和方便施工的原则确定。

4）输泥管径可根据泥泵性能、吹填土质和吹距选择，吹距远且输送细颗粒土时可选用较大口径的管线，输送距离短且输送粗颗粒砂石时宜选用较小口径的管线。

（2）在软基上进行吹填，应根据设计要求和现场观测数据，控制吹填加载的速率。

（3）吹填施工在下列情况下应分区实施。

1）工期要求不同时，按合同工期要求分区。

2）对吹填土质要求不同时，按土质要求分区。

3）吹填区面积较大、原有底质为淤泥或吹填砂质土中有一定淤泥含量时，按避免底泥推移隆起和防止淤泥集中的要求分区。

（4）吹填施工在下列情况下应分层实施。

1）合同要求不同时间达到不同的吹填高程时。

2）不同的吹填高程有不同的土质要求时。

3）吹填区底质为淤泥类土，吹填易引起底泥推移造成淤泥集中时。

4）围堰高度不足，需用吹填土在吹填区分层修筑围堰时。

（5）当吹填土质为中粗砂、岩石和黏性土时，可采取下列辅助措施。

1）管线进入吹填区后设置支管同时保留多个吹填出口，各支管以三通管和活动闸阀分隔，吹填施工中各出口轮流使用，吹填施工连续进行。

2）必要时，配置整平机械设备。

### 四、施工顺序

吹填工程一般都设有多个吹填区，需要对吹填顺序进行合理安排。吹填施工顺序可参照表 6-34。

表 6-34　　　　　　　　　　吹 填 施 工 顺 序

| 施工方法 | 吹填顺序 | 适用范围 | 目　　的 |
|---|---|---|---|
| 单区吹填 | 从离退水口较远的一侧开始 | 工程量较小；吹填土料为粗颗粒 | 降低流失 |
| 多区吹填 | 从最远的区开始，依次退管吹填 | 吹填区相互独立的工程，在现场条件允许时 | 充分发挥设备的功率 |
|  | 先从离退水口最远的区开始，依次进管吹填 | 多个吹填区共用一个退水口的工程 | 增加泥浆流程，减少细颗粒土的流失 |
|  | 两个或两个以上排泥区轮流交替吹填 | 吹填细粒土且在排泥主管道上安装带闸阀的三通时 | 加速沉淀固结，减少流失 |

### 五、造地吹填

造地吹填施工方式见表 6-35。

表 6-35　　　　　　　　　　造 地 吹 填 施 工 方 式

| 吹填方式 | 适用范围 | 技 术 要 求 |
|---|---|---|
| 一次性吹填到设计高程 | 围堰够高度，且在非超软地基上吹填的一般性工程 | 按常规要求进行 |
| 分层吹填 | 1. 围堰不够高，需要分期修筑时；<br>2. 在淤泥等超软地基上吹填 | 分层不宜过厚，施工时应根据设计或试验确定，第一层高度宜高出最高水位 0.5~1.0m，其后逐层加高，每层厚度宜控制在 1.0m 左右，以避免地基出现较大的沉陷或隆起，使其能够均匀沉降、逐步密实 |

### 六、堤防吹填工程及水工建筑物边侧吹填施工方法

**(一) 堤防工程吹填技术要点**

分堤身两侧盖重、平台吹填和吹填筑堤工程等，其施工技术要点如下：

(1) 吹填区一般都较狭窄、吹填厚度也较薄，应采用敷设支管及分段、分层吹填的方法，分层厚度一般不宜超过 1.0m。

(2) 水面以上部分应分区、分层间歇交替进行，分层厚度应根据吹填土质确定，一般宜为 0.3~0.5m，对黏土团块可适当加大，但不宜超过 1.8m。

(3) 每层吹填完成后应间歇一定时间，待吹填土初步排水固结后，才可继续进行上层吹填。

**(二) 水工建筑物边侧吹填**

分船闸两侧吹填、码头后侧吹填、挡土墙后侧吹填。其施工技术要点如下：

(1) 一般情况下应在建筑物的反滤层、排水等完成后方可进行。

(2) 施工前必须对建筑物的结构形式、施工质量等进行充分了解，并制订相应的施

工技术措施,以确保建筑物的稳定与安全。具体施工技术措施要求是:①一般应采用分区、分层交替间歇的吹填方式,分区应以建筑物分缝处为界,分层厚度宜控制在0.3~0.5m;②应从靠近建筑物的一侧开始,以便使粗粒土沉淀在靠近建筑物处。排泥管口距反滤层坡脚的距离一般应不小于5m,并需对反滤层的砂面做防冲刷处理;③应先填离退水口较远处及低洼地带,排泥管出口位置应根据吹填情况及时进行调整,需要时应在出口处安装泥浆扩散器,以保证土质颗粒级配均匀,防止淤泥塘的形成;④施工中应对填土高度、内外水位,以及建筑物的位移、沉降、变形等进行观测,建筑物内外水位差应控制在设计允许范围之内,必要时可采用降水措施。当发现建筑物有危险迹象时,应立即停止吹填,并及时采取有效措施进行处理。

## 七、特殊工况施工

### (一) 潜管

**1. 潜管施工特点**

疏浚或吹填工程施工作业,当遇到排泥管线需要跨越通航河道或受水文气象条件影响较大,水上浮筒不宜过长时应敷设潜管。潜管的下潜是通过向管内注水,使管线总重量大于所受浮力来实现的;上浮则是通过将管内的水排除,使管线所受浮力大于其总重量来完成。潜管施工时应征得有关港口、航运监督部门的同意。潜管类型及其各自施工特点见表6-36。

表6-36　　　　　　　　潜管类型及特点

| 分类依据 | 潜管类型 | 优　点 | 缺　点 | 适用范围 |
| --- | --- | --- | --- | --- |
| 下潜、上浮方式 | 自浮式 | 自动化程度高,劳动强度小,下潜与上浮快 | 造价及使用费用高 | 有航行要求的水域 |
| | 半自浮式 | 造价及使用费用低 | 自动化程度低,下潜与上浮慢、劳动强度高 | 无航行要求的水域,或对航行影响很小且潜管长度较短的工程 |
| 组成 | 刚性 | 结构简单、造价低 | 对地形适应性较差,下潜与起浮不方便 | 施工区水下地形较平整且水位变化不大的水域 |
| | 柔性 | 对地形适应性较强,下潜与起浮方便 | 结构较复杂、造价高 | 一般情况下均适用 |

**2. 潜管作业技术要点**

潜管作业技术要点见表6-37。

表6-37　　　　　　　　潜管作业技术要点

| 名称 | 施工作业要点 |
| --- | --- |
| 防驼峰措施 | 挖泥船开机前应打开端点排气阀放气,开机时必须先以低速吹清水。确认正常后再开始提高转速,以避免排气不彻底而造成驼峰,影响潜管与过往船只的安全 |
| 防潜管堵塞措施 | 1. 施工过程中凡需停机时必须先吹清水,以防管道中的泥沙在潜管汇聚,造成管路堵塞,吹清水时间长短以排泥管口出现清水时为止;<br>2. 凡因故障停机,在恢复作业前应先低速吹清水,将管道中(特别是潜管内)沉积的泥沙输移走,待确认管线疏通后方可正常作业,以确保管线的安全;<br>3. 施工中应特别注意观察各相关仪表的变化,防止因吸入泥浆浓度过高造成潜管堵塞 |

续表

| 名称 | 施工作业要点 |
|---|---|
| 潜管防淤埋措施 | 潜管在易淤区域作业时应定期进行起浮,以避免潜管被严重淤埋、无法起浮而造成不必要的财产损失 |
| 潜管防破坏措施 | 施工中应特别注意观察各相关仪表的变化,开挖泥层不宜太厚,防止泥土坍塌堵塞吸泥口,引起真空的急剧变化而产生水锤,使潜管遭到破坏。 |

3. 潜管作业的要求

(1) 潜管布置的要求。

1) 潜管组装布设前,应对预定下潜水域进行水深、流速和水下地形测量,根据地形图确定潜管组装形式、长度、端点站位置,并制订下潜计划。

2) 潜管宜布置在水流平稳、水深适中、河槽稳定、河床变化平缓的区域内。

(2) 潜管组装的要求。

1) 潜管宜按钢管、胶管相间进行柔性连接,组装时,潜管两端应用闷板密封。在河床较平坦时,可根据钢管与胶管的长度,由2～4节钢管与胶管组装,在地形变化较大的地段胶管数量应适当加密。

2) 潜管宜采用新管,无法满足或工程量较小时,应对拟用管进行全面检查和挑选,严禁使用法兰变形、管壁较薄、管壁上有坑凹的钢管和脱胶、老化、有折痕的胶管。

3) 潜管两端上、下坡处应安装球形接头或胶管。

4) 潜管起、止端应设置端点站并配备充排气、水设施和闸阀等。

**(二) 接力泵施工**

绞吸式挖泥船以及吹泥船、水力冲挖机组的扬程或排距不能满足工程需要时,可采用将几台泥泵用排泥管串联起来同时工作的接力方式进行解决。

1. 接力输泥方式

接力方式有多种,各有其优缺点、具体参见表6-38,除在人口稠密区为减少占地、节省征迁费用应采用直接串联式外,其他情况下应根据现场的场地条件、操作人员的技术水平、通信联系条件、经济性等多方面进行考虑、综合选择。

表6-38　　　　　　　　　远距离输泥接力方式

| 接力方式 | | 技术要点 | 优　点 | 缺　点 |
|---|---|---|---|---|
| 封闭式 | 近距离接力 | 用很短的管道将前一台泥泵的出口与后一台泥泵的吸口直接连通 | 泥泵较集中,便于操作和管理,可根据不同排距的需要,较为方便地将一台或多台泥泵接入或脱离 | 接力泵的出口扬程是两台泥泵扬程的叠加,排压大幅度增高,接力泵后排泥管承压大、易破损 |
| | 远距离接力 | 用较长距离的管道将前一台泥泵的出口与后一台泥泵的吸口直接连通 | 前一台泥泵所产生的水头有一部分已消耗在排泥管路中,接力泵吸口处压力较低,排压接近自身所产生的压力,整条排泥管线的沿程压力变化比较均匀 | 操作难度大、管理不便,需要增添通信及其他设施 |

续表

| 接力方式 | 技术要点 | 优　　点 | 缺　　点 |
|---|---|---|---|
| 开敞式 | 在输泥途中设集浆池，前一台泥泵将泥浆输送到集浆池中后，再由后一台泥泵从池中吸排泥浆。两泵靠集浆池连接 | 能充分利用集浆池的储浆能力，前后泥泵可根据集浆池液位的高低独自运转，减少相互的影响，提高泥泵的利用率 | 需要增加修筑集浆池的费用，前一泥泵的余压得不到充分利用 |
| 混合式 | 在接力系统中同时采用封闭与开敞两种接力方式。一般在第一级接力中采用开敞式后面各级接力采用封闭式 | 同时具有封闭式与开敞式接力的优点 | 同时具有封闭式与开敞式接力的缺点 |

**2. 接力输泥技术**

（1）接力泵选型。所选择的接力泥泵要与船泵的性能特别是流量及 $Q$-$H$ 特性要相同或尽可能接近，如差别太大，将导致其中一台或多台泥泵的功率不能得到充分发挥，从而使整个接力系统不能同步运行。

（2）接力系统布置。接力泵站可布置在水上，也可布置在岸上。岸上接力泵站是较常使用的一种布置方式，选择岸上布置时接力泵站的位置要通过现场勘察选定，一般应设在场地开阔、交通便利、地基密实之处。基础应稳定、牢固，其不均匀沉降应控制在允许范围之内，基础结构应经过受力计算确定。采用封闭式接力时，尚需符合下列要求。

1）接力泵吸入口余压一般应保持在一个大气压左右，最低不得小于 50kPa，布置时要考虑到泵前管线的改动可能会带来的影响。

2）接力站（船）泥泵吸入口管与工作船输泥管线的连接应采取柔性连接。

3）接力站（船）前输泥管线上应设来水监控阀，接力泵站间连接管线应装设呼吸阀，接入泵站后排泥管线高于接力泥泵出口时必须在站后排泥管线上装设止回阀，以防止接力泵突发故障停机时排泥管线中泥浆倒流对泥泵产生冲击，同时还可方便泥泵检修。

（3）集浆池修筑。集浆池是开敞式接力系统中重要的设施之一，一般应按照下列要求进行设计与修筑。

1）集浆池平面宜为矩形，以利进池泥浆流动，宽长比宜控制在 1∶1.15～1∶2.0 之间。

2）集浆池有效容积应合理选定，池顶应留有 0.5m 的富余高度，并设标尺进行控制，以防止泥浆漫溢。

3）池底应为斜坡式，坡向接力泵吸入口，以利于泥浆向吸口处自然流动。

4）池底板宜为混凝土，池壁宜采用浆砌石护坡，以防止进池水流对池底和池壁造成冲刷，发生坍塌事故。

5）进池排泥管口应布置成对冲式，吸泥管应布置在集浆池最低处，并应位于进口管泥浆喷射范围之内，接力泵与吸口之间的管路应尽量缩短，以保证泥浆的顺利吸排。

6）池顶部需配置一定数量的冲水枪，以冲洗沉积的泥沙。

(4) 系统作业。

1）施工期间工作船与接力站（船）须建立可靠的通信联系，挖泥船启动前应先通知各接力泵站，待接到回复后方可启动。

2）工作船结束作业时应继续泵清水，直至排泥管口出清水时。

3）凡因故障停机，在恢复作业前应先低速泵清水，待确认管线疏通后方可提速，进行正常作业。

4）封闭式接力时接力站（船）泥泵吸入前应安装压力表进行观测与控制，以保证接力系统正常运转。

5）封闭式接力时对吸入泵即第一台泥泵的启动速度应进行控制，以消除或减弱其对接力泵所造成的冲击。启动时间一般控制在 2min。

6）封闭式接力中途放泥时应对各放泥点的放泥量进行计算，保证放泥后在放泥点以下的主管及支管中的泥浆流速不低于临界流速，下一接力泵的入口压力不低于 50kPa。

（三）其他形式的特殊工况

(1) 岩石施工应综合分析岩石性质和设备性能决定施工方法；中等风化岩和强风化岩宜用大型绞吸挖泥船直接开挖，少量的强风化岩也可用大型抓斗和铲斗挖泥船开挖，微风化、未风化的岩石应进行预处理。挖泥船开挖岩石应满足下列要求。

1）挖泥船结构强度能承受挖岩引起的震动和冲击。

2）选择专用的高强度高耐磨挖掘机具并备有充足的备件，绞吸挖泥船绞刀不少于 3 个，抓斗挖泥船重型抓斗不少于 2 个。

3）绞吸式挖泥船视需要采取安装格栅、防石环等措施。

4）挖岩过程中加强对疏浚设备和机具的检查。

(2) 若土质为高附着力的黏性土时，绞吸式挖泥船宜采用大开档的冠形方齿绞刀；链斗式挖泥船宜在泥井内设冲水装置；斗式挖泥船应选用开体泥驳运泥且及时抛泥，不得压舱。

(3) 施工土质中含有大量漂石时应选用斗式挖泥船施工；漂石数量不多时可选用耙吸式挖泥船施工；使用绞吸挖泥船施工时，应安装格栅和防石环并采用大的前移距、大的一次挖泥厚度、绞刀低转速、低横移速度的操作方法，遇到大块的漂石，宜采用抓斗挖泥船或铲斗挖泥船单独清理。

(4) 维护性疏浚工程施工应符合下列规定。

1）应加强维护区域水深监测及变化趋势分析，确定维护的最佳时机。

2）应根据维护工程量、土质类别、分布情况和港口航道营运情况等选择经济适用、干扰小、效率高的施工设备进行施工；对于常年维护的大型航道，宜选用大舱容的耙吸挖泥船进行施工。

3）以风浪掀沙、潮流输沙为主的回淤性港口、航道宜在大风季节可作业条件下集中施工，也可在大风季节之前按设计要求完成备淤深度的施工。

4）以河流汛期携带泥砂为主的回淤性港口、航道宜在洪水季节集中施工；当航槽比较稳定时，也可在洪水季节之前按设计要求完成备淤深度的施工。

5）枯水期可能出浅的内河航道，宜在枯水期来临之前突击疏浚避免浅段出现，有条件时也可在疏浚的同时借助水流的冲刷和挟沙能力提升疏浚效果。

6）航道和港口内出现多个浅区或浅段时，应根据浅区的碍航程度，安排维护疏浚的顺序。按照同步增加浅滩水深的原则，可先疏浚最浅地段，后疏浚次浅地段。

7）在有骤淤出现或回淤较集中的区域，施工时可增加备淤深度，以确保通航水深。

8）回淤比较严重的区域，可选择合理位置开挖截泥坑拦截浮泥或截留底部输移的泥沙。

## 八、淤泥处理施工

### （一）淤泥处理技术要点

（1）对于非流动状态的淤泥，可采取自然晾晒、井点降水、插排水板、真空降水等措施降低含水率，然后采用碾压、强夯、真空预压、堆载等压密方式物理固结；也可采用添加材料将清出淤泥改性方式化学固结。

（2）处于流动状态的淤泥，如渗透性较好，在用地宽松，工期要求不要的情况下，可吹填至围堰后存放，通过重力沉淀、表水溢流、表层晾晒、软基处理等方法进行处理；如清出淤泥渗透性差，在用地紧张、工期较短的情况下，可采取机械脱水或化学固化处理。

（3）对污染的淤泥，可采用机械脱水或化学固化处理后封闭填埋。

（4）采用真空预压等物理固结处理的，应特别注意在淤泥堆场布设降水设施时的作业安全及堆泥场周边安全防护措施；采用化学固化处理的，其化学添加剂应符合国家相应环保标准；采用机械脱水处理的，尾水排放应特别检测 pH 值是否达标。

### （二）淤泥处理后应符合的要求

（1）淤泥含水率降至 65% 以下并保证淤泥上行人能够安全通行，无安全隐患。

（2）余水不造成环境污染。

（3）满足具体淤泥处理路径的需要。

（4）淤泥处理、尾水排放应符合《农用污泥中污染物控制标准》（GB 4284—2018）、《土壤环境质量标准》（GB 15618—2018）及《污水综合排放标准》（GB 8978—1996）的要求。

## 九、尾水排放的要求

（1）加强尾水排放的控制，当设计有具体要求时，应按照要求控制好尾水中的泥浆浓度。当无具体要求时，尾水中的泥浆含泥量不应超过 3%。

（2）应当采取排水防污染措施。

（3）施工期间应分阶段定期在泄水口取样，检测分析并计算各阶段泄水含泥浓度及土方流失量，采样的时间与密度应根据具体情况确定，采样应有代表性。

（4）对吹填土粒径与级配有明确要求的工程，应将不符合设计要求的细颗粒土分离出去，吹填土中不合格粒径所占比例应控制在设计允许范围内。

# 第七章

# 土石方工程单元工程施工质量验收

## 第一节 基 本 规 定

**一、一般要求**

(1) 参建单位现场管理机构应具有健全的质量管理体系,加强施工中的质量管理和过程控制,全面落实质量责任制。

(2) 单元工程划分应在分部工程开工前,由建设单位组织监理、设计、施工等单位共同完成,并根据工程性质和部位确定重要隐蔽单元工程和关键部位单元工程。

(3) 单元工程按工序划分情况,分为划分工序单元工程和不划分工序单元工程。

1) 划分工序单元工程应在工序验收合格的基础上,先进行单元工程质量验收。

2) 不划分工序单元工程的施工质量验收,应在单元工程中所包含的检验项目经施工自检合格的基础上进行。

(4) 检验项目分为主控项目和一般项目。检验项目的检验应按均匀分布、具有代表性及有利于质量控制的原则布点。检验方法和数量应符合相关规定。

(5) 施工单位应按照工程设计图纸和施工技术标准进行施工过程质量控制和质量检验,并做好过程质量控制检查和检验记录,作为验收备查资料。

(6) 监理单位应采取旁站、现场巡视、平行检验、见证取样和见证检验等形式进行施工过程质量控制和质量检验,做好过程质量控制、检查、检验记录,作为验收备查资料。

(7) 建设单位应对勘察、设计、监理、施工等单位的质量管理体系进行检查,并督促相关参建单位按规定做好施工质量的控制、检验和验收工作。

(8) 建设单位可建立质量管理信息化系统,通过物联网、互联网等信息化工具,进行质量数据采集、传输、存储、防护和处理,实现质量过程动态管控和质量验收信息化。

(9) 重要隐蔽单元工程和关键部位单元工程的施工、质量问题处理等,应保留照片、音视频文件资料并归档。照片、音视频文件应准确反映质量状况,同时记载拍摄时间、地点和对应的单元工程等信息。记录资料的载体及相关信息、内容格式应符合国家及行业档案资料的相关规定。

(10) 用于质量检验的各类设备、仪器和计量器具的量程、精度等指标应符合相关规范要求,并应按相关规定进行检定、校准。

（11）单元工程施工质量验收相关资料应符合下列要求：

1）单元工程施工质量检验表和验收表（表7-1～表7-5）经签字、复印后盖章，建设单位保存1份，其他参加验收的单位各保存1份。

表7-1 ＿＿＿＿＿＿工序施工质量检验表（划分工序）

单元工程编号：　　　　　　　　　　　　　　　　　　　　　　　共　页　第　页

| 单位工程名称 | | | | 施工日期 | | 年 月 日— 年 月 日 | |
|---|---|---|---|---|---|---|---|
| 分部工程名称 | | | | 施工单位 | | | |
| 单元工程名称 | | | | 单元工程部位 | | | |
| 类别 | 项次 | | 检验项目 | 质量要求 | | 检查记录 | 检查结论 |
| 主控项目 | 1 | | | | | | |
| | 2 | | | | | | |
| | 3 | | | | | | |
| | ⋮ | | | | | | |
| 一般项目 | 1 | | | | | | |
| | 2 | | | | | | |
| | 3 | | | | | | |
| | ⋮ | | | | | | |
| 主控项目 | 1 | | | | | | |
| | 2 | | | | | | |
| | 3 | | | | | | |
| | ⋮ | | | | | | |
| 一般项目 | 1 | | | | | | |
| | 2 | | | | | | |
| | 3 | | | | | | |
| | ⋮ | | | | | | |
| ⋯ | | | | | | | |
| 施工单位检验意见 | | 本工序主控项目质量全部符合要求，一般项目单项检验点合格率最小为＿＿％，且不合格点不集中分布，工序质量合格，具备验收条件。<br><br>　　　　　　　　　　　　　　　　　　　　质量责任人（签字）：<br>　　　　　　　　　　　　　　　　　　　　现场管理机构（盖章）：<br>　　　　　　　　　　　　　　　　　　　　　　　　年　月　日 | | | | | | |
| 备查资料 | | 检测报告＿＿份，记录编号：<br>影像记录＿＿份，记录编号：<br>主要测量成果＿＿份，记录编号：<br>主要质量证明文件＿＿份，记录编号：<br>隐蔽工程记录＿＿份，记录编号：<br>其他记录＿＿份，记录编号：<br>　⋯ | | | | | | |

表 7-2　　　　　　　　　　＿＿＿＿工序施工质量验收表（划分工序）

单元工程编号：　　　　　　　　　　　　　　　　　　　　共　页　第　页

| 单位工程名称 | | | | 施工日期 | | 年 月 日— 年 月 日 |
|---|---|---|---|---|---|---|
| 分部工程名称 | | | | 施工单位 | | |
| 单元工程名称 | | | | 单元工程部位 | | |

| 类别 | 项次 | | 检验项目 | 质量要求 | 检查记录 | 检查结论 | 问题及处理意见 |
|---|---|---|---|---|---|---|---|
| 主控项目 | 1 | | | | | | |
| | 2 | | | | | | |
| | 3 | | | | | | |
| | ⋮ | | | | | | |
| 一般项目 | 1 | | | | | | |
| | 2 | | | | | | |
| | 3 | | | | | | |
| | ⋮ | | | | | | |
| 主控项目 | 1 | | | | | | |
| | 2 | | | | | | |
| | 3 | | | | | | |
| | ⋮ | | | | | | |
| 一般项目 | 1 | | | | | | |
| | 2 | | | | | | |
| | 3 | | | | | | |
| | ⋮ | | | | | | |
| …… | | | | | | | |

| 监理单位验收意见 | 本工序主控项目<u>全部/部分</u>符合要求，一般项目单项检验点合格率最小为＿＿＿％，且不合格点<u>不集中/集中</u>分布，工序质量<u>合格/不合格</u>，<u>同意/不同意</u>通过验收。<br><br>　　　　　　　　　　　　　　　　　　监理工程师（签字）：<br>　　　　　　　　　　　　　　　　　　现场监理机构（盖章）：<br>　　　　　　　　　　　　　　　　　　　　　年　月　日 |
|---|---|
| 施工单位 | 　　　　　　　　　　　　　　　　　　质量责任人（签字）：<br>　　　　　　　　　　　　　　　　　　现场管理机构（盖章）：<br>　　　　　　　　　　　　　　　　　　　　　年　月　日 |
| 备查资料 | 平行检验报告＿＿＿份，记录编号：<br>影像记录＿＿＿份，记录编号：<br>监理旁站、巡视、检验记录等＿＿＿份，记录编号：<br>…… |

注　质量问题的处理及相关记录，可另附页。

表 7-3 　　　　　　　　　单元工程施工质量验收表（划分工序）

单元工程编号：　　　　　　　　　　　　　　　　　　　　　共　页　第　页

| 单位工程名称 | | 施工日期 | 年 月 日— 年 月 日 |
|---|---|---|---|
| 分部工程名称 | | 施工单位 | |
| 单元工程名称/部位 | | 单元工程量 | |

| 项　　次 | 工序名称 | 监理单位验收结论 |
|---|---|---|
| 1 | | |
| 2 | | |
| 3 | | |
| … | | |

| 监理单位验收意见 | 本单元工程共___个工序，___个合格，___个不合格，单元工程质量合格/不合格，同意/不同意通过验收。<br><br><br><br>　　　　　　　　　　　　　　　　　　　监理工程师（签字）：<br>　　　　　　　　　　　　　　　　　　　现场监理机构（盖章）：<br>　　　　　　　　　　　　　　　　　　　　　　年　月　日 |
|---|---|
| 施工单位 | 　　　　　　　　　　　　　　　　　　　质量责任人（签字）：<br>　　　　　　　　　　　　　　　　　　　现场管理机构（盖章）：<br>　　　　　　　　　　　　　　　　　　　　　　年　月　日 |

注　质量问题的处理及相关记录，可另附页。

表 7-4　　　　　　　　　　　　单元工程施工质量验收表（不划分工序）

单元工程编号：　　　　　　　　　　　　　　　　　　　　　共　页　第　页

| 单位工程名称 | | | | 施工日期 | 年 月 日— 年 月 日 |
|---|---|---|---|---|---|
| 分部工程名称 | | | | 施工单位 | |
| 单元工程名称/部位 | | | | 单元工程量 | |

| 类别 | 项次 | | 检验项目 | 质量要求 | 检查记录 | 检查结论 |
|---|---|---|---|---|---|---|
| 主控项目 | | 1 | | | | |
| | | 2 | | | | |
| | | 3 | | | | |
| | | ⋮ | | | | |
| 一般项目 | | 1 | | | | |
| | | 2 | | | | |
| | | 3 | | | | |
| | | ⋮ | | | | |
| 主控项目 | | 1 | | | | |
| | | 2 | | | | |
| | | 3 | | | | |
| | | ⋮ | | | | |
| 一般项目 | | 1 | | | | |
| | | 2 | | | | |
| | | 3 | | | | |
| | | ⋮ | | | | |
| …… | | | | | | |

| 施工单位检验意见 | 本单元工程主控项目质量全部符合要求，一般项目单项检验点合格率最小为＿＿＿％，且不合格点不集中分布，单元工程质量合格，具备验收条件。<br><br>　　　　　　　　　　　　　　　　　　　　　　　　　质量责任人（签字）：<br>　　　　　　　　　　　　　　　　　　　　　　　　　现场管理机构（盖章）：<br>　　　　　　　　　　　　　　　　　　　　　　　　　　　　年　月　日 |
|---|---|
| 备查资料 | 检测报告＿＿＿份，记录编号：<br>影像记录＿＿＿份，记录编号：<br>主要测量成果＿＿＿份，记录编号：<br>主要质量证明文件＿＿＿份，记录编号：<br>隐蔽工程记录＿＿＿份，记录编号：<br>其他记录＿＿＿份，记录编号：<br>… |

表 7-5　　　　　　_____单元工程施工质量验收表（不划分工序）

单元工程编号：　　　　　　　　　　　　　　　　　　　　　共　页　第　页

| 单位工程名称 | | | | | 施工日期 | 年 月 日— 年 月 日 | |
|---|---|---|---|---|---|---|---|
| 分部工程名称 | | | | | 施工单位 | | |
| 单元工程名称/部位 | | | | | 单元工程量 | | |
| 类别 | 项次 | | 检验项目 | 质量要求 | 检查记录 | 检查结论 | 问题及处理意见 |
| 主控项目 | 1 | | | | | | |
| | 2 | | | | | | |
| | 3 | | | | | | |
| | ⋮ | | | | | | |
| 一般项目 | 1 | | | | | | |
| | 2 | | | | | | |
| | 3 | | | | | | |
| | ⋮ | | | | | | |
| 主控项目 | 1 | | | | | | |
| | 2 | | | | | | |
| | 3 | | | | | | |
| | ⋮ | | | | | | |
| 一般项目 | 1 | | | | | | |
| | 2 | | | | | | |
| | 3 | | | | | | |
| | ⋮ | | | | | | |
| …… | | | | | | | |
| 监理单位验收意见 | 本单元工程主控项目全部/部分符合要求，一般项目单项检验点合格率最小为___%，且不合格点不集中/集中分布，单元工程质量合格/不合格，同意/不同意通过验收。<br><br>　　　　　　　　　　　　　　　　　　　　　质量工程师（签字）：<br>　　　　　　　　　　　　　　　　　　　　　现场监理机构（盖章）：<br>　　　　　　　　　　　　　　　　　　　　　　　　年　月　日 |||||||
| 施工单位 | 　　　　　　　　　　　　　　　　　　　　　质量责任人（签字）：<br>　　　　　　　　　　　　　　　　　　　　　现场管理机构（盖章）：<br>　　　　　　　　　　　　　　　　　　　　　　　　年　月　日 |||||||
| 备查资料 | 平行检验报告___份，记录编号：<br>影像记录___份，记录编号：<br>监理旁站、巡视、检验记录等___份，记录编号：<br>…… |||||||

注　质量问题的处理及相关记录，可另附页。

2) 施工质量管理信息化系统验收后，根据需要打印输出保存。电子文件应采用电子签名。

3) 单元工程施工质量检验表和验收表的文档规格宜采用 A4 (210mm×297mm)。

**二、工序施工质量验收**

(1) 工序施工质量验收应具备下列条件：

1) 工序中所有施工内容已完成，现场具备验收条件。

2) 检查发现的与该工序有关的质量问题已经处理。

3) 工序中所包含的检验项目经施工单位检验合格，工序施工质量自检合格。

(2) 工序施工质量验收应按下列程序进行：

1) 施工单位应对已完成的工序按相关标准要求及时进行检验，并填写工序施工质量检验表（表7-1），质量责任人履行相应签认手续后，向监理单位申请验收。

2) 监理单位收到申请后，应在4h内组织验收，按规定的检验项目进行检验，并在工序施工质量验收表（表7-2）中填写检验记录和检验结论，签署验收意见。

3) 检验项目不合格的，监理单位应要求施工单位整改完成后重新申请验收。

(3) 工序施工质量验收应包括下列资料：

1) 工序施工质量检验表及备查资料。

2) 工序施工质量验收表及备查资料。

(4) 工序施工质量验收合格应符合下列规定：

1) 检验项目中主控项目全部符合标准要求，一般项目中逐项应有80%及以上的检验点符合标准要求，且不符合点不应集中。

2) 各项验收资料符合标准要求。

(5) 工序施工质量验收不合格，施工单位应及时进行处理并重新申请验收。

**三、单元工程施工质量验收**

(1) 单元工程施工质量验收应具备下列条件：

1) 单元工程中所含工序（或施工内容）已完成，施工现场具备验收条件。

2) 检查发现的与该单元有关的质量问题已经处理完成或有明确结论。

3) 单元工程中所含工序（或检验项目）经监理单位验收合格。

(2) 单元工程施工质量验收应按下列程序进行：

1) 施工单位对已经完成施工的单元工程，按下列要求申请验收：

a. 划分工序的单元工程，在完成全部工序验收后，向监理单位申请验收。

b. 不划分工序的单元工程，施工单位填写单元工程施工质量检验表（表7-4），质量责任人履行相应签认手续后，向监理单位申请验收。

2) 监理单位收到申请后，应在8h内组织验收。验收应包括下列内容：

a. 划分工序的单元工程，在单元工程施工质量验收表（表7-3）中填写工序的验收结论，签署验收意见。

b. 不划分工序的单元工程，按程序进行质量检验，在单元工程施工质量验收表（表7-5）中填写检验项目的检验记录和检验结论，签署验收意见。

3) 重要隐蔽单元工程和关键部位单元工程还应由建设单位主持，建设、勘察、设计、监理、施工等单位的代表组成联合小组共同验收签证,填写质量验收表(表 7-3)。

(3) 单元工程施工质量验收应包括下列资料。

1) 划分工序单元工程包括:

a. 工序施工质量检验表及备查资料。

b. 工序施工质量验收表及备查资料。

c. 单元工程施工质量验收表及备查资料。

2) 不划分工序单元工程包括:

a. 单元工程施工质量检验表及备查资料。

b. 单元工程施工质量验收表及备查资料。

3) 重要隐蔽单元工程和关键部位单元工程还应有施工质量验收签证表。

(4) 单元工程施工质量验收合格应符合下列规定:

1) 划分工序单元工程所含工序验收全部合格。

2) 不划分工序单元工程检验项目质量符合要求。

3) 各项验收资料应符合相关标准要求。

(5) 单元工程施工质量验收不合格,监理单位或联合验收小组应在单元工程施工质量验收表签署"不合格"结论,并提出处理要求。处理后应按下列规定进行验收:

1) 全部返工重做的单元工程,应重新进行验收。

2) 经加固补强并经设计和监理单位鉴定能达到设计要求时应验收通过。

3) 处理后的单元工程部分质量指标仍未达到设计要求时,经原设计单位复核,建设单位及监理单位确认能满足安全和使用功能要求的,或经加固补强后,改变了建筑物外形尺寸或造成工程永久缺陷的,经建设、设计及监理等单位确认能基本满足设计要求,可通过验收,但均应按要求进行质量缺陷备案,并在单元工程施工质量验收表的验收意见中载明缺陷备案情况。

## 第二节 明 挖 工 程

明挖工程施工应自上而下分段、分层进行,并按设计要求及时支护,同时应做好施工记录。

施工中应按施工组织设计要求在指定地点设置弃渣场弃渣,不应随意弃渣。

开挖坡面应稳定、平顺,表面无松土、松石、危石。岩石设计边坡轮廓面开挖,若采用爆破开挖时,应采用预裂爆破或光面爆破方法,不应出现反坡。

### 一、土质岸坡开挖

单元工程宜以工程设计结构或施工检查验收的区、段划分,每一区、段划分为一个单元工程。

土质岸坡开挖单元工程施工质量验收标准见表 7-6。

### 二、土质地基开挖

单元工程宜以工程设计结构或施工检查验收的区、段划分,每一区、段划分为一个单元工程。

## 第七章 土石方工程单元工程施工质量验收

表 7-6　　　　　　　　　土质岸坡开挖单元工程施工质量验收标准

| 项次 | | 检验项目 | 质量要求 | 施工单位自检 | | 监理单位检验 | |
|---|---|---|---|---|---|---|---|
| | | | | 检验方法 | 检验数量 | 检验（工作）方式 | 检验数量 |
| 主控项目 | 1 | 地质缺陷处理结果 | 不良土质，地质勘探坑、孔等的处理符合设计要求，并经验收合格；渗水（含泉眼）妥善引排或封堵 | 观察，查阅施工及验收记录 | 全部 | 平行检验 | 全部 |
| | 2 | 保护层开挖 | 保护层开挖方式符合设计要求，在接近建基面时宜使用小型机具或人工挖除，不应扰动建基面以下的原地基 | 观察，查阅施工及验收记录 | 全部 | 平行检验 | 全部 |
| | 3 | 边坡平均坡度 | 不陡于设计坡度 | 量测 | 按走向每5m布置1条测线，按坡向每条测线不少于3个点 | 见证检验 | 施工单位自检数量的20% |
| 一般项目 | 1 | 坡面超欠挖 | 允许偏差为 -10～20cm | 量测 | 每5m一个断面，不少于3个断面，断面内测点间距不大于2m | 见证检验 | 施工单位自检数量的20% |
| | 2 | 马道（台阶）宽度 | 最大允许偏差为 ±10cm | 量测 | 每5m一个断面，不少于3个断面 | 平行检验 | 施工单位自检数量的10% |
| | 3 | 坡脚线位置 | 高程允许偏差为 -10～20cm | 量测 | 沿坡脚线长度方向每5m布置1个测点 | 见证检验 | 施工单位自检数量的20% |
| | | | 平面位置允许偏差为 0～20cm | | | | |

注　数字前面的负号表示欠挖。

土质地基开挖单元工程施工质量验收标准见表 7-7。

表 7-7　　　　　　　　　土质地基开挖单元工程施工质量验收标准

| 项次 | | 检验项目 | 质量要求 | 施工单位自检 | | 监理单位检验 | |
|---|---|---|---|---|---|---|---|
| | | | | 检验方法 | 检验数量 | 检验（工作）方式 | 检验数量 |
| 主控项目 | 1 | 地质缺陷处理结果 | 不良土质，地质勘探坑、孔等的处理符合设计要求，并经验收合格；渗水（含泉眼）妥善引排或封堵 | 观察、查阅施工及验收记录 | 全部 | 平行检验 | 全部 |

续表

| 项次 | | 检验项目 | 质量要求 | 施工单位自检 | | 监理单位检验 | |
|---|---|---|---|---|---|---|---|
| | | | | 检验方法 | 检验数量 | 检验(工作)方式 | 检验数量 |
| 主控项目 | 2 | 保护层开挖 | 保护层开挖方式符合设计要求，在接近建基面时宜使用小型机具或人工挖除，不应扰动建基面以下的原地基 | 观察、查阅施工及验收记录 | 全部 | 平行检验 | 全部 |
| | 3 | 建基面处理 | 开挖面平顺，无台阶、急变坡及反坡；建基面土层的承载力或压实指标等符合设计要求 | 观察、查阅施工及验收记录 | 全部 | 平行检验 | 全部 |
| 一般项目 | 1 | 边坡平均坡度 | 不陡于设计坡度 | 量测 | 按走向每5m布置1条测线，按坡向每条测线不少于3个点 | 见证检验 | 施工单位自检数量的20% |
| | 2 | 马道(台阶)宽度 | 最大允许偏差为±10cm | 量测 | 每5m一个断面，不少于3个断面 | 平行检验 | 施工单位自检数量的10% |
| | 3 | 坡脚线位置 | 无结构要求 | 高程允许偏差为−10~20cm | 量测 | 沿坡脚线长度方向每5m布置1个测点 | 见证检验 | 施工单位自检数量的20% |
| | | | | 平面位置允许偏差为−10~20cm | | | | |
| | | | 有结构要求 | 高程允许偏差为0~20cm | | | | |
| | | | | 平面位置允许偏差为0~20cm | | | | |
| | 4 | 基坑(坑、槽)底面标高 | 有垫层 | 允许偏差为−10~20cm | 量测 | 每5m一个断面，不少于3个断面，断面内测点间距不大于2m | 见证检验 | 施工单位自检数量的20% |
| | | | 无垫层 | 允许偏差为0~15cm | | | | |

注　数字前面的负号表示欠挖。

### 三、岩石岸坡开挖

单元工程宜以工程设计结构或施工检查验收的区、段划分，每一区、段划分为一个单元工程。

岩石岸坡开挖单元工程施工质量验收标准见表7-8。

### 四、岩石地基开挖

单元工程宜以工程设计结构或施工检查验收的区、段划分，每一区、段划分一个单元工程。

岩石地基开挖单元工程施工质量验收标准见表7-9。

表 7-8  岩石岸坡开挖单元工程施工质量验收标准

| 项次 | | 检验项目 | 质量要求 | 施工单位自检 | | 监理单位检验 | |
|---|---|---|---|---|---|---|---|
| | | | | 检验方法 | 检验数量 | 检验（工作）方式 | 检验数量 |
| 主控项目 | 1 | 地质缺陷处理结果 | 不良地质，地质勘探坑、孔等的处理符合设计要求，并经验收合格；渗水（含泉眼）妥善引排或封堵 | 观察，查阅施工及验收记录 | 全部 | 平行检验 | 全部 |
| | 2 | 保护层开挖 | 控制爆破符合设计及施工方案要求 | 观察，查阅施工及验收记录 | 全部 | 平行检验 | 全部 |
| | 3 | 岩体完整性 | 未损害岩体的完整性，开挖面无明显爆破裂隙，声波降低率小于10%或符合设计要求 | 观察，声波检测（需要时采用） | 全部。声波检测时，抽检不少于1组 | 观察。声波检测时，采用见证检验 | 全部。声波检测时，施工单位自检数量的20% |
| 一般项目 | 1 | 边坡平均坡度 | 不陡于设计坡度 | 量测 | 按走向每5m布置1条测线，按倾向每条测线不少于3个点 | 见证检验 | 施工单位自检数量的20% |
| | 2 | 马道（台阶）宽度 | 最大允许偏差为±20cm | 量测 | 每5m一个断面，不少于3个断面 | 平行检验 | 施工单位自检数量的10% |
| | 3 | 坡面超欠挖 | 允许偏差为-10~20cm | 量测 | 每5m一个断面，不少于3个断面，断面内测点间距不大于2m | 见证检验 | 施工单位自检数量的20% |
| | 4 | 坡脚线位置 | 高程最大允许偏差为±20cm | 量测 | 沿坡脚线长度方向每5m布置1个测点 | 见证检验 | 施工单位自检数量的20% |
| | | | 平面位置允许偏差为-10~20cm | | | | |
| | 5 | 炮孔痕迹保存率 | Ⅰ、Ⅱ类岩体 ≥80% | 观察、量测 | 全部 | 见证检验 | 全部 |
| | | | Ⅲ类岩体 ≥50% | | | | |
| | | | Ⅳ类岩体 ≥20% | | | | |

注  数字前面的负号表示欠挖。

表 7-9　　　　　　　　　岩石地基开挖单元工程施工质量验收标准

| 项次 | | 检验项目 | 质量要求 | 施工单位自检 | | 监理单位检验 | |
|---|---|---|---|---|---|---|---|
| | | | | 检验方法 | 检验数量 | 检验(工作)方式 | 检验数量 |
| 主控项目 | 1 | 地质缺陷处理结果 | 不良地质,地质勘探坑、孔、洞等的处理符合设计要求,并经验收合格;渗水(含泉眼)妥善引排或封堵 | 观察,查阅施工及验收记录 | 全部 | 平行检验 | 全部 |
| | 2 | 保护层开挖 | 控制爆破符合设计及施工方案要求 | 观察,查阅施工及验收记录 | 全部 | 平行检验 | 全部 |
| | 3 | 建基面处理 | 开挖后的岩面应符合设计要求,建基面上无松动岩块,表面清洁、无泥垢和油污,坡面形态符合设计要求 | 观察,查阅施工及验收记录 | 全部 | 平行检验 | 全部 |
| | 4 | 岩体完整性 | 未损害岩体的完整性,开挖面无明显爆破裂隙,声波降低率小于10%或符合设计要求 | 观察,声波检测(需要时采用) | 全部。声波检测时,抽检不少于1组 | 观察。声波检测时,采用见证检验 | 全部。声波检测时,施工单位自检数量的20% |
| 一般项目 | 1 | 边坡平均坡度 | 不陡于设计坡度 | 量测 | 按走向每5m布置1条测线,按坡向每条测线不少于3个点 | 见证检验 | 施工单位自检数量的20% |
| | 2 | 马道(台阶)宽度 | 最大允许偏差为±20cm | 量测 | 每5m一个断面,不少于3个断面 | 平行检验 | 施工单位自检数量的10% |
| | 3 | 坡脚线位置 | 无结构要求:高程允许偏差为-10~20cm;平面位置允许偏差为-10~20cm。有结构要求:高程允许偏差为0~20cm;平面位置允许偏差为0~20cm | 量测 | 沿坡脚线长度方向每5m布置1个测点 | 见证检验 | 施工单位自检数量的20% |
| | 4 | 基坑底面标高 | 允许偏差为0~15cm | 量测 | 每5m一个断面,不少于3个断面,断面内测点间距不大于2m | 见证检验 | 施工单位自检数量的20% |

注　数字前面的负号表示欠挖。

## 第三节 洞室开挖工程

根据地下建筑物的规模和地质条件选择洞室开挖方法。

开挖期间应对揭露的各种地质现象进行编录，预测预报可能出现的地质问题，修正围岩工程地质分类以研究改进围岩支护方案。

施工中应按施工组织设计要求在指定地点设置弃渣场弃渣，不应随意弃渣。

开挖过程中应按设计要求做好相应安全监测。

洞室开挖壁面应稳定，无松动岩块，且应满足设计要求。

洞室开挖工程中采用支护措施的，其施工质量验收标准按有关规定执行。

### 一、钻爆法洞室开挖

单元工程宜区分不同的围岩类型，以工程设计结构或施工检查验收的段划分一个单元工程。

钻爆法洞室开挖单元工程施工质量验收标准见表7-10。

### 二、掘进机法洞室开挖

单元工程宜以成型隧洞的段划分，开敞式掘进机法洞室开挖工程宜以工程设计结构或施工检查验收的区、段划分，每一区、段划分为一个单元工程；护盾式掘进机法洞室开挖工程宜每50～100环划分为一个单元工程。

护盾式掘进机法洞室开挖单元工程由掘进施工和管片拼装等内容组成。

表7-10　　　　钻爆法洞室开挖单元工程施工质量验收标准

| 项次 | | 检验项目 | 质量要求 | 施工单位自检 | | 监理单位检验 | |
|---|---|---|---|---|---|---|---|
| | | | | 检验方法 | 检验数量 | 检验(工作)方式 | 检验数量 |
| 主控项目 | 1 | 成洞、井轴线 | 最大允许偏差为±15cm | 量测 | 每单元不少于3个点 | 见证检验 | 施工单位自检数量的20% |
| | 2 | 爆破控制及效果 | 爆破未损害岩体的完整性，开挖面无明显爆破裂隙，声波降低率小于10%或符合设计要求 | 观察，声波检测（需要时采用） | 全部。声波检测时，抽检不少于2组 | 观察。声波检测时，采用见证检验 | 全部。声波检测时，施工单位自检数量的20% |
| | 3 | 地质缺陷处理结果 | 符合设计要求 | 观察，查阅施工和验收记录 | 全部 | 平行检验 | 全部 |
| 一般项目 | 1 | 壁面清撬 | 壁面上无残留的松动岩块和可能塌落危石碎块，岩石面干净，无岩石碎片、尘埃、爆破泥粉等 | 观察，查阅施工记录 | 全部 | 现场巡视 | — |

续表

| 项次 | | 检验项目 | 质量要求 | | 施工单位自检 | | 监理单位检验 | |
|---|---|---|---|---|---|---|---|---|
| | | | | | 检验方法 | 检验数量 | 检验(工作)方式 | 检验数量 |
| 一般项目 | 2 | 轮廓线（壁面）超、欠挖 | 无结构要求 | 允许偏差为：岩质-10～20cm；土质0～10cm | 量测 | 每5m一个断面，不少于3个断面；断面间点间距不大于2m，局部突出或凹陷部位（面积在0.5m² 以上者）应增设检测点 | 见证检验 | 施工单位自检数量的20% |
| | | | 有结构要求 | 允许偏差为：岩质0～20cm；土质0～10cm | | | | |
| | 3 | 炮孔痕迹保存率 | Ⅰ、Ⅱ类岩体 | ≥80% | 量测 | 全数 | 见证检验 | 施工单位自检数量的20% |
| | | | Ⅲ类岩体 | ≥50% | | | | |
| | | | Ⅳ类岩体 | ≥20% | | | | |

注 数字前面的负号表示欠挖。

开敞式掘进机法洞室掘进施工质量验收标准见表7-11。

**表7-11    开敞式掘进机法洞室掘进施工质量验收标准**

| 项次 | | 检验项目 | 质量要求 | 施工单位自检 | | 监理单位检验 | |
|---|---|---|---|---|---|---|---|
| | | | | 检验方法 | 检验数量 | 检验(工作)方式 | 检验数量 |
| 主控项目 | 1 | 掘进参数 | 推力、扭矩、掘进速度、刀盘转速等参数符合施工方案要求 | 观察，查阅施工记录 | 全部 | 平行检验 | 全部 |
| | 2 | 地质缺陷处理结果 | 符合设计要求 | 观察，查阅施工和验收记录 | 全部 | 平行检验 | 全部 |
| | 3 | 隧洞轴线 | 最大允许偏差为±15cm | 量测 | 每单元不少于3个点 | 见证检验 | 施工单位自检数量的20% |
| 一般项目 | 1 | 洞室壁面清理 | 壁面无松动岩块，局部松动岩体或掉块、壁坑等应按设计要求处理 | 观察，查阅施工和验收记录 | 全部 | 平行检验 | 全部 |

护盾式掘进机法掘进施工质量验收标准见表7-12。

表 7-12　　　　　护盾式掘进机法掘进施工质量验收标准

| 项次 | 检验项目 | | 质量要求 | 施工单位自检 | | 监理单位检验 | |
|---|---|---|---|---|---|---|---|
| | | | | 检验方法 | 检验数量 | 检验(工作)方式 | 检验数量 |
| 主控项目 | 1 | 掘进参数 | 推力、扭矩、掘进速度、刀盘转速、泥水仓压、气垫仓压等参数符合施工方案要求 | 观察,查阅施工记录 | 全部 | 平行检验 | 全部 |
| | 2 | 盾构姿态 | 横向偏差、竖向偏差、俯仰角、方位角、滚转角等偏差符合施工方案要求 | 观察,查阅施工记录 | 全部 | 平行检验 | 全部 |
| | 3 | 排土量 | 符合施工方案要求 | 查阅施工记录 | 全部 | 现场巡视 | — |
| | 4 | 地层变形 | 符合设计要求 | 观察,查阅监测记录 | 全部 | 现场巡视 | — |
| 一般项目 | 1 | 壁后注浆 注浆材料 | 符合设计要求 | 查阅产品质量说明书 | 全部 | 平行检验 | 全部 |
| | | 浆液配合比 | 符合工艺试验要求,称量最大允许偏差为±1% | 比重计检测 | 每单元抽检不少于1次 | 见证检验 | 施工单位自检数量的20% |
| | | 注浆压力 | 符合工艺试验要求,最大允许偏差为±20% | 观察,查阅施工记录 | 全部 | 平行检验 | 全部 |
| | | 注浆密实性 | 注浆量符合设计要求,管片与地层间隙填充密实 | 查阅施工记录 | 全部 | 平行检验 | 全部 |

护盾式掘进机法管片拼装施工质量验收标准见表 7-13。

表 7-13　　　　　护盾式掘进机法管片拼装施工质量验收标准

| 项次 | 检验项目 | 质量要求 | 施工单位自检 | | 监理单位检验 | |
|---|---|---|---|---|---|---|
| | | | 检验方法 | 检验数量 | 检验(工作)方式 | 检验数量 |
| 主控项目 | 1 | 管片成品质量 | 符合设计和 CJJ/T 164 要求,已通过进场验收 | 观察、量测,查阅验收记录 | 全部 | 平行检验 | 全部 |
| | 2 | 隧洞轴线 | 最大允许偏差为±150mm | 量测 | 每单元不少于3个点 | 见证检验 | 施工单位自检数量的20% |
| | 3 | 管片防水密封条 | 材质符合设计要求;安装无缺损、扭曲、粘结牢固、平整 | 观察,查阅产品质量合格证 | 全部 | 见证检验 | 施工单位自检数量的20% |

续表

| 项次 | 检验项目 | 质量要求 | 施工单位自检 | | 监理单位检验 | |
|---|---|---|---|---|---|---|
| | | | 检验方法 | 检验数量 | 检验（工作）方式 | 检验数量 |
| 主控项目 | 4 | 管片拼装外观 | 无内外贯穿裂缝、宽度大于0.2mm的裂缝及混凝土剥落现象；隧洞无明显渗水和水珠现象，如有，按设计要求处理到位 | 观察、量测 | 全部 | 见证检验 | 全部 |
| 一般项目 | 1 | 相邻管片径向错台 | 最大允许偏差为±15mm | 量测 | 每10环抽检1环，每环抽检2个点 | 平行检验 | 施工单位自检数量的10% |
| | 2 | 相邻管片环向错台 | 最大允许偏差为±20mm | 量测 | 每10环抽检1个环向，每环向抽检2个点 | 平行检验 | 施工单位自检数量的10% |
| | 3 | 螺栓拧紧度 | 符合设计要求 | 拧紧力矩扳手检测 | 每10环抽检1个环向，每环向抽检4个点 | 平行检验 | 施工单位自检数量的10% |

### 三、顶管法洞室开挖

单元工程宜以每班完成量或每10个管节划分为一个单元工程。

顶管法洞室开挖使用的管节成品施工质量验收标准应按有关规定执行。

顶管法洞室开挖单元工程施工质量验收标准见表7-14。

表7-14　　　　顶管法洞室开挖单元工程施工质量验收标准

| 项次 | 检验项目 | 质量要求 | 施工单位自检 | | 监理单位检验 | |
|---|---|---|---|---|---|---|
| | | | 检验方法 | 检验数量 | 检验（工作）方式 | 检验数量 |
| 主控项目 | 1 | 管节及附件质量 | 管节及附件的原材料符合有关标准要求，管节制作、防腐质量符合设计要求 | 观察，查阅质量证明文件和检验报告 | 全部 | 平行检测 | 全部 |
| | 2 | 成型管道轴线 | 直线顶管最大允许偏差为±50mm；曲线顶管最大允许偏差为±150mm | 量测 | 每单元不少于3个点 | 见证检验 | 施工单位自检数量的20% |

续表

| 项次 | 检验项目 | 质量要求 | 施工单位自检 |  | 监理单位检验 |  |
|---|---|---|---|---|---|---|
|  |  |  | 检验方法 | 检验数量 | 检验(工作)方式 | 检验数量 |
| 主控项目 3 | 管节接口端部 | 端部结构形式符合设计要求；应无破损、顶裂现象，接口处无滴漏 | 观察 | 全部 | 平行检验 | 全部 |
| 主控项目 4 | 管节接口 | 橡胶圈安装位置正确，无位移、脱落现象，钢管接口的焊接质量符合设计要求 | 观察，查阅钢管接口焊接检验报告 | 全部 | 平行检验 | 全部 |
| 主控项目 5 | 管节错口及间隙 | 相邻管节错口允许偏差：钢管和玻璃钢管不大于2mm，钢筋混凝土管15%壁厚，且不大于20mm；钢筋混凝土管曲线顶管相邻管节接口的最大间隙与最小间隙之差的最大允许偏差为±2ΔS | 量测 | 每10环抽检1环 | 平行检验 | 施工单位自检数量的10% |
| 主控项目 6 | 坡度和曲率 | 无压管道的管底坡度无明显反坡现象；曲线顶管的实际曲率半径符合设计要求 | 观察、量测 | 全部 | 现场巡视 | — |
| 一般项目 1 | 成型管道外观 | 线形平顺，无突变、变形现象；外观质量缺陷应修补，表面光洁；管道无明显渗水和水珠现象；对顶时两端错口最大允许偏差为±50mm | 观察 | 全部 | 现场巡视 | — |
| 一般项目 2 | 管节与工作井洞口结构 | 结构符合设计要求，洞口无明显渗漏水 | 观察 | 全部 | 现场巡视 | — |
| 一般项目 3 | 防腐层 | 焊接部位的内外防腐层质量符合设计要求 | 观察，查阅防腐质量检测报告，量测 | 全部 | 平行检验 | 全部 |
| 一般项目 4 | 泥浆置换 | 顶管结束后应按设计要求置换触变泥浆 | 观察，查阅施工记录 | 全部 | 见证检验 | 全部 |

**四、人工及其他机械洞室开挖**

单元工程宜区分不同的围岩类型，以工程设计结构或施工检查验收的区、段划分，每一区、段划分为一个单元工程。

人工及其他机械洞室开挖单元工程施工质量验收标准见表7-15。

表 7-15　　人工及其他机械洞室开挖单元工程施工质量验收标准

| 项次 | | 检验项目 | 质量要求 | 施工单位自检 | | 监理单位检验 | |
|---|---|---|---|---|---|---|---|
| | | | | 检验方法 | 检验数量 | 检验(工作)方式 | 检验数量 |
| 主控项目 | 1 | 地质缺陷处理结果 | 符合设计要求，并经验收合格 | 查阅施工记录及验收资料 | 全部 | 平行检验 | 全部 |
| | 2 | 成洞、井轴线 | 最大允许偏差为±15cm | 量测 | 每单元不少于2次 | 见证检验 | 施工单位自检数量的20% |
| 一般项目 | 1 | 轮廓线（壁面）超、欠挖 | 无结构要求 | 允许偏差为：岩质-10~20cm；土质0~10cm | 观察、量测 | 每6m一个断面，不少于3个断面；断面内点间距不大于2m，局部突出或凹陷部位（面积在0.5m²以上者）应增设检测点 | 见证检验 | 施工单位自检数量的20% |
| | | | 有结构要求 | 允许偏差为：岩质0~20cm；土质0~10cm | | | | |

注　数字前面的负号表示欠挖。

## 第四节　土石方填筑工程

土石方填筑施工应分层进行，分层检查和检测，并应做好施工记录。

采用机械碾压的土石方填筑工程，填筑施工前，应进行碾压试验，以确定压实机具的型号和规格、铺料厚度、碾压遍数、碾压速度、碾压振动频率、振幅等施工质量控制参数。

原材料质量应按照相关质量标准进行检验，不合格材料不应使用。根据材料不同进场时段，原材料质量的检验项目、检验频次、质量标准应符合相关规定。

与刚性建筑物的结合部回填单独施工时，其单元工程施工质量验收标准按 SL/T 631.4 的规定执行。

### 一、土料填筑

单元工程宜以工程设计结构或施工检查验收的区、段、层划分，每一区、段的每一层划分为一个单元工程。填筑量较小的区、段，可多层划分为一个单元工程。

土料填筑单元工程施工质量验收标准见表 7-16。

### 二、砂砾料（石渣）填筑

单元工程宜以工程设计结构或施工检查验收的区、段、层划分，每一区、段的每一层划分为一个单元工程。填筑量较小的区、段，可多层划分为一个单元工程。

表 7-16 土料填筑单元工程施工质量验收标准

| 项次 | | 检验项目 | 质量要求 | 施工单位自检 检验方法 | 施工单位自检 检验数量 | 监理单位检验 检验(工作)方式 | 监理单位检验 检验数量 |
|---|---|---|---|---|---|---|---|
| 主控项目 | 1 | 土料质量 | 料源质量符合设计及规范要求；上坝料无树根等杂物 | 观察，查阅质量证明文件和检验报告 | 全部 | 平行检验 | 全部 |
| | 2 | 碾压参数 | 符合碾压试验成果要求 | 查阅施工记录 | 全部 | 平行检验 | 全部 |
| | 3 | 压实质量 | 土料含水率应控制在最优量的-2%～3%之间；压实指标符合设计要求；取样合格率不小于90%；不合格样不应集中，且1级、2级坝和高坝压实度不低于98%，3级中低坝和3级以下中坝压实度不低于96%，无防渗要求时压实度不低于90% | 试验 | 黏土每100～500m³抽检1个；砾质土每200～1000m³抽检1个；每层不少于5个 | 平行检验 | 施工单位自检数量的5% |
| | 4 | 接(结)合面处理 | 填筑体与土质建基面(上下层结合层面)处理：无浮渣、污物杂物，无积水等；基面刨毛3～5cm，无团块 | 观察、量测 | 全部 | 现场巡视 | — |
| | | | 填筑体与岩面和建(构)筑物面处理：无浮渣、污物杂物，无积水等；铺填前涂刷浓泥浆或黏土水泥砂浆，涂刷均匀，无空白，且回填及时，无风干现象 | | | | |
| | | | 有防渗要求时涂刷浆液质量：浆液稠度适宜、均匀无团块，材料配合比最大允许偏差为±10% | 观察、检测 | 每拌和一批抽检不少于1次 | 见证检验 | 全部 |
| | 5 | 防渗体轴线 | 最大允许偏差为±5cm | 量测 | 每10m测1个点，不少于3个点 | 见证检验 | 施工单位自检数量的20% |

续表

| 项次 | 检验项目 | | 质量要求 | 施工单位自检 | | 监理单位检验 | |
|---|---|---|---|---|---|---|---|
| | | | | 检验方法 | 检验数量 | 检验（工作）方式 | 检验数量 |
| 一般项目 | 1 | | 卸料铺填 | 非均质土坝：粗料不应侵入细料边线，允许偏差为0～10cm；均质土坝：人工铺料允许偏差为0～10cm，机械铺料允许偏差为0～30cm；铺料厚度符合碾压试验要求，允许偏差为-5～0cm | 观察、量测 | 铺填边线每10m测1个点，不少于3个点；铺料厚度按网格控制，每100m²测1个点，不少于3个点 | 旁站、平行检验 | 施工单位自检数量的10% |
| | 2 | | 碾压面处理 | 碾压密实，层面平整，无漏压、拉裂和起皮现象，弹簧、起皮、脱空及剪力破坏等部位的处理符合设计要求。分段碾压时，相邻两段交接带碾迹应彼此搭接，垂直碾压方向搭接带宽度0.3～0.5m，顺碾压方向搭接带长度为1.0～1.5m | 观察、量测 | 每100m²测1个点，不少于3个点 | 平行检验 | 施工单位自检数量的10% |
| | 3 | | 接缝处理 | 斜墙和心墙内不应有纵向接缝。防渗体及均质坝的横向接坡不应陡于1:3，其高差应符合设计要求，与岸坡接合坡度应符合设计要求。均质坝纵向接缝斜坡坡度和平台宽度应满足稳定要求，平台间高差不大于15m | 观察 | 全部 | 平行检验 | 全部 |
| | 4 | 填筑体位置及外形尺寸 | 轴线 | 最大允许偏差为±5cm | 量测 | 每10m测1个点，不少于3个点 | 见证检验 | 施工单位自检数量的20% |
| | | | 顶面宽度 | 允许偏差为：人工0～10cm；机械0～30cm | 量测 | 每10m测1个点，不少于3个点 | 平行检验 | 施工单位自检数量的10% |
| | | | 含预留沉降顶高程 | 允许偏差为0～10cm | 量测 | 网格控制，每100m²测1个点，不少于3个点 | 见证检验 | 施工单位自检数量的20% |
| | | | 外露边坡坡度 | 无亏坡，不陡于设计坡度 | 观察、量测 | 每10m测1个点，不少于3个点 | 见证检验 | 施工单位自检数量的20% |

注 1. 顶高程及坡度检验项目只在填筑完最后一层填筑单元时进行检验。
   2. 设计坡度按预留沉降加高的断面计算。

砂砾料（石渣）填筑单元工程施工质量验收标准见表 7-17。

表 7-17　　　　砂砾料（石渣）填筑单元工程施工质量验收标准

| 项次 | | 检验项目 | 质量要求 | 施工单位自检 | | 监理单位检验 | |
|---|---|---|---|---|---|---|---|
| | | | | 检验方法 | 检验数量 | 检验（工作）方式 | 检验数量 |
| 主控项目 | 1 | 砂砾料（石渣）质量 | 符合设计及规范要求；上坝料无树根等杂物 | 观察，查阅质量证明文件和检验报告 | 全部 | 平行检验 | 全部 |
| | 2 | 碾压参数 | 符合碾压试验成果要求 | 查阅施工记录 | 全部 | 平行检验 | 全部 |
| | 3 | 压实指标 | 相对密度、孔隙率符合设计要求 | 试验 | 每 5000～10000m³ 抽检 1 个，每层不少于 5 个 | 平行检验 | 施工单位自检数量的 5% |
| | 4 | 岸坡接合处铺填 | 纵横向接合部应符合设计要求，岸坡接合处的填料不应分离、架空 | 观察 | 全部 | 现场巡视 | — |
| | 5 | 铺料厚度 | 铺料厚度符合碾压试验或设计要求，允许偏差为 -5～0cm | 量测 | 网格控制，每 100m² 测 1 个点，不少于 3 个点 | 平行检验 | 施工单位自检数量的 10% |
| 一般项目 | 1 | 铺填层面外观及边线 | 铺料宽度满足削坡后压实质量要求，粗粒料不应集中，且不应侵入细料边线，允许偏差为 0～20cm | 观察、量测 | 每 10m 测 1 个点，不少于 3 个点 | 平行检验 | 施工单位自检数量的 10% |
| | 2 | 压层表面质量 | 碾压表面平整，无漏压、欠压 | 观察 | 全部 | 现场巡视 | — |
| | 3 | 填筑体位置及外形尺寸 | 轴线 | 最大允许偏差为 ±15cm | 量测 | 每 10m 测 1 个点，不少于 3 个点 | 见证检验 | 施工单位自检数量的 20% |
| | | | 顶面宽度 | 允许偏差为：人工 0～10cm；机械 0～30cm | 量测 | 每 10m 测 1 个点，不少于 3 个点 | 平行检验 | 施工单位自检数量的 10% |
| | | | 含预留沉降顶高程 | 允许偏差为 0～10cm | 量测 | 网格控制，每 100m² 测 1 个点，不少于 3 个点 | 见证检验 | 施工单位自检数量的 20% |
| | | | 外露坡面坡度 | 无亏坡，无陡于设计坡度 | 观察、量测 | 每 10m 测 1 个点，不少于 3 个点 | 见证检验 | 施工单位自检数量的 20% |

注　1. 顶高程及坡度检验项目只在填筑最后一层填筑单元完成时进行检验。
　　2. 设计坡度按预留沉降加高的断面计算。

### 三、堆石料填筑

单元工程宜以工程设计结构或施工检查验收的区、段、层划分，每一区、段的每层划分为一个单元工程。填筑量较小的区、段，可多层划分为一个单元工程。

堆石料填筑单元工程施工质量验收标准见表 7-18。

表 7-18  堆石料填筑单元工程施工质量验收标准

| 项次 | | 检验项目 | 质量要求 | 施工单位自检 检验方法 | 施工单位自检 检验数量 | 监理单位检验 检验（工作）方式 | 监理单位检验 检验数量 |
|---|---|---|---|---|---|---|---|
| 主控项目 | 1 | 堆石料质量 | 符合设计及规范要求 | 观察，查阅质量证明文件和检验报告 | 全部 | 平行检验 | 全部 |
| | 2 | 碾压参数 | 符合碾压试验成果要求 | 查阅施工记录 | 全部 | 平行检验 | 全部 |
| | 3 | 压实指标 | 孔隙率不大于设计要求 | 试验 | 每 10000~100000m³ 抽检 1 个 | 见证检验 | 施工单位自检数量的 5% |
| | 4 | 铺料厚度 | 符合碾压试验要求，允许偏差为-10%~0，且每一层应有 90% 的测点达到规定的铺料厚度 | 量测 | 网格控制，每 100m² 测 1 个点，不少于 3 个点 | 平行检验 | 施工单位自检数量的 10% |
| | 5 | 接合部铺填 | 纵横向接合部应符合设计要求，石料不应分离、架空 | 观察 | 全部 | 现场巡视 | — |
| 一般项目 | 1 | 铺填层面外观及边线 | 外观平整，分区均衡上升，无大粒径集中现象；不应侵入细料边线，允许偏差为 0~40cm | 量测 | 每条边线，每 10m 测 1 个点，不少于 3 个点 | 平行检验 | 施工单位自检数量的 10% |
| | 2 | 压层表面质量 | 碾压面宜平整，无漏压、欠压，无泥块，无超径块石 | 观察 | 全部 | 现场巡视 | — |
| | 3 | 填筑体外形尺寸 | 轴线 最大允许偏差为 ±30cm | 量测 | 每 10m 测 1 个点，不少于 3 个点 | 见证检验 | 施工单位自检数量的 20% |
| | | | 顶面宽度 允许偏差为：人工 0~20cm；机械 0~40cm | 量测 | 每 10m 测 1 个点，不少于 3 个点 | 平行检验 | 施工单位自检数量的 10% |
| | | | 含预留沉降顶高程 允许偏差为 0~10cm | 量测 | 网格控制，每 100m² 测 1 个点，不少于 3 个点 | 见证检验 | 施工单位自检数量的 20% |
| | | | 外露边坡平均坡度 无亏坡，不陡于设计坡度 | 观察，量测 | 每 10m 测 1 个点，不少于 3 个点 | 见证检验 | 施工单位自检数量的 20% |

注：1. 顶高程及坡度检验项目只在填筑完最后一层填筑单元时进行检验。
2. 设计坡度计算按预留沉降加高的断面计算。

### 四、反滤（过渡）料填筑

单元工程宜以工程设计结构或施工检查验收的区、段、层划分，每一区、段的每一层或几层划分为一个单元工程。

反滤（过渡）料填筑单元工程施工质量验收标准见表 7-19。

表 7-19　　　　反滤（过渡）料填筑单元工程施工质量验收标准

| 项次 | 检验项目 | | 质量要求 | 施工单位自检 | | 监理单位检验 | |
|---|---|---|---|---|---|---|---|
| | | | | 检验方法 | 检验数量 | 检验（工作）方式 | 检验数量 |
| 主控项目 | 1 | | 填料质量 | 符合设计及规范要求 | 观察，查阅质量证明文件和检验报告 | 全部 | 平行检验 | 全部 |
| | 2 | | 碾压参数 | 符合碾压试验成果要求 | 查阅施工记录 | 全部 | 平行检验 | 全部 |
| | 3 | | 压实指标 | 相对密实度不小于设计要求 | 试验 | 每 200～1000m³ 抽检 1 个 | 平行检验 | 施工单位自检数量的 5% |
| | 4 | | 铺料厚度 | 铺料厚度符合碾压试验成果要求，允许偏差为 −5～0cm | 量测 | 网格控制，每 25m² 测 1 个点，不少于 3 个点 | 平行检验 | 施工单位自检数量的 10% |
| | 5 | | 接合部 | 纵横向符合设计要求，岸坡接合处的填料无分离、架空 | 观察 | 全部 | 现场巡视 | — |
| 一般项目 | 1 | | 铺填层面外观及边线 | 外观平整，分区均衡上升，无团块、无粗粒料集中现象；铺料边线整齐，边线允许偏差为 0～10cm，粗粒料不应侵入细粒料 | 量测 | 每条边线，每 10m 测 1 个点，不少于 3 个点 | 平行检验 | 施工单位自检数量的 10% |
| | 2 | | 压层表面质量 | 碾压面宜平整，无漏压、欠压，无泥块，无超径料 | 观察 | 全部 | 现场巡视 | — |
| | 3 | 填筑体外形尺寸 | 轴线 | 最大允许偏差为 ±5cm | 量测 | 每 10m 测 1 个点，不少于 3 个点 | 见证检验 | 施工单位自检数量的 20% |
| | | | 顶面宽度 | 允许偏差为：人工 0～10cm；机械 0～30cm | 量测 | 每 10m 测 1 个点，不少于 3 个点 | 平行检验 | 施工单位自检数量的 10% |
| | | | 含预留沉降顶高程 | 允许偏差为 0～10cm | 量测 | 网格控制，每 25m² 测 1 个点，不少于 3 个点 | 见证检验 | 施工单位自检数量的 20% |
| | | | 外露坡面平均坡度 | 无亏坡，不陡于设计坡度 | 观察，量测 | 每 10m 测 1 个点，不少于 3 个点 | 见证检验 | 施工单位自检数量的 20% |

注　1. 顶高程及坡度检验项目只在填筑最后一层填筑单元完成时进行检验。
　　2. 设计坡度按预留沉降加高的断面计算。

## 五、垫层填筑

单元工程宜以工程设计结构或施工检查验收的区、段、层划分,每一区、段的每一层或几层划分为一个单元工程。

混凝土面板堆石坝垫层填筑单元工程施工质量验收标准见表 7-20。

表 7-20　　　　混凝土面板堆石坝垫层填筑单元工程施工质量验收标准

| 项次 | | 检验项目 | 质量要求 | 施工单位自检 | | 监理单位检验 | |
|---|---|---|---|---|---|---|---|
| | | | | 检验方法 | 检验数量 | 检验(工作)方式 | 检验数量 |
| 主控项目 | 1 | 填料质量 | 符合设计及规范要求 | 观察,查阅质量证明文件和检验报告 | 全部 | 平行检验 | 全部 |
| | 2 | 碾压参数 | 符合碾压试验成果要求 | 查阅施工记录 | 全部 | 现场巡视 | — |
| | 3 | 铺料厚度 | 铺料厚度符合碾压试验成果要求,允许偏差为 -5~0cm | 量测 | 网格控制,每 25m² 测 1 个点,不少于 3 个点 | 平行检验 | 施工单位自检数量的 10% |
| | 4 | 压实指标 | 压实度或相对密实度不低于设计要求 | 试验 | 水平面按每 500~2000m³ 抽检不少于 1 个,斜坡面按每 1000~4000m² 抽检不少于 1 个 | 平行检验 | 施工单位自检数量的 5% |
| | 5 | 接合部 | 与过渡层分界线清晰,纵横向符合设计要求,岸坡接合处的填料无分离、架空 | 观察 | 全部 | 现场巡视 | — |
| 一般项目 | 1 | 铺填层面外观及边线 | 层间结合面无撒入泥土、杂物等;铺填外观平整,分区均衡上升,无团块,无超径 | 观察 | 全部 | 现场巡视 | — |
| | 2 | 压层表面质量 | 碾压面表面平整,无漏压、欠压 | 观察 | 全部 | 现场巡视 | — |
| | 3 | 填筑体外形尺寸 | 轴线 最大允许偏差为 ±5cm | 量测 | 每 10m 测 1 个点,不少于 3 个点 | 见证检验 | 施工单位自检数量的 20% |
| | | | 顶面宽度 允许偏差为 0~10cm | 量测 | 每 10m 测 1 个点,不少于 3 个点 | 平行检验 | 施工单位自检数量的 10% |
| | | | 含预留沉降顶高程 允许偏差为 0~10cm | 量测 | 网格控制,每 25m² 测 1 个点,不少于 3 个点 | 见证检验 | 施工单位自检数量的 20% |
| | | | 外露坡面平均坡度 无亏坡,不陡于设计坡度 | 观察、量测 | 每 10m 测 1 个点,不少于 3 个点 | 见证检验 | 施工单位自检数量的 20% |

注　1. 顶高程及坡度检验项目只在填筑最后一层填筑单元完成时进行检验。
　　2. 设计坡度按预留沉降加高的断面计算。

混凝土面板堆石坝垫层坡面保护层施工质量验收标准见表 7-21。

表 7-21　　混凝土面板堆石坝垫层坡面保护层施工质量验收标准

| 项次 | | 检验项目 | 质量要求 | 施工单位自检 | | 监理单位检验 | |
|---|---|---|---|---|---|---|---|
| | | | | 检验方法 | 检验数量 | 检验（工作）方式 | 检验数量 |
| 主控项目 | 1 | 保护层材料 | 符合设计要求 | 检测 | 观察，查阅质量证明文件和检验报告 | 全部 | 平行检验 |
| | 2 | 表面平整度 | 允许偏差为 -8~5cm | 量测 | 网格控制，每 50m² 测 1 个点，不少于 3 个点 | 平行检验 | 施工单位自检数量的 10% |
| 一般项目 | 1 | 铺料厚度 | 最大允许偏差为 ±3cm | 量测 | 网格控制，每 25m² 测 1 个点，不少于 3 个点 | 平行检验 | 施工单位自检数量的 10% |
| | 2 | 养护质量 | 符合设计和规范要求 | 观察，查阅施工记录 | 全部 | 现场巡视 | — |
| | 3 | 喷涂层数及均匀性 | 符合设计要求 | 查阅施工记录 | 全部 | 现场巡视 | — |
| | 4 | 喷涂间隔时间 | 不小于 24h 或符合设计要求 | 查阅施工记录 | 全部 | 现场巡视 | — |

注　一般项目中第 1 项和第 2 项适用于水泥砂浆（混凝土）固坡，第 3 项和第 4 项适用于喷射乳化沥青。

建（构）筑物基底垫层单元工程施工质量验收标准见表 7-22。

表 7-22　　建（构）筑物基底垫层单元工程施工质量验收标准

| 项次 | | 检验项目 | 质量要求 | 施工单位自检 | | 监理单位检验 | |
|---|---|---|---|---|---|---|---|
| | | | | 检验方法 | 检验数量 | 检验（工作）方式 | 检验数量 |
| 主控项目 | 1 | 填料质量 | 符合设计及规范要求 | 观察，查阅质量证明文件和检验报告 | 全部 | 平行检验 | 全部 |
| | | 铺料效果 | 铺料层厚度满足设计要求，最大允许偏差为 ±3cm；表面宜平整，边线整齐 | 观察、量测 | 网格控制，每 25m² 测 1 个点，不少于 3 个点 | 平行检验 | 施工单位自检数量的 10% |
| 一般项目 | 2 | 铺填边线 | 超出基础边线 | 观察 | 每 10m 测 1 个点，不少于 3 个点 | 平行检验 | 施工单位自检数量的 10% |

## 六、排水工程

单元工程宜以工程设计结构或施工检查验收的区、段划分;每一区、段划分为一个单元工程。

排水体结构形式,纵横向接头处理,排水体的纵坡及防冻保护措施等应满足设计要求。

排水工程单元工程施工质量验收标准见表 7-23。

表 7-23　　　　　　　排水工程单元工程施工质量验收标准

| 项次 | 检验项目 | 质量要求 | 施工单位自检 |  | 监理单位检验 |  |
|---|---|---|---|---|---|---|
|  |  |  | 检验方法 | 检验数量 | 检验(工作)方式 | 检验数量 |
| 主控项目 | 1 | 填料质量 | 符合设计及规范要求 | 观察,查阅质量证明文件和检验报告 | 全部 | 平行检验 | 全部 |
|  | 2 | 碾压参数 | 符合碾压试验成果要求 | 查阅施工记录 | 全部 | 现场巡视 | — |
|  | 3 | 压实指标 | 相对密实度或孔隙率应符合设计要求 | 试验 | 每 200～800m³ 抽检 1 个 | 平行检验 | 施工单位自检数量的 5% |
| 一般项目 | 1 | 排水体尺寸 | 基底高程最大允许偏差为 ±3cm | 量测 | 每 10m 测 1 个点,不少于 3 个点 | 见证检验 | 施工单位自检数量的 20% |
|  |  |  | 边线最大允许偏差为 ±3cm | 量测 | 每 10m 测 1 个点,不少于 3 个点 | 见证检验 | 施工单位自检数量的 20% |
|  |  |  | 顶面高程最大允许偏差为 ±5cm | 量测 | 每 10m 测 1 个点,不少于 3 个点 | 见证检验 | 施工单位自检数量的 20% |
|  | 2 | 结合面处理 | 层面结合良好,与岸坡接合处的填料无分离、架空现象,无水平通缝;靠近反滤层的石料为内小外大;无漏压和欠压 | 观察,查阅施工记录 | 全部 | 现场巡视 | — |
|  | 3 | 排水材料摊铺 | 边线整齐,厚度均匀,表面平整,无团块、粗粒料集中现象 | 观察 | 全部 | 平行检验 | 全部 |

# 第五节　砌　体　工　程

砌体工程施工应自下而上分层进行,分层检查和检测,并应做好施工记录。

砌体工程采用的块石、料石、预制块和胶结材料如水泥砂浆、混凝土等质量指标应符合设计要求。

## 一、干砌体

单元工程宜以工程设计结构或施工检查验收的区、段划分,每一区、段划分为一个单元工程。

干砌体单元工程施工质量验收标准见表7-24。

表7-24　　　　　　　　干砌体单元工程施工质量验收标准

| 项次 | | 检验项目 | | 质量要求 | 施工单位自检 | | 监理单位检验 | |
|---|---|---|---|---|---|---|---|---|
| | | | | | 检验方法 | 检验数量 | 检验(工作)方式 | 检验数量 |
| 主控项目 | 1 | 石料、预制块质量 | | 符合设计及规范要求,已通过进场验收 | 观察,查阅质量证明文件、验收记录和检验报告 | 全部 | 平行检验 | 全部 |
| | 2 | 砌筑质量 | | 自下而上错缝砌筑,石料或预制块紧靠密实,垫塞稳固,大块压边,咬扣紧密;无叠砌和浮塞;采用水泥砂浆勾缝时,应预留排水孔 | 观察,翻撬或铁钎插检 | 上游面不少于20个点,其他护面工程不少于10个点 | 见证检验 | 施工单位自检数量的20% |
| 一般项目 | 1 | 基层处理 | | 基面处理方法、基础埋置深度符合设计要求 | 观察,查阅施工及验收记录 | 全部 | 平行检验 | 全部 |
| | 2 | 基面碎石垫层铺填质量 | | 碎石垫层料的颗粒级配、铺填方法、铺填厚度及压实度满足设计要求 | 量测、试验 | 每个单元不少于20个点 | 见证检验或平行检验 | 见证检验施工单位自检数量的20%;平行检验施工单位自检数量的10% |
| | 3 | 外露面平整度 | 细料石(预制块) | 最大允许偏差为±1cm | 量测(用2m靠尺) | 每个单元不少于20个点 | 平行检验 | 施工单位自检数量的10% |
| | | | 粗料石 | 最大允许偏差为±3cm | | | | |
| | | | 块石 | 最大允许偏差为±5cm | | | | |
| | 4 | 外形尺寸 | 大坝护坡 厚度 | 最大允许偏差为±10% | 量测 | 每25m²测3个点,不少于3个点 | 平行检验 | 施工单位自检数量的10% |
| | | | 大坝护坡 坡度 | 最大允许偏差为±2% | 量测 | 每个单元不少于2个断面 | 见证检验 | 施工单位自检数量的20% |

续表

| 项次 | 检验项目 | | 质量要求 | 施工单位自检 检验方法 | 施工单位自检 检验数量 | 监理单位检验 检验(工作)方式 | 监理单位检验 检验数量 |
|---|---|---|---|---|---|---|---|
| 一般项目 | 4 | 干砌体墙体 顶面标高 | 不低于设计高程 | 量测 | 每10m测1个点，不少于3个点 | 见证检验 | 施工单位自检数量的20% |
| | | 干砌体墙体 顶宽 | 最大允许偏差为±20mm | 量测 | 每10m测1个点，不少于3个点 | 平行检验 | 施工单位自检数量的10% |
| | | 干砌体墙体 内外坡度 | 无亏坡，不陡于设计坡度 | 观察、量测 | 每个单元不少于2个断面 | 见证检验 | 施工单位自检数量的20% |
| | 5 | 变形缝质量 | 位置符合设计要求，缝面宜平整、竖直、贯通 | 观察 | 全部 | 现场巡视 | — |

## 二、浆砌体

单元工程宜以工程设计结构或施工检查验收的区、段块划分，每一个区、段、块划分为一个单元工程，或每一施工区、段、块的一次连续砌筑层划分为一个单元工程，填筑高度宜为3～5m。

浆砌体单元工程施工质量验收标准见表7-25。

表7-25 浆砌体单元工程施工质量验收标准

| 项次 | 检验项目 | | 质量要求 | 施工单位自检 检验方法 | 施工单位自检 检验数量 | 监理单位检验 检验(工作)方式 | 监理单位检验 检验数量 |
|---|---|---|---|---|---|---|---|
| 主控项目 | 1 | 石料、预制块、胶结材料质量 | 符合设计及规范要求 | 观察、查阅质量证明文件和检验报告 | 全部 | 平行检验 | 全部 |
| | 2 | 砌石坝 普通砌石体 | 铺浆均匀，灌浆、塞缝饱满，砌缝密实，无架空等现象 | 观察、翻撬 | 翻撬抽检每个单元不少于3块 | 见证检验 | 施工单位自检数量的20% |
| | | 砌石坝 密度、孔隙率 | 应符合设计要求 | 试坑法 | 坝高1/3以下，每砌筑10m高挖试坑1组；坝高1/3～2/3处，每砌筑15m高挖试坑1组；坝高2/3以上，每砌筑20m高挖试坑1组 | 见证检验 | 施工单位自检数量的20% |

续表

| 项次 | 检验项目 | | 质量要求 | 施工单位自检 | | 监理单位检验 | |
|---|---|---|---|---|---|---|---|
| | | | | 检验方法 | 检验数量 | 检验(工作)方式 | 检验数量 |
| 主控项目 | 2 | 砌石坝密实性与抗渗 | 砌体透水率应符合设计要求 | 压水试验 | 每砌高4~5m,进行钻孔压水试验1次,每100~200m² 坝面钻孔3个,每次试验不少于3孔 | 见证检验 | 施工单位自检数量的20% |
| | 3 | 墩、墙砌筑质量 | 内外搭砌,上下错缝;丁砌石分布均匀,面积不少于墩墙砌体全部面积的1/5,且长度大于60cm;毛块石分层卧砌,无填心砌法;每砌筑70~120cm高度找平一次;砌缝宜宽度一致,先砌筑角石,再砌筑镶面石,最后砌筑填腹石。镶面石的厚度应不小于30cm。临时间断处的高低差应不大于1m,并留有平缓台阶 | 观察、量测 | 全部 | 平行检验 | 全部 |
| 一般项目 | 1 | 基层处理 | 基面处理方法、基础埋置深度符合设计要求 | 观察,查阅施工及验收记录 | 全部 | 平行检验 | 全部 |
| | 2 | 基面碎石垫层铺填质量 | 碎石垫层料的颗粒级配、铺填方法、铺填厚度及压实度满足设计要求 | 量测、试验 | 每个单元不少于20个点 | 见证检验或平行检验 | 见证检验施工单位自检数量的20%;平行检验施工单位自检数量的10% |
| | 3 | 伸缩缝质量 | 材料和位置符合设计要求,设置竖直、贯通 | 观察 | 全部 | 平行检验 | 全部 |
| | 4 | 外露面平整度 | 细料石(预制块) 最大允许偏差为±1cm | 量测(用2m靠尺) | 每个单元不少于20个点 | 平行检验 | 施工单位自检数量的10% |
| | | | 粗料石 最大允许偏差为±3cm | | | | |
| | | | 块石 最大允许偏差为±5cm | | | | |
| | 5 | 排水孔(含反滤体) | 符合设计要求 | 观察 | 全部 | 平行检验 | 全部 |

续表

| 项次 | 检验项目 | | 质量要求 | 施工单位自检 | | 监理单位检验 | |
|---|---|---|---|---|---|---|---|
| | | | | 检验方法 | 检验数量 | 检验(工作)方式 | 检验数量 |
| 一般项目 | 6 砌缝宽度 | 料石 | 平缝20~30mm | 量测 | 每个单元不少于10个点 | 平行检验 | 施工单位自检数量的10% |
| | | | 竖缝30~40mm | | | | |
| | | 预制块 | 平缝20~25mm | 允许偏差为10% | | | |
| | | | 竖缝25~30mm | | | | |
| | | 块石 | 平缝30~35mm | | | | |
| | | | 竖缝30~50mm | | | | |
| | 7 外形尺寸 | 坝体、墩、墙、护坡 | 顶面(压顶)高程 | 最大允许偏差为±30mm | 量测 | 每10m测1个点,不少于3个点 | 见证检验 | 施工单位自检数量的20% |
| | | | 顶面宽度 | | | | |
| | | | 厚度 | | | | |
| | | | 轴线 | | | | |
| | | | 内外坡度(护坡坡度) | 无亏坡,不陡于设计坡度 | 量测 | 每个单元不少于3个断面 | 见证检验 | 施工单位自检数量的20% |
| | | 溢流面 | 平面控制 | 堰顶 最大允许偏差为±10mm | 量测 | 每个单元不少于20个点 | 见证检验 | 施工单位自检数量的20% |
| | | | | 轮廓线 最大允许偏差为±20mm | | | | |
| | | | 竖向控制 | 堰顶 最大允许偏差为±10mm | 量测 | 每个单元不少于20个点 | 见证检验 | 施工单位自检数量的20% |
| | | | | 其他位置 最大允许偏差为±20mm | | | | |

注 本表砌缝宽度为使用细石混凝土为胶结材料时的宽度控制值,使用水泥砂浆为胶结材料时相应值减少10mm。

### 三、砌体勾缝

单元工程宜以工程设计结构或施工检查验收的段、块划分,每一段、块划分为一个单元工程。

勾缝采用的水泥砂浆应单独拌制,不应与砌筑砂浆混用。

砌体勾缝单元工程施工质量验收标准见表7-26。

表 7-26　　　　　　　　　砌体勾缝单元工程施工质量验收标准

| 项次 | | 检验项目 | 质量要求 | 施工单位自检 | | 监理单位检验 | |
|---|---|---|---|---|---|---|---|
| | | | | 检验方法 | 检验数量 | 检验（工作）方式 | 检验数量 |
| 主控项目 | 1 | 勾缝材料 | 砂浆强度或沉入度等符合设计要求 | 查阅质量证明文件和检验报告 | 全部 | 平行检验 | 全部 |
| | 2 | 清缝质量 | 清缝宽度不小于砌缝宽度，水平缝清缝深度不小于4cm，竖缝清缝深度不小于5cm；缝槽清洗干净，缝面湿润，无残留灰渣和积水 | 观察、量测 | 每个单元不少于20个点 | 平行检验 | 施工单位自检数量的10% |
| | 3 | 勾缝质量 | 勾缝型式符合要求，填充饱满 | 观察 | 全部 | 平行检验 | 全部 |
| 一般项目 | 1 | 养护质量 | 及时、有效，一般砌体养护28d；对有防渗要求的勾缝养护时间应符合设计要求；养护剂内表面保持湿润，无耐干耐湿现象 | 观察，查阅施工记录 | 全部 | 现场巡视 | — |

## 第六节　土工合成材料排水与防渗工程

土工合成材料铺设应按设计要求的顺序进行，并应做好施工记录。

施工前应通过生产性工艺试验确定土工合成材料的接头工艺及控制参数。接头强度的检验应符合设计要求。

### 一、反滤和排水工程

单元工程宜以工程设计结构或施工检查验收的区、段划分。平面形式每500～1000m² 划分为一个单元工程；圆形、菱形或梯形断面（包括盲沟）形式每50～100延米划分为一个单元工程。

土工合成材料反滤和排水工程单元工程施工质量验收标准见表7-27。

表 7-27　　　　　土工合成材料反滤和排水工程单元工程施工质量验收标准

| 项次 | | 检验项目 | 质量要求 | 施工单位自检 | | 监理单位检验 | |
|---|---|---|---|---|---|---|---|
| | | | | 检验方法 | 检验数量 | 检验（工作）方式 | 检验数量 |
| 主控项目 | 1 | 原材料质量 | 土工合成材料质量符合设计及规范要求；回填材料性能符合设计要求 | 观察，查阅质量证明文件和检验报告 | 全部 | 平行检验 | 全部 |

续表

| 项次 | | 检验项目 | 质量要求 | 施工单位自检 | | 监理单位检验 | |
|---|---|---|---|---|---|---|---|
| | | | | 检验方法 | 检验数量 | 检验(工作)方式 | 检验数量 |
| 主控项目 | 2 | 场地清理及垫层料 | 地面无尖棱硬物,无凹坑,基面平整,范围符合设计要求;垫层料铺摊平整,范围符合设计要求 | 观察 | 全部 | 平行检验 | 全部 |
| | 3 | 铺设 | 铺设工艺符合要求,平顺、松紧适度、无皱褶、与基面密贴;场地洁净,无污染物污染,无损伤,损伤部位应修补;锚固形式以及坡面防滑钉设置符合设计要求 | 观察 | 全部 | 现场巡视 | — |
| | 4 | 回填材料回填时间 | 回填覆盖应及时,超过48h应采取临时遮阳措施 | 观察 | 全部 | 平行检验 | 全部 |
| 一般项目 | 1 | 拼接 | 搭接或缝接符合设计要求,缝宽度不小于10cm;平地搭接宽度不小于30cm;不平整场地或极软土搭接宽度不小于50cm;水下及受水流冲击部位应采用缝接,宽度不小于25cm,且缝两道 | 量测 | 每10m测1个点,不少于3个点 | 平行检验 | 施工单位自检数量的10% |
| | 2 | 回填保护层厚度及压实度 | 回填材料厚度允许偏差为0~5cm,压实度符合设计要求 | 量测 | 每10m测1个点,不少于3个点 | 平行检验 | 施工单位自检数量的5% |
| | 3 | 排水管(沟)规格、位置 | 排水管(沟)的规格符合设计要求,位置最大允许偏差为±5cm | 量测 | 全数 | 平行检验 | 施工单位自检数量的10% |

## 二、防渗工程

单元工程宜以工程设计结构或施工检查验收的区、段划分,每一次连续铺填的区、段或每 500~1000m² 划分为一个单元工程。

土工膜防渗单元工程分为下垫层、土工膜铺设与回填 2 个工序。

下垫层工序施工质量验收标准见表 7-28。

表 7-28　　　　下垫层工序施工质量验收标准

| 项次 | | 检验项目 | 质量要求 | 施工单位自检 | | 监理单位检验 | |
|---|---|---|---|---|---|---|---|
| | | | | 检验方法 | 检验数量 | 检验(工作)方式 | 检验数量 |
| 主控项目 | 1 | 支持面 | 无尖棱硬物、无凹坑且平整 | 观察 | 全部 | 平行检验 | 全部 |
| | 2 | 压实质量 | 碾压密实度符合设计要求 | 试验 | 每个单元1组 | 见证检验 | 全部 |

续表

| 项次 | 检验项目 | 质量要求 | 施工单位自检 | | 监理单位检验 | |
|---|---|---|---|---|---|---|
| | | | 检验方法 | 检验数量 | 检验（工作）方式 | 检验数量 |
| 一般项目 1 | 场地清理、平整及铺填范围 | 场地清理、平整及下垫层铺填范围符合设计要求 | 量测 | 每条边线检测不少于3个点 | 见证检验 | 施工单位自检数量的20% |

土工膜铺设与回填工序施工质量验收标准见表7-29。

**表7-29  土工膜铺设与回填工序施工质量验收标准**

| 项次 | 检验项目 | 质量要求 | 施工单位自检 | | 监理单位检验 | |
|---|---|---|---|---|---|---|
| | | | 检验方法 | 检验数量 | 检验（工作）方式 | 检验数量 |
| 主控项目 1 | 土工膜及封闭材料原材料质量 | 符合设计及规范要求，外观质量应无疵点、破洞等；封闭材料应符合设计要求，试样合格率不小于95%，不合格试样不应集中，且不低于设计指标的98% | 观察，查阅质量证明文件和检验报告 | 全部 | 平行检验 | 全部 |
| 2 | 铺设 | 铺设平顺、松紧适度，无皱褶，留有足够的余幅，与下垫层密贴；场地洁净，无污染物污染，无损伤，损伤部位应修补 | 观察 | 全部 | 现场巡视 | — |
| 3 | 排水排气 | 结构形式符合设计要求，阀体与土工膜连接牢固，不应漏水漏气 | 目测法、现场检漏法和抽样测试法 | 逐个检查 | 见证检验 | 施工单位自检数量的20% |
| 4 | 拼接 | 拼接方法、搭接宽度应符合设计要求；粘接搭接宽度不小于15cm，焊缝搭接宽度不小于10cm；膜间形成的节点，应为T形，不应做成"十"字形；接缝处强度不低于母材的80%，且试样断裂不得在缝接处；拼接均匀，无漏接、烫伤、褶皱，不出现虚焊、漏焊或超量焊 | 观察、检漏法或其他测试法检测 | 尺寸偏差每10m测1个点，不少于3个点 | 平行检验 | 施工单位自检数量的10% |
| 5 | 结合部结构 | 与刚性建筑物等周边防渗体连接密闭符合设计要求 | 观察 | 全部 | 平行检验 | 全部 |
| 6 | 防渗效果 | 无明显渗漏水情况，设计有要求的隧洞拱部不得渗水 | 观察 | 全部 | 平行检验 | 全部 |

续表

| 项次 | 检验项目 | 质量要求 | 施工单位自检 ||  监理单位检验 ||
|---|---|---|---|---|---|---|
| | | | 检验方法 | 检验数量 | 检验(工作)方式 | 检验数量 |
| 一般项目 | 1 | 土工膜铺设范围 | 符合设计要求 | 观察 | 全部 | 平行检验 | 全部 |
| | 2 | 回填及表面保护 | 上保护层铺填料质量及施工工艺应符合设计要求，不应有尖锐物刺破膜体；回填覆盖应及时，超过48h应采取临时遮阳措施；回填材料厚度允许偏差为0～5cm，压实度符合设计要求 | 观察、量测 | 每50m² 测3个点，不少于3个点 | 见证检验 | 施工单位自检数量的20% |

# 参 考 文 献

[1] 汪旭光. 爆破手册 [M]. 北京：冶金工业出版社，2010.
[2] 水利电力部水利水电建设总局. 水利水电工程施工组织设计手册 [M]. 北京：中国水利水电出版社，1990.
[3] 水利部建设与管理司，中国水利工程协会. 2014年度水利水电工程建设工法汇编 [M]. 郑州：黄河水利出版社，2014.
[4] 陈立新，杨孚平，谢永涛. 港航疏浚工程施工技术 [M]. 北京：科学出版社，2010.
[5] 金相灿，李进军，张晴波. 湖泊河流环保疏浚工程技术指南 [M]. 北京：科学出版社，2013.
[6] 张冬秀. 土石方工程施工 [M]. 天津：天津大学出版社，2021.
[7] 姚谨英，姚晓霞. 建筑施工技术 [M]. 7版. 北京：中国建筑工业出版社，2024.